计算机系列教材

常晋义 宋 伟 高婷玉 编著

软件工程与项目管理
（第2版·微课版）

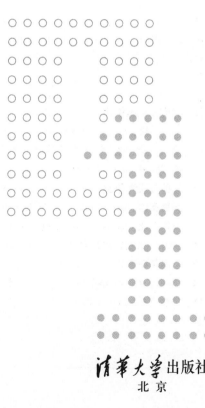

清华大学出版社
北京

内 容 简 介

本书全面阐述了软件工程与项目管理的基本概念、基础知识及相关技术与管理规范。本书以软件生命周期为主线,应用结构化开发方法和面向对象开发方法,以开发技术和项目管理为支撑,全面介绍软件开发过程的技术与方法。同时,注重突出"简明、融合、实用"的编写特点,帮助读者理解和掌握软件开发技术及软件项目管理的知识体系,为读者深入掌握专业知识打好基础。

本书可作为高等院校"软件工程与项目管理"课程的教材或教学参考书,也可供有一定实际经验的软件技术与管理人员和需要开发应用软件的用户参考。

图书在版编目(CIP)数据

软件工程与项目管理:微课版/常晋义,宋伟,高婷玉编著. — 2 版. — 北京:清华大学出版社,2023.11

计算机系列教材

ISBN 978-7-302-64919-9

Ⅰ. ①软… Ⅱ. ①常… ②宋… ③高… Ⅲ. ①软件工程－项目管理－高等学校－教材 Ⅳ. ①TP311.5

中国国家版本馆 CIP 数据核字(2023)第 210671 号

责任编辑:白立军　杨　帆
封面设计:常雪影
责任校对:李建庄
责任印制:沈　露

出版发行:清华大学出版社
　　　　网　　　址:https://www.tup.com.cn,https://www.wqxuetang.com
　　　　地　　　址:北京清华大学学研大厦 A 座　　　　邮　　编:100084
　　　　社 总 机:010-8340000　　　　邮　　购:010-62786544
　　　　投稿与读者服务:010-62776969,c-service@tup.tsinghua.edu.cn
　　　　质量反馈:010-62772015,zhiliang@tup.tsinghua.edu.cn
　　　　课件下载:https://www.tup.com.cn,010-83470236
印 装 者:三河市龙大印装有限公司
经　　销:全国新华书店
开　　本:185mm×260mm　　　印　　张:20.75　　　字　　数:479 千字
版　　次:2020 年 10 月第 1 版　　2023 年 11 月第 2 版　　印　　次:2023 年 11 月第 1 次印刷
定　　价:69.00 元

产品编号:099160-01

前　言

本书是软件工程与项目管理学习的基础教程,重点讲述软件工程通常采用的比较成熟的软件过程、技术方法和管理思想,突出基本原理、应用技术和项目管理的有机融合。本书尝试从工程学角度认识软件产品的分析、设计和推广应用,从管理学角度认识软件项目的特性、过程与目标达成,从社会学角度认识软件人员的作用、素养与职业精神,可培养、锻炼学生的软件工程化思想,提高学生问题分析与表达、解决方案设计、软件项目管理、软件测试与维护等能力,促进软件工程师所需的专业能力的提升。

作者针对应用型高等院校软件工程专业教学对教材的需求,结合十多年来软件工程课程教学的经验,编写教材时力争体现"简明、融合、实用"的特点,力求深入浅出、通俗易懂。

简明。用简明扼要的方式,介绍软件工程的基本概念,减少对理论的学术讨论,便于读者理解和掌握主要内容。

融合。融合软件工程的技术过程和项目管理过程,融合传统开发方法和面向对象开发方法,融合技术开发与文档编制,使读者熟悉软件工程的实践过程。

实用。引入众多实例及开发案例。在每章的编排上,采用文字形式和电子资料的立体化形式呈现,引入大量习题供读者参考练习,突出教材使用的指导性和实用性。

本书在《软件工程与项目管理》第1版的基础上进行了修订,主要包括根据软件生命周期的特点,将技术与管理的融合、创新与规范的结合进行较深入的解读;对讲授内容进行精编,压缩了纸质教材内容的篇幅,增加了电子资料的比重;将第1版的第9章嵌入式系统开发调整为电子资料;根据应用实践的需求重新编写了各章后的习题;增加了软件开发文档参考规范,作为附录供读者参考。

本书共8章:第1章介绍软件及软件工程的基本概念;第2章对软件过程及过程模型进行剖析;第3章介绍软件项目策划与项目计划的方法与过程;第4章介绍软件需求工程;第5章介绍软件设计;第6章说明程序实现的技术,即编程、软件测试的基础知识;第7章介绍软件发布与交付、运行与维护的知识与技能;第8章介绍项目组织与控制管理。最后附录为软件开发文档参考规范。本书以软件生命周期为主线,应用结构化开发方法和面向对象开发方法,以开发技术和项目管理为支撑,帮助读者理解和掌握软件开发技术及软件项目管理的知识体系,为读者深入掌握专业知识打好基础。

每章提供了相应的习题,包括选择题、填空题、思考题及实践题,为读者掌握每章的主要概念和基本知识要求,以及课后实践提供支持。

本书为任课教师提供课程教学大纲、教学计划、课程课件、实验指导书、习题参考答案等教学资源。同时针对部分知识点及补充提高知识提供了相应的微课视频,读者可以直接扫描书中的二维码观看。

本书由常晋义、宋伟、高婷玉编著,邱建林教授审阅了全部书稿。参加教材编写和资料整理的还有王岩、张海飞、孙景玉等。全国众多讲授软件工程与项目管理的教师对教材的使用与修改提出了很多建议和意见,并提供了宝贵的教学研究与改革的相关资料。本书在编写过程中也参考了国内外相关教材、资料,在此对相关作者致以真诚的敬意和诚挚的感谢。

由于作者水平所限,如有疏漏、欠妥、谬误之处,恳请读者指正。

作　者

2023 年 10 月

目　　录

第1章 软件工程概述

1.1 软件与软件工程

软件(Software)是信息化的核心,社会发展及人民生活都离不开软件。软件产业体现了一个国家的综合实力,是决定国际竞争地位的战略性产业。提高软件工程的应用水平,对推动软件产业的发展起着十分重要的作用。

1.1.1 软件的概念

软件是当代计算机行业中的重要产品。虽然计算机硬件设备提供了物理上的数据存储、传播以及计算能力,但是对于用户来说,仍然需要软件来反映其特定的信息处理逻辑,从而通过信息的增值来取得用户自身效益的增值。硬件只能执行无序且数量有限的指令集,软件则是通过数量不限的指令序列来控制硬件求解,软件是客观世界中问题空间与解空间的具体描述。

1. 软件及其特征

软件是包括计算机程序(Program)、支持程序运行的数据(Data)及其相关文档(Document)资料的完整集合。计算机程序是按事先设计的功能和性能要求执行的指令序列;或者说,是用程序设计语言描述的、适合计算机处理的语句序列。数据是使程序能正常操纵信息的数据结构。文档是描述程序的操作、维护和使用的图文材料。

软件不同于以往任何的工业产品的物理特性,它是人类智力活动的无形产物,是软件工程师设计与建造的一种特殊的产品,具有以下特征。

(1)形态特性。软件是一种逻辑实体,不具有具体的物理实体形态特性。软件具有抽象性,可以存储在介质中,但是无法看到软件本身的形态,必须经过观察、分析、思考和判断去了解它的功能、性能及其他的特性。

(2)生产特性。软件与硬件的生产方式不同。与硬件或传统的制造产品的生产不同,软件一旦设计开发出来,如果需要提供给多个用户,它的复制十分简单,其成本也极为有限,正因如此,软件产品的生产成本主要是设计开发的成本,同时也不能采用管理制造业生产的办法来解决软件开发的管理问题。

(3)维护特性。软件与硬件的维护不同。硬件是有损耗的,其产生的磨损和老化会导致故障率提高甚至使得硬件损坏,其失效率曲线如图 1-1(a)所示。软件不存在磨损和老化的问题,但是却存在退化的问题。在软件生命周期中,为了使它能够克服以前没有发现的故障,适应软件和软件环境的变化及用户新的要求,必须要对其进行多次修改,而每次修改都有可能引入新的错误,导致软件失效率提高,从而使软件退化,其失效率曲线如图 1-1(b)所示。

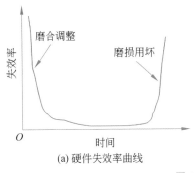
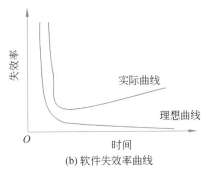

(a) 硬件失效率曲线　　　　　　(b) 软件失效率曲线

图 1-1　失效率曲线

（4）复杂特性。软件的复杂特性一方面来自它所反映的实际问题的复杂性；另一方面也来自程序结构的复杂性。软件技术的发展明显落后于复杂的软件需求，这个差距日益加大。软件复杂特性与时间曲线如图 1-2 所示。

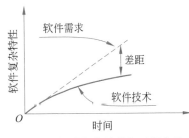

图 1-2　软件复杂特性与时间曲线

（5）智能特性。软件是复杂的智力产品，它的开发凝聚了人们大量的脑力劳动，它本身也体现了知识、实践经验和人类的智慧，具有一定的智能。它可以帮助人们解决复杂的计算、分析、判断和决策问题。

（6）质量特性。软件产品的质量控制存在一些实际困难，难以克服。软件产品的需求在软件开发之初常常是不确切的，也不容易确切地给出，并且需求还会在开发过程中改变，这就使软件质量控制失去了重要的可参照物。软件测试技术存在不可克服的局限性，任何测试都只能在极大数量的应用实例数据中选取极为有限的数据，致使人们无法检验大多数实例，也无法得到完全没有缺陷的软件产品。没有在已经长期使用或反复使用的软件中发现问题，并不意味着今后的使用也不会出现问题。

【例 1-1】　2019 年 5 月，美国波音公司承认 737 MAX 系列飞行模拟器软件存在缺陷。从 2018 年 10 月到 2019 年 3 月，波音 737 MAX 飞机在 5 个月内发生印度尼西亚狮子航空和埃塞俄比亚航空两次坠机事故，造成 346 人死亡。全球航空运营商陆续宣布停飞这一机型。

（7）环境特性。软件的开发和运行都离不开相关的计算机系统环境，包括支持它的开发和运行的相关硬件和软件。软件对计算机系统的环境有不可摆脱的依赖性。

（8）管理特性。前述特征，使得软件的开发管理显得更为重要，也更为独特。这种管理可归结为对大规模知识型工作者的智力劳动管理，其中包括必要的培训、指导、激励、制度化规程的推行、过程的量化分析与监督，以及沟通、协调，甚至是软件文化的建立和实施。

（9）废弃特性。当软件的运行环境变化过大，或者用户提出了更大、更多的需求变更时，再对软件实施适应性维护已经不划算，说明该软件已走到它的生命周期终点而将废弃（或称为退役），此时用户应考虑采用新的软件代替。因此，与硬件不同，软件并不是由于"用坏"而被废弃的。

（10）应用特性。软件的应用极为广泛，如今它已渗透到国民经济和国防的各个领域，现已成为信息产业、先进制造业和现代服务业的核心，占据了无可取代的地位。

软件的研制工作需要投入大量、复杂、高强度的脑力劳动，研制成本比较高。在20世纪50年代末，软件的开销大约占总开销的百分之十几，大部分成本花在硬件上。但到2020年，这个比例完全颠倒过来，软件的开销远远超过硬件的开销。

2. 软件的分类

随着软件应用的快速发展，给软件一个统一严格的分类是很困难的。通常，软件按照功能、服务对象等不同的角度进行分类。

1）按软件的功能

按照软件的功能，软件可以分为系统软件（System Software）、支撑软件（Support Software）和应用软件（Application Software）3类。

（1）系统软件。系统软件是与计算机硬件紧密结合，构成用户在某方面使用计算机的基础平台。系统软件的工作通常都伴随着与计算机硬件的频繁交互，需要精细调度，同时又具有良好的用户支持、资源共享及多外部接口的特征，如操作系统、数据库管理系统、设备驱动程序等。这些软件在某种程度上具有较大范围的适应性，一般由专业的软件公司有目的地开发并较好地维护。

（2）支撑软件。支撑软件是辅助其他软件开发、维护和运行的软件，也称工具软件或软件开发环境，主要包括数据库连接和数据管理、程序集成开发环境、软件工程辅助开发环境，以及其他的系统工具。在软件工程过程管理中，支撑软件生命周期各阶段的各项活动，为具体领域的应用开发提供更高层级的接口和使用，降低了用户和软件人员与系统交互的复杂性，提高了应用软件开发的效率和质量。

（3）应用软件。应用软件是实现用户特定的需求，针对计算机在某个领域或特定工作性质中的应用而开发的软件，例如商业处理软件、科学计算软件、计算机辅助设计软件、人工智能软件等。应用软件拓宽了计算机系统的应用领域，有效利用计算机的硬件资源，提供丰富的功能选择。

【例1-2】 中间件（Middleware）是提供系统软件和应用软件之间连接的软件，以便于软件各部件之间的沟通。中间件与软件开发环境是现代支撑软件的代表。

2）按服务对象

按照服务对象，软件可以分为项目软件和产品软件两类。

（1）项目软件。项目软件是指为特定企业开发或者部署实施一套专用的系统，在进入项目开发之前需要先与用户进行具体的交流和讨论，了解用户对软件的需求与预期，再经过招投标、签订合同、分析设计，最后实施交付。做项目软件是根据客户或用户的要求进行定制开发，须满足与客户在合同中约定的资源限定、时间要求和质量要求。

（2）产品软件。产品软件是指向用户提供的计算机软件、信息系统、套装软件或在提供计算机信息系统集成、应用服务等技术服务时提供的软件，是通用的，应用于某个行业领域，而不是像项目软件一样为某个需求或者用户定制开发。做产品软件需要根据市场需求调研，投资开发属于自己的产品，然后寻找目标客户进行销售，其必须提高产品竞争力,并不断地完善自身的产品。

软件危机

1.1.2 软件危机

20世纪60年代中期,计算机已经应用在很多行业中,解决问题的规模及难度逐渐增加,由于软件本身的特点及软件开发方法等多方面问题,软件的发展速度远远滞后于硬件的发展速度,不能满足社会日益增长的软件需求。软件开发周期长、成本高、质量差、维护困难,导致软件危机的爆发。

1. 软件危机的概念与特征

软件危机(Software Crisis)是指在计算机软件开发、使用与维护过程中遇到的一系列严重问题。软件危机并不只是“不能正常运行的软件”才具有的,实际上几乎所有软件都不同程度地存在这些问题。

软件危机的主要表现:软件不能满足用户的需求;软件开发成本严重超标,开发周期大大超过规定日期;软件质量难于保证,可靠性差;软件难于维护;软件开发速度跟不上计算机的发展速度。

【例1-3】 软件发展史上出现的三次软件危机。20世纪60年代中期,存储容量大、处理速度快的计算机的出现,促进计算机应用范围迅速扩展,软件系统的规模和复杂度不断增加,程序设计的复杂度也随之提升,产生了第一次软件危机。其主要表现:软件开发量激增,软件可靠性问题凸显;软件开发成本和进度失控的问题频繁出现;软件的可靠性低下;软件很难进行维护。

随着时间推移,软件成本在总成本中所占的比例越来越高,软件开发生产率提高的速度远远赶不上硬件发展的速度。由于开发和维护的成本与用户对软件的可组合性、可延展性、可维护性之间存在矛盾,软件规模庞大导致了第二次软件危机。

互联网的发展拓展了软件的功能和应用范围。由于软件被应用于不同的环境和用户层次,软件漏洞和缺陷的不可避免性使得应用系统面临着极大的安全风险,从而导致了第三次软件危机。

2. 软件危机产生的原因

从软件危机的各种表现和软件作为逻辑产品的特殊性可以发现,导致软件危机爆发的原因主要可以概括为以下4个。

(1) 用户需求不明确。在软件被开发出来之前,用户自己也不清楚软件开发的具体需求;用户对软件开发需求的描述不精确,可能有遗漏、有二义性,甚至有错误;在软件开发过程中,用户还会提出修改软件开发功能、界面、支撑环境等方面的要求;软件开发人员对用户需求的理解与用户的本来愿望有差异。

(2) 缺乏正确的理论指导。由于软件开发不同于其他大多数工业产品,其开发过程是复杂的逻辑思维过程,其产品很大程度上依赖于开发人员高度的智力投入。过分地依靠程序设计人员在软件开发过程中的技巧和创造性,提高了软件开发产品的个性化程度,这也是发生软件危机的一个重要原因。

（3）软件开发规模越来越大。随着软件开发应用范围的扩大，软件开发规模越来越大。大型软件开发项目需要组织一定的人力共同完成，然而多数管理人员缺乏开发大型软件系统的经验，多数软件开发人员又缺乏管理方面的经验。各类人员的信息交流不及时、不准确，有时还会产生误解。软件开发人员不能有效地、独立自主地处理大型软件开发的全部关系和各个分支，因此容易产生疏漏和错误。

（4）软件开发复杂度越来越高。软件开发不仅仅是在规模上快速地发展扩大，而且其复杂度也急剧提高。软件开发产品的特殊性和人类智力的局限性，导致人们无力处理"复杂问题"。"复杂问题"的概念是相对的，一旦人们采用先进的组织形式、开发方法和工具提高了软件开发效率和能力，新的、更大的、更复杂的问题又会摆在人们面前。

在软件的长期发展中，人们针对软件危机的表现和原因，经过不断实践和总结，越来越清楚地认识到，按照工程化的原则和方法组织软件开发工作，是摆脱软件危机的一个主要出路。

【例1-4】 在1986年，IBM大型机之父弗雷德里克·P.布鲁克斯（Frederick P.Brooks）发表了他的著名论文《没有银弹》，在论文中他断言："在10年内无法找到解决软件危机的灵丹妙药。"从软件危机被提出以来，人们一直在查找解决它的方法。布鲁克斯在《人月神话：软件项目管理之道》提到："将没有灵丹妙药可以一蹴而就，开发软件的困难是内生的，只能渐进式地改善。整体环境没有改变以前，唯一可能的解，是依靠人的素质，培养优秀的工程师。"

1.1.3　软件工程

软件工程（Software Engineering）是为解决"软件危机"而提出的概念，不同的时期对其有不同的内涵。随着人们对软件系统的研制开发和生产的理解，软件工程所包含的内容也一直处于发展变化之中。

1. 软件工程的概念

为了克服软件危机，1968年10月，北大西洋公约组织（North Atlantic Treaty Organization，NATO）召开的计算机科学会议上，计算机科学家弗里茨·鲍尔（Fritz Bauer）首次提出"软件工程"的概念，并指出"软件工程是用来建立和使用合理的工程原则，以经济地获取可靠的且在真实机器上可高效工作的软件。"

虽然软件工程的概念提出已有近60年，但软件工程一直以来都缺乏一个统一的定义，很多学者、组织机构都分别给出了自己认可的定义。

著名软件工程专家巴利·W.玻姆（Barry W.Boehm）给出的定义：运用现代科学技术知识来设计并构造计算机程序及为开发、运行和维护这些程序所必需的相关文件资料。此处，"设计"一词广义上应理解为包括软件的需求分析和对软件进行修改时所进行的再设计活动。

《计算机科学技术百科全书》的定义：软件工程是应用计算机科学、数学及管理科学等原理，以工程化方法开发软件的工程。软件工程借鉴传统工程的原则、方法，以提高质量、降低成本和改进算法。其中，计算机科学、数学用于构建模型与算法，工程科学用于制定规范、设计范型、评估成本及确定权衡，管理科学用于计划、资源、质量、成本等管理。

电气与电子工程师协会（Institute of Electrical and Electronics Engineers，IEEE）在软件工程术语汇编中的定义：将系统化的、规范的、可量化的方法应用到软件开发、运行及维护中，即将工程化方法应用于软件；以及对上述方法的研究。

GB/T 11457—2006《软件工程术语》中对软件工程的定义：应用计算机科学理论和技术以及工程管理原则和方法，按预算和进度，实现满足用户需求的软件产品的定义、开发、发布和维护的工程或进行研究的学科。

概括地说，软件工程是指导软件开发和维护的工程性学科，它以计算机科学理论和其他相关学科的理论为指导，采用工程化的概念、原理、技术和方法进行软件的开发和维护，把经过时间考验而证明是正确的管理技术和当前能够得到的最好的技术方法结合起来，以较少的代价获得高质量的软件并对其进行维护。

【例1-5】 开发一个"固定资产管理系统"。为了完成这项任务，首先要选择软件开发模型，确定开发方法，准备开发工具，设计开发环境和运行环境；其次要进行需求分析、概要设计、详细设计、编程、测试、试运行、验收和交付；最后要进行系统维护或系统升级换代。这样，就按照所选择的开发模型，走完了软件的一个生命周期。这一系列的软件开发和管理过程，就是软件工程。

软件工程是一种层次化的技术。任何工程方法（包括软件工程）必须构建在质量承诺的基础之上，支持软件工程的根基在于质量关注点（Quality Focus）。为了保证软件质量，软件开发团队必须设计良好的软件开发过程，并在开发过程中尽量采用适宜的开发方法和高效的工具。过程、方法与工具是构成软件工程的三要素。

软件工程的基础是过程（Process）层。软件过程将各个技术层次结合在一起，使得合理、及时地开发计算机软件成为可能。软件过程构成了软件项目管理控制的基础，建立了工作环境，以便于应用技术方法、提交工作产品（模型、文档、数据、报告、表格等）、建立里程碑、保证质量及正确管理变更。

软件工程方法（Method）为构建软件提供技术上的解决方法（"如何做"）。方法覆盖面很广，包括沟通、需求分析、设计建模、编程、测试和技术支持。软件工程方法依赖于一组基本原则，这组原则涵盖了软件工程所有技术领域，包括建模和其他描述性技术等。软件工程方法主要有结构化方法和面向对象方法。

软件工程工具（Tool）为过程和方法提供自动化或半自动化的工具支持。这些工具可以集成起来，使得一个工具产生的信息可被另一个工具使用，这样就建立了软件开发的支撑系统，称为计算机辅助软件工程（Computer-Aided Software Engineering，CASE）。

2. 软件工程的发展

软件工程
的发展

软件工程的发展已经历了4个重要阶段，即第一代软件工程——传统软件工程阶段、第二代软件工程——对象工程阶段，第三代软件工程——软件过程工程阶段，以及第四代软件工程——构件工程阶段。

（1）传统软件工程。20 世纪 60 年代末到 70 年代,为了克服"软件危机"提出"软件工程"的名词,将软件开发纳入工程化的轨道,基本形成软件工程的概念、框架、技术和方法。

（2）对象工程。20 世纪 80 年代中到 90 年代,面向对象的方法与技术得到发展,研究的重点转移到面向对象的分析与设计,演化出一种完整的软件开发方法和系统的技术体系。

（3）软件过程工程。20 世纪 80 年代中开始,人们在软件开发的实践过程中认识到,提高软件生产率,保证软件质量的关键是"软件过程",是软件开发和维护中的管理和支持能力,从而逐步形成软件过程工程。

（4）构件工程。20 世纪 90 年代起,基于构件(Component)的开发方法取得重要进展,软件系统的开发可通过使用现成的可复用构件组装完成,而无须从头开始构造,以此达到提高效率和质量,降低成本的目的,从而开启构件工程阶段。

3. 软件工程的框架

目标、过程和原则构成软件工程的框架,此框架给出了软件工程的工程要素及各要素之间的关系,以及软件工程学科所研究的主要内容。

1）软件工程目标

软件工程目标是生产具有正确性、可用性以及开销合宜的产品:正确性指软件产品达到预期功能的程度;可用性指软件基本结构、实现及文档为用户可用的程度;开销合宜是指软件开发、运行的整个开销满足用户要求的程度。这些目标的实现不论在理论上还是在实践中均存在很多待解决的问题,它们形成了对过程、过程模型及工程方法选取的约束。

一般软件工程的具体目标是在给定成本、进度的前提下,开发出具有适用性、有效性、可修改性、可靠性、可理解性、可维护性、可重用性、可移植性、可追踪性、可互操作性和满足用户需求的软件产品。追求这些目标有助于提高软件产品的质量和开发效率,减少维护的困难。

2）软件工程过程

软件工程过程是生产一个最终能满足需求且达到工程目标的软件产品所需要的步骤,主要包括计划过程、开发过程、运作过程和维护过程。它们覆盖了需求、设计、实现、确认以及维护等活动。需求活动包括问题分析和需求分析:问题分析获取需求定义,需求分析生成功能规约。设计活动一般包括概要设计和详细设计:概要设计建立整个软件系统结构,包括子系统、模块以及相关层次的说明、每个模块的接口定义;详细设计产生程序员可用的模块说明,包括每个模块中的数据结构说明及加工描述。实现活动把设计结果转换为可执行的程序代码。确认活动贯穿于整个开发过程,实现完成后的确认,保证最终产品满足用户的要求。维护活动包括使用过程中的扩充、修改与完善。软件工程过程除以上过程外,还有管理过程、支持过程、培训过程等。

3）软件工程原则

围绕工程设计、工程支持以及工程项目管理,软件工程提出了如下 6 条基本实施原则。

（1）做好全面的用户需求分析。需求分析直接关系软件开发的成功与否,而用户需求的获取是否完整、全面,又关系需求分析的正确性。应通过访谈、记录、填表、现场观看、实地操作等一系列过程,做好系统的功能需求、性能需求、领域需求各方面的分析,为实现正确的、符合用户实际需求的软件打好坚实基础。

（2）选用适宜的开发模型。不同的应用领域、软件系统规模、软硬件环境以及用户等因素之间相互制约和影响,考虑到需求的易变性、系统的维护性和最终的成本收益,应选用适当的开发模型,以满足用户和系统的要求。

（3）采用合适的设计方法。在软件设计中,通常需要考虑软件的模块化、抽象与信息隐蔽、局部化、一致性以及适应性等特征。合适的设计方法有助于这些特征的实现,以达到软件工程的目标。

（4）提供高质量的工程支撑。"工欲善其事,必先利其器。"在软件工程中,软件工具与环境对软件过程的支持颇为重要。软件工程项目的质量与开销直接取决于对软件工程所提供的支撑质量和效用。

（5）保证有效的维护过程。不同于一般的工程项目,在软件开发过程中,实际编写代码的成本只是整个软件工程成本很小的部分,甚至可以说是"冰山一角"。而系统维护等任务将占据工程成本很大的一部分。保证有效的维护过程是软件工程成功的重要活动。

（6）重视软件的过程管理。软件工程的管理直接影响可用资源的有效利用,生产满足目标的软件产品以及提高软件组织的生产能力等问题。因此,仅当软件过程予以有效管理时,才能实现有效的软件工程。

4. 软件工程基本原理

自从 1968 年提出"软件工程"这一术语以来,研究软件工程的专家学者们陆续提出了 100 多条关于软件工程的准则或信条。巴利 · W.玻姆(Barry W.Boehm)综合学者们的意见并总结了多年开发软件的经验,于 1983 年提出了软件工程的 7 条基本原理。他认为这 7 条原理是确保软件产品质量和开发效率的最小集合,又是相当完备的。

（1）用分阶段的生命周期计划严格管理开发过程。在软件开发与维护的漫长的生命周期中,需要完成许多性质各异的工作。应该把软件生命周期划分成若干阶段,并相应地制订切实可行的计划,然后严格按照计划对软件的开发与维护工作进行管理。不同层次的管理人员都必须严格按照计划各尽其职地管理软件开发与维护工作,绝不能受客户或上级人员的影响而擅自背离预定计划。

（2）坚持进行阶段评审。软件的质量保证工作不能等到编程结束之后再进行。错误发现与改正得越晚,所需要付出的代价也越高。因此,在每个阶段都要进行严格的评审,以便尽早发现在软件开发过程中所犯的错误。

（3）实行严格的产品控制。在软件开发过程中不应随意改变需求,因为改变一项需求往往需要付出较高的代价。但是,在软件开发过程中改变需求又是难免的,只能依靠科学的产品控制技术来顺应这种要求。当改变需求时,为了保持软件各个配置成分的一致性,必须实行严格的产品控制,一切有关修改软件的建议,都必须按照严格的规程进行评审,获得批准以后才能实施修改。

（4）采用现代程序设计技术。从提出软件工程的概念开始,人们一直把主要精力用于研究各种新的程序设计技术,并进一步研究各种先进的软件开发与维护技术。实践表明,采用先进的技术不仅可以提高软件开发和维护的效率,而且可以提高软件产品的质量。

（5）应能清楚地审查结果。软件产品是看不见摸不着的逻辑产品。软件开发人员的工作进展情况可见性差，难以准确度量，从而使得软件产品的开发过程比一般产品的开发过程更难于评价和管理。为了提高软件开发过程的可见性，更好地进行管理，应该根据软件开发项目的总目标及完成期限，规定开发组织的责任和产品标准，从而使得所得到的结果能够清楚审查。

（6）软件开发小组的人员应少而精。软件开发小组的组成人员的素质要高，且人数不宜过多。开发小组人员的素质和数量是影响软件产品质量和开发效率的重要因素。素质高的人员的开发效率比素质低的人员的开发效率高几倍至几十倍，而且错误也会明显减少。此外，随着开发小组人员数目的增加，交流情况和讨论问题而造成的通信开销也急剧增加。因此，组成少而精的开发小组是很重要的。

（7）承认不断改进软件工程实践的必要性。仅有上述 6 条原理并不能保证软件开发与维护的过程能赶上时代前进的步伐，跟上技术的不断进步。因此，不仅要积极主动地采用新的软件技术，而且要注意不断地总结经验。例如，收集进度和资源耗费数据，收集出错类型和问题报告数据等。这些数据不仅可以用来评价新的软件技术效果，而且可以用来指明必须着重开发的软件工具和应该优先研究的技术。

1.2　软件工程方法与环境

自从提出软件工程的概念以来，人们一方面着重于软件开发模型和开发方法的研究，以指导软件开发工作的顺利进行；另一方面着重于软件工具和开发环境的建立，以低成本、高效率的方式辅助软件的开发。软件工程方法、软件工具与环境构成了软件开发的两大支柱。

1.2.1　软件工程方法

软件工程方法是从不同的软件类型，按不同的观点和原则，对软件开发中应遵循的策略、原则、步骤和必须产生的文档资料做出规定，从而使软件的开发能够规范化和工程化。从 20 世纪 60 年代末以来，出现了许多软件工程方法，其中最具影响的是结构化（Structured）方法和面向对象（Objected-Oriented，OO）方法。

1. 结构化方法

结构化方法被称为传统软件工程方法，是 20 世纪 60 年代为摆脱"软件危机"而产生的。它采用结构化技术来完成软件开发的各项任务，并使用适当的软件工具和软件工程环境来支持结构化技术的运用。结构化方法以过程为中心，设计中强调功能和模块化，通过一系列过程的调用和处理完成相应的工作。

结构化方法把软件开发全过程依次划分为需求分析、概要设计、详细设计、编码、测试和维护 6 个主要阶段，然后顺序地完成每个阶段的任务（见表 1-1）。每个阶段的开始和结束都有严格的标准，必须经过正式严格的技术审查和管理审查，前一阶段的结束标准就是后一阶段的开始标准。其中，审查最主要的标准就是每个阶段都应该提交"最新的"高质量的文档。

表 1-1 传统软件工程阶段简表

阶　　段	主　要　工　作	结果与文档
需求分析	对待开发软件提出的需求进行分析并给出详细的定义	软件需求说明书、初步的系统用户手册
概要设计	设计总体的系统构架	概要设计说明书
详细设计	设计模块内部的结构	详细设计说明书
编码	用代码来实现设计的功能	程序代码
测试	不断验证已有系统的功能	测试报告
维护	按需要对软件进行修改	维护记录

　　结构化方法是符合工程学原理的一套体系。它将软件开发过程划分成若干阶段,每个阶段的任务相对独立,而且比较简单,便于不同人员分工协作,从而降低了整个软件开发过程的困难程度;每个阶段都采用科学的管理技术和良好的技术方法,而且在每个阶段结束之前都从技术和管理两个角度进行严格的审查,合格之后才开始下一阶段的工作,这就使软件开发的全过程在一种有条不紊的方式下进行,保证了软件的质量,特别是提高了软件的可维护性。

　　结构化方法最主要的问题是缺乏灵活性,它要求必须在项目开始前说明全部需求,但这恰恰是非常困难的。当软件规模比较大,并且软件的需求是模糊的或者随时间变化而变化时,结构化方法就会存在很多问题。同时,结构化方法开发效率比较低下,软件中代码的复用率低。低下的开发效率和代码复用率成为结构化方法发展的瓶颈。

2. 面向对象方法

　　面向对象方法是一种把面向对象的思想应用于软件开发过程中,指导软件开发活动的系统方法,是建立在"对象"概念基础上的软件工程方法。

　　与结构化方法不同,面向对象方法把数据和行为看成是同等重要的,它是一种以数据为主线,把数据和对数据的操作紧密地结合起来的方法。面向对象方法以对象为中心,是对一系列相关对象的操纵。

　　面向对象方法的出发点和基本原则是,尽量模拟人类习惯的思维方式,使开发软件的方法和过程尽可能接近人类认识问题和解决问题的方法与过程,从而使描述问题的空间与其解空间在结构上尽可能一致。对于大型、复杂及交互性比较强的系统,使用面向对象方法更有优势。

　　面向对象方法的基本概念包括对象、类和继承机制,以及对象之间的消息通信。

面向对象＝对象＋类＋继承＋消息通信

　　(1) 对象(Object)。面向对象方法认为客观世界是由各种对象组成的,任何事物都是对象,复杂对象由简单对象组成。把面向对象实体抽象为问题域中的对象,用对象分解取代传统的功能分解。

　　(2) 类(Class)。把所有对象都划分成各种对象类,每个对象类都定义了一组数据和方法。其中,数据用于表示对象的静态属性,是对象的状态信息;方法是允许施加于该类对象上的操作,是该类所有对象共享的。

【例1-6】 声明了一个"图书"类,可以在这个基础上创建"一本名为《计算机基础》的图书"这个对象。声明了一个"计算机"类,可在此基础上创建"个人计算机"对象。

(3) 继承(Inheritance)。按照父类(或称为基类)与子类(或称为派生类)的关系,把若干对象类组成一个层次结构的系统(也称类等级)。在层次结构中,下层的派生类具有和上层的基类相同的特性(包括数据和方法),称为继承。

(4) 消息(Message)通信。对象彼此之间仅能通过传递消息相互联系。对象与传统数据的本质区别是,它不是被动地等待外界对它施加操作,而是必须发消息请求执行某个操作,处理它的数据。对象是处理的主体,外界不能直接对它的数据进行操作。

【例1-7】 使用某一个系统时,单击通常会显示相应的信息。如图书管理系统,通过单击"图书管理系统"登录时,系统会提示要求在文本框输入操作者的编号及密码等信息。当前的程序运行方式:①"图书管理系统"界面的登录按钮发送鼠标单击事件激活相应表单中的一个文本框消息;②对象接收到消息后有所反应。

面向对象方法的实施过程包括面向对象分析、面向对象设计及面向对象实现。面向对象分析体现了信息域对问题域的直接映射,符合人们认识客观世界的思维方式,利于用户的理解和沟通,避免因分析员的误解而造成后续的错误。面向对象方法不强调分析和设计的严格区分,从面向对象分析到面向对象设计是一个逐渐扩充模型的过程,分析和设计活动是一个多次反复迭代的过程。面向对象方法在概念和表示方法上的一致性,保证了其在各项开发活动之间的平滑过渡。

面向对象方法提供了更好的抽象能力和更多的软件开发方法和工具,能够使用各种不同的设计模式来解决具体问题。面向对象方法具有良好的重用性特征,确保了软件质量和可靠性。

1.2.2 软件工具与环境

两种方法
比较

软件工具(Software Tools)与软件开发环境(Software Development Environment, SDE)使用计算机及相关软件工具辅助软件开发与管理过程中各项活动的实施,以确保这些活动能高效率、高质量地进行。

1. 软件工具

软件工具是用来辅助软件开发、运行、维护、管理和支持等过程中活动的软件。使用软件工具的目的是提高软件设计的质量和生产效率,降低软件开发和维护的成本。

GB/T 11457—2006《信息技术-软件工程术语》对软件工具的定义:软件工具是一种计算机程序,用来帮助开发、测试、分析或维护计算机程序或它的文件。例如,比较器、交叉引用生成器、反编译程序、驱动程序、编辑程序、监控程序、测试用例生成器、定时分析器等。

软件工具可用于软件开发的整个过程。软件开发人员在软件生产的各个阶段可根据不同的需要选用合适的工具。

根据支持软件工程工作的阶段,软件开发工具可以分为需求分析工具、设计工具、编码工具、测试工具、运行维护工具和项目管理工具。

(1)需求分析工具。需求分析工具能将应用系统的逻辑模型清晰地表达出来,并包括对分析的结果进行一致性和完整性检查,具有发现并排除错误的功能。属于系统分析阶段的工具主要包括数据流图绘制与分析工具、图形化的 E-R 图编辑和数据字典的生成工具、面向对象的模型与分析工具以及快速原型构造工具等。

(2)设计工具。设计工具是用来进行系统设计的,将设计结果描述出来形成设计说明书,并检查设计说明书中是否有错误,然后找出并排除这些错误。其中,属于概要设计的工具主要是系统结构图的设计工具;属于详细设计的工具主要有 HIPO 图工具、PDL 支持工具、数据库设计工具及图形界面设计工具等。

(3)编码工具。在程序设计阶段,编码工具可以为程序员提供各种便利的编程作业环境。属于编码阶段的工具主要包括各种文本编辑器、常规的编译程序、连接程序、调试跟踪程序以及一些程序自动生成工具等,目前广泛使用的编程环境是这些工具的集成化环境。

(4)测试工具。软件测试是为了发现错误而执行程序的过程,测试工具应能支持整个测试过程,包括测试用例的选择、测试程序与测试数据的生成、测试的执行及测试结果的评价。属于测试阶段的工具有静态分析器、动态覆盖率测试器、测试用例生成器、测试报告生成器、测试程序自动生成器及环境模拟器等。

(5)运行维护工具。运行维护的目的不仅是要保证系统的正常运行,使系统适应新的变化,更重要的是发现和解决性能障碍。属于软件运行维护阶段的工具主要包括支持逆向工程(Reverse-Engineering)或再工程(Reengineering)的反汇编程序及反编译程序、方便程序阅读和理解的程序结构分析器、源程序到程序流程图的自动转换工具、文档生成工具及系统日常运行管理和实时监控程序等。

(6)项目管理工具。软件项目管理贯穿系统开发生命周期的全过程,它包括对项目开发队伍或团体的组织和管理,以及在开发过程中各种标准、规范的实施。支持项目管理的常用工具有 PERT 图工具、甘特图工具、软件成本与人员估算建模及测算工具、软件质量分析与评价工具,以及项目文档制作工具、报表生成工具等。

2. 软件开发环境

软件开发环境是为支持软件的工程化开发和维护而使用的一组软件,它由软件工具和环境集成机制构成。前者用于支持软件开发的相关过程、活动和任务,后者为工具集成和软件的开发、维护及管理提供统一的支持。

环境集成机制主要有数据集成、界面集成、控制集成、平台集成以及方法和过程集成等。其中,数据集成为各种相互协作的工具提供统一的数据模式和数据接口规范,以实现不同工具之间的数据交换;界面集成指环境中的工具界面使用统一的风格,采用相同的交互方法,提供一种相似的视感效果,以减少用户学习不同工具的开销;控制集成用于支持环境中各个工具或开发活动之间的通信、切换、调度和协同工作,并支持软件开发过程的描述、执行和转换；平台集成指在不同的硬件和系统软件之上构造用户界面一致的开发平台，并集成到统一的环境中；方法和过程集成指把多种开发方法、过程模型及其相关工具集成在一起。

软件开发环境支持多种集成机制，可用于支持各种软件的开发活动，包括分析、设计、编程、测试、调试和文档等。

3. 集成化开发环境的体系结构

集成化开发环境是在克服孤立软件工具缺陷的过程中发展而来的。通常，一个集成化开发环境的体系结构由 4 部分构成，即提供统一用户接口的用户界面层，协调各个辅助工具的工具集成层，管理开发信息的对象管理层，共享的软件工程信息库，如图 1-3 所示。

图 1-3 集成化开发环境的体系结构

1）用户界面层

用户界面层由标准化的统一界面工具箱和各个辅助工具所共同遵守的界面协议所组成。其中，界面工具箱由窗口、菜单、对话框、按钮等用户界面元素以及诸如事件触发、消息传递等界面元素控制机制共同组成。

2）工具集成层

工具集成层主要完成对构成集成开发环境的所有工具的管理和协调任务。在进行软件开发时经常需要同时使用多个辅助工具，工具集成层完成在不同的工具之间进行任务的组织和协调，实现不同工具之间开发信息的传递和共享，实施安全检查和审计功能，对相应的使用数据进行汇总、分析。

3）对象管理层

对象管理层的主要任务是对集成开发环境中的软件开发信息进行管理和集成，实现工具与信息的集成以及信息之间的集成。在软件开发过程中，信息的种类纷繁复杂。为了对这些信息进行管理和集成，必须对信息加以抽象。面向对象方法是一种比较常见的信息抽象方式。在把信息抽象为对象以后，信息与工具之间的集成可以通过对这些信息对象的相应操作来完成。

4）软件工程信息库

软件工程信息库是集成开发环境的核心，是其他层次模块的基础。信息库所存储的软件系统的相关开发信息有企业信息（主要包括业务域分析、业务功能分析、业务规则分析、过程模型（场景）和信息体系结构等），以及项目管理信息、系统文档、测试与评价信息、设计开发信息等。还需要提供普通数据库管理系统服务、特定于集成开发环境的服务。

1.3 软件项目管理

在经历软件危机和大量的软件项目失败之后，人们对软件工程产业的现状进行了深入分析，普遍认为，项目管理能力太弱是导致软件项目成功率低的主要原因。根据软件本身的特殊性及软件开发的复杂性，将项目管理思想引入软件工程领域，形成了软件项目管理。

软件项目管理是软件工程的保护性活动，它先于任何技术活动之前开始，且持续贯穿于整个软件的定义、开发和运行维护的过程。

1.3.1 项目与软件项目

随着社会的发展，人类有组织的活动逐步分化为两种类型。一类是日常作业或运作，即连续不断、周而复始的活动，如车间加工产品的活动、财务人员的日常记账工作等；另一类是项目，即临时性的、一次性的活动，如企业新产品开发、企业业务系统开发等。

在日常生活中，项目随处可见。项目已成为推动人类生产与进步的主要动力。

1. 项目及其特性

项目（Project）一词最早于 20 世纪 50 年代在汉语中出现，不同的机构与组织对项目给出了不同的定义。

国际项目管理协会（International Project Management Association，IPMA）对项目的定义：项目是一个特殊的、将被完成的有限任务，它是在一定时间内，满足一系列特定目标的多项相关工作的总称。

英国项目管理协会（Association for Project Management，APM）对项目的定义：项目是由一系列具有开始和结束日期、相互协调和控制的活动组成的，通过实施而达到满足时间、费用和资源等约束条件的独特的过程。

美国项目管理协会（Project Management Institute，PMI）对项目的定义：项目是为提供某项独特的产品、服务或成果所做的临时性努力。

中国项目管理研究委员会（Project Management Research Committee，China，PMRC）对项目的定义：项目是一个特殊的将被完成的任务，它是在一定时间内，满足一系列特定目标的多项相关工作的总称。

一般来说，我们把利用有限资源，在一定的时间内，完成满足一系列特定目标的多项相关工作称为项目。

项目作为一类特殊的活动具有以下特征。

（1）一次性。这是项目与日常运作的最大区别。项目有明确的开始时间和结束时间，项目在此之前从来没有发生过，而且将来也不会在同样的条件下再发生，而日常运作是无休止或重复的活动。

（2）独特性。每个项目都有自己的特点，每个项目都不同于其他的项目。项目所产生的产品、服务或完成的任务与已有的相似产品、服务或任务在某些方面有明显的差别。项目自身有具体的时间期限、费用和性能质量等方面的要求。因此，项目的过程具有自身的独特性。

（3）目标的明确性。每个项目都有自己明确的目标。事实上，项目实施过程中的各项工作都是为项目的预定目标而进行的。

（4）组织的临时性和开放性。项目开始时需要建立项目组织，项目组织中的成员及其职能在项目的执行过程中将不断变化，项目结束时项目组织将会解散，因此项目组织具有临时性的特点。一个项目往往需要众多的单位共同协作，它们通过合同、协议以及其他的社会联系组合在一起，可见项目组织没有严格的边界。

（5）后果的不可挽回性。项目具有较大的不确定性，它的过程是渐进的，潜伏着各种风险。它不像有些事情可以试做，或失败了可以重来，即项目具有不可逆转性。

【例 1-8】 开发一项新的产品和服务；改变一个组织的结构、人员配置或组织类型；开发一种全新的或经修正过的信息系统，这些活动都是项目。某些比较复杂的项目可能涉及成百上千的工作人员、耗费数年和上亿的预算支出；而有些项目则只需要几周、一个同事的帮助，甚至根本没有正式的预算。这些项目都适用同样的项目管理原则。

2. 项目的约束条件

任何项目都会在范围、时间及成本 3 方面受到约束，项目往往需要在范围、时间、成本三者之间寻找一个合适的平衡点，以便使项目相关人尽可能地满意项目过程及其成果。项目是一次性的，旨在产生独特的产品或服务，但不能孤立地看待和运行项目。要用系统的观念来对待项目，认清项目在更大的环境中所处的位置，这样在考虑项目范围、时间及成本时，就会有更为适当的协调原则。

1）项目的范围约束

项目的范围约束就是规定项目的任务是什么。项目管理者首先必须清楚项目的商业利润核心，明确把握项目发起人期望通过项目获得的产品或服务。对于项目的范围约束，容易忽视项目的商业目标，而偏向技术目标，导致项目最终结果与项目相关人期望值之间的差异。

因为项目的范围可能会随着项目的进展而发生变化，从而与时间和成本等约束条件之间产生冲突，因此面对项目的范围约束，主要是根据项目的商业利润核心做好项目范围的变更管理。既要避免无原则地变更项目的范围，也要根据时间与成本的约束，在取得项目相关人的一致意见的情况下，合理地按程序变更项目的范围。

2）项目的时间约束

项目的时间约束就是规定项目需要多长时间完成，项目的进度怎样安排，项目的活动在时间上的要求，各活动在时间安排上的先后顺序。当进度与计划之间发生差异时，如何重新调整项目的活动历时，以保证项目按期完成，或者通过调整项目的总体完成工期，以保证活动的进度与质量。

在考虑时间约束时,一方面要研究因为项目范围的变化对项目时间的影响;另一方面要研究因项目历时的变化对项目成本产生的影响。及时跟踪项目的进展情况,通过对实际项目进展情况的分析,提供给项目相关人一个准确的报告。

3)项目的成本约束

项目的成本约束就是规定完成项目需要支出的费用。对项目成本的计量,一般用花费多少资金来衡量,但也可以根据项目的特点,采用特定的计量单位来表示。关键是通过成本核算,能让项目相关人了解在当前成本约束下,所能完成的项目范围及时间要求。当项目的范围与时间发生变化时,会产生多大的成本变化,以决定是否变更项目的范围,改变项目的进度,或者扩大项目的投资。

由于项目的独特性,每个项目都具有很多不确定性的因素,项目资源使用之间存在竞争性。除了极小的项目,项目很难最终完全按照预期的范围、时间和成本三大约束条件完成。因为项目相关人总是期望用最低的成本、最短的时间来完成最大的项目范围。这3个期望之间互相矛盾、互相制约。项目范围的扩大,会导致项目工期的延长或需要增加资源,会进一步导致项目成本的增加;同样,项目成本的减少,也会导致项目范围的限制。项目管理者就是要运用项目管理的知识,在项目管理过程中科学合理地分配各种资源,尽可能地实现项目相关人的期望,促进项目的成功实施。

3. 软件项目的特殊性

为解决信息化需求而产生的软件、硬件、网络系统、信息系统等一系列与信息技术相关的项目称为软件项目。软件项目与其他项目相比有相当的特殊性。软件是纯知识产品,其开发进度和质量很难估计和度量,生产效率也难以预测和保证。软件系统的复杂性也导致了开发过程中各种风险难以预见和控制。

软件项目的特殊性表现在以下4方面。

(1)目标的渐进性。项目一般都有既定目标,软件项目也应当如此。但在实践中,绝大多数软件项目的总体目标并不是很清晰,经常出现任务边界模糊的状况。在软件系统研发前,客户往往在项目刚开始时仅有一些初步的功能需求,没有清晰的、精准的想法,也提不出准确的需求。软件项目的产品质量主要是由项目团队来定义的,而客户仅仅是肩负起审核的任务。由于项目的产品与服务事先不可见,在项目前期只能有粗略的项目定义,随着项目的深入才能逐步健全和清晰。在这个逐渐明晰的过程中,一般会进行很多改动,产生很多变动,导致项目执行和管理的难度增加。

(2)项目的阶段性。项目的阶段性决定项目的历时,具备清晰的起点和终点,当实现项目或被迫终止时项目结束。随着软件技术的发展,软件项目的产品生命周期越来越短,有的项目的开发时间甚至是关键性因素。由于市场时机稍纵即逝,如果项目的执行阶段耗时过长,市场份额将被竞争对手抢走。因此,软件项目的阶段性对实际工作有着至关重要的指导意义。这就需要项目团队具有超强的时间观念,在项目刚开始时,就必须清晰时间的节点,对于每项活动和任务都有清晰的时间需求,检查有没有按进度完成。

(3)不确定性。不确定性指的是软件项目开发难以完全在规定的期限内、按照规定的成本预算由规定的技术人员完成。软件项目计划方案和成本预算本质上是一种预测，是一种对未来的估计和假设，在执行过程中与实际情况一定会有偏差。另外，在执行过程中还会碰到各种各样预料不到的风险，使得项目无法按原有的预测来运行。因此，在实际的项目推进过程中，应当注意制订切实的计划方案。项目经理应当掌握必要的工具方法，把握整体过程和关键要素，灵活应对，妥善处理。

（4）智力密集性。软件项目开发是智力密集、劳动密集型项目，受人力的影响较大。项目组成员的组成、责任感、个人能力和团队的稳定性对软件项目的产品质量、进度及能否成功有决定性的影响。软件项目工作的专业性很强，需要大量高强度的脑力劳动。这些劳动非常细致、冗杂并容易出错，在开发中渗入了很多个人的因素。为了高质量地完成项目，需要深入挖掘项目组成员的智力才能和创新精神，不但要求开发团队具有相应的技术实力和工作经验，而且在软件系统开发中，需要在人才激励和团队合作问题上给予高度的重视。

1.3.2　项目管理基础

为了在项目活动中有效地应用专门的知识、技能、工具和方法，使项目能够在有限资源限定条件下，实现或超过设定的需求和期望，实施项目管理是非常重要的。

1. 项目管理的概念

项目管理（Project Management，PM）给人的一个直观概念就是"对项目进行的管理"，这是其最原始的概念，它说明了两方面的含义：项目管理属于管理的大范畴；项目管理的对象是项目。

美国项目管理协会（PMI）对项目管理的定义：项目管理就是将知识、技能、工具与技术应用于项目活动，以满足项目的要求。项目管理是通过合理运用和整合项目管理过程得以实现的。

中国项目管理研究委员会（PMRC）对项目管理的定义：项目管理就是以项目为对象的系统管理方法，通过专门的柔性组织，对项目进行高效率的计划、组织、指导和控制，以实现项目全过程中的动态管理和项目目标的综合协调与优化。

一般来讲，项目管理是项目的管理者，在有限的资源约束下，运用系统的观点、方法和理论，对项目涉及的全部工作进行有效管理，即对从项目的投资决策开始到项目结束的全过程进行计划、组织、指挥、协调、控制和评价，以实现项目的目标。

2. 项目管理知识体系

项目管理知识体系是项目管理专业领域知识的总称，它是由专门的项目管理组织在总结了项目管理实践中成熟的理论、方法、工具和技术的基础上所提出的。

美国项目管理协会（PMI）在发布的《项目管理知识体系指南（PMBOK 指南）（第六版）》（简称《PMBOK 指南》）中，对项目管理所需的知识、阶段和过程进行了概括性描述。《PMBOK 指南》由十大知识领域（整合管理、范围管理、进度管理、成本管理、质量管理、资源管理、沟通管理、风险管理、采购管理和干系人管理)、五大过程组(启动、规划、执行、监控和收尾)和生命周期阶段组成，如图 1-4 所示。

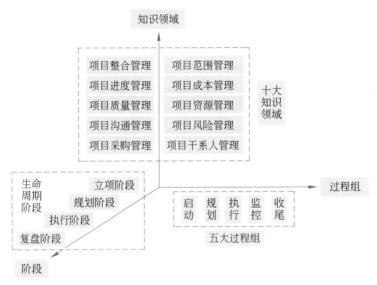

图 1-4　《PMBOK 指南》的组成部分

《PMBOK 指南》的十大知识领域简述如下。

(1) 项目整合管理。指为确保项目各项工作能够有机地协调和配合所展开的综合性和全局性的项目管理工作和过程。它包括制定项目章程、制订项目管理计划、指导与管理项目工作、管理项目知识、监控项目工作、实施整体变更控制、结束项目或阶段。

(2) 项目范围管理。为了实现项目的目标，对项目的工作内容进行控制的管理过程。它包括规划项目范围、收集需求、定义范围、创建工作分解结构(Work Breakdown Structure,WBS)、确认范围和控制范围。

(3) 项目进度管理。为了确保项目最终按时完成的一系列管理过程。它包括规划进度管理、定义活动、排列活动顺序、估算活动持续时间、制订进度计划和控制进度。

(4) 项目成本管理。为了保证完成项目的实际成本、费用不超过预算的管理过程。它包括规划成本管理、估算成本、制定预算和控制成本。

(5) 项目质量管理。为了确保项目达到客户所规定的质量要求所实施的一系列管理过程。它包括规划质量管理、管理质量和控制质量。

(6) 项目资源管理。为了保证所有项目资源都得到最有效的发挥和利用所做的一系列管理措施。它包括规划资源管理、估算活动资源、获取资源、建设团队、管理团队及控制资源。

(7) 项目沟通管理。为了确保项目的信息的合理收集和传输所需要实施的一系列措施。它包括规划沟通管理、管理沟通和监督沟通。

(8) 项目风险管理。涉及项目可能遇到的各种不确定因素。它包括规划风险管理、识别风险、实施风险分析、规划风险应对、实施风险应对和监督风险。

(9) 项目采购管理。为了从项目实施组织之外获得所需资源或服务所采取的一系列管理措施。它包括规划采购管理、实施采购与控制采购。

（10）项目干系人管理。是指对项目干系人（相关方）需要、希望和期望的识别，并通过沟通管理来满足其需要、解决其问题的过程。包括识别干系人、规划干系人参与、管理干系人参与及监督干系人参与。

项目管理知识体系的 49 个子过程组反映了项目管理过程组与知识领域的映射关系，如表 1-2 所示。

表 1-2　项目管理 49 个子过程组

知识领域	过　程　组				
	启动过程组	规划过程组	执行过程组	监控过程组	收尾过程组
项目整合管理	制定项目章程	制订项目管理计划	指导与管理项目工作，管理项目知识	监控项目工作，实施整体变更控制	结束项目或阶段
项目范围管理		规划项目范围，收集需求，定义范围，创建 WBS		确认范围，控制范围	
项目进度管理		规划进度管理，定义活动，排列活动顺序，估算活动持续时间，制订进度计划		控制进度	
项目成本管理		规划成本管理，估算成本，制订预算		控制成本	
项目质量管理		规划质量管理	管理质量	控制质量	
项目资源管理		规划资源管理，估算活动资源	获取资源，建设团队，管理团队	控制资源	
项目沟通管理		规划沟通管理	管理沟通	监督沟通	
项目风险管理		规划风险管理，识别风险，实施风险分析，规划风险应对	实施风险应对	监督风险	
项目采购管理		规划采购管理	实施采购	控制采购	
项目干系人管理	识别干系人	规划干系人参与	管理干系人参与	监督干系人参与	

中国项目管理研究委员会（PMRC）经过多年努力，于 2001 年推出中国项目管理知识体系（Chinese-Project Management Body of Knowledge，C-PMBOK），将项目管理的知识领域分为 88 个模块，如目标确定、工作分解、质量计划、进度控制、安全控制、风险评估、网络计划技术、挣值法等，涵盖了 PMBOK 的职能领域。C-PMBOK 采用了模块化的组合结构，便于知识的按需组合；以生命周期为主线，进行项目管理知识体系、知识模块的划分与组织；体现中国项目管理特色，扩充了项目管理知识体系的内容。

1.3.3　软件项目管理要素

软件开发是一个知识创造的过程,其创造性过程的本质决定了软件开发项目包含了许多不确定的方面和未知的因素,但这并不意味着软件项目是不可控制的。

软件项目
管理

1. 软件项目管理的特点

软件项目有其自身的特点,它是针对人的知识、智力开发活动而进行的管理。在整个软件开发活动进程中,需要对思想、架构、概念、算法、流程、逻辑、效率和优化等各项抽象因素进行综合管理,因而使得软件管理的过程更为复杂和难以控制。

软件项目管理的特点主要体现在如下 6 方面。

(1) 软件产品的逻辑特性。软件项目的产品是抽象的逻辑产品,难以用尺寸、质量、体积、外观等物理实体标准来衡量和评价,难以制定软件产品的质量评价体系。

(2) 生产过程的智力因素。软件产品的生产过程是人的智力活动过程,而非传统意义上的制造过程,难以监管并及时纠正生产过程中出现的错误和问题。

(3) 人员的复杂性。软件产品开发过程中涉及软件分析师、设计工程师、程序员、测试人员、用户和管理人员等,人员配备复杂,难以进行有效管理。

(4) 项目定制的特殊性。软件产品虽然分通用软件和领域软件,但其都是定制的定向系统,目前仍无法摆脱手工开发模式。"没有完全一样的软件项目",这不仅对项目实施过程难以控制,而且还需要根据具体应用领域、环境等制定特殊管理过程和内容。

(5) 软件系统的复杂性。源于应用领域的复杂性和软件开发技术的复杂性,软件自身是一个复杂系统。因而软件管理要对复杂软件系统过程做到未雨绸缪,对软件开发内容有抽丝剥茧般的细致。

(6) 相关因素的多样性。软件项目管理需要综合各方面,特别是社会因素、精神因素、认知要素、技术问题、领域问题、用户沟通等各项复杂内容。

管理技术的基础是实践,只有反复实践才能提高管理技术,总结管理经验,更好地、有效地实施和控制管理过程。

2. 软件项目管理的内容

针对软件项目管理的特点及存在的问题,在实施软件项目管理过程中,应明确软件项目管理的内容和范围,做到有的放矢。软件项目管理的内容主要包括如下方面,这些方面的内容都贯穿于整个软件开发过程中。

(1) 人员的组织与管理。人员直接关系到工作效率的发挥和软件项目开发成功与否,需要将注意力集中在项目组人员的构成、组织结构和人员优化等方面。

(2) 软件度量。与普通项目不同,软件项目涉及的是纯知识产品,其开发进度和质量难以准确估计和度量,很多软件项目交付的成果事先不可见。由于软件产品的不可见性,需要在过程度量和产品度量两方面,注重用量化的方法评测软件开发中的费用、生产率、进度和产品质量等要素是否符合期望值,并进行有效控制。

（3）软件生产率。对影响软件生产的人员、过程、产品和资源等要素需要进行深入细致的分析，在软件开发过程更好地完成资源配置，使得软件开发利益最大化。

（4）风险管理。风险管理预测未来可能出现的各种危害到软件产品质量的潜在因素，并采取预防措施规避风险的发生、降低风险发生的概率，以及明确风险发生后应采取的措施。

（5）软件质量保证。质量保证是保证产品和服务充分满足消费者要求的质量而进行的有计划、有组织的活动，软件项目管理规定了保证软件产品满足用户需求的关键过程域。

（6）软件配置。软件配置通过对软件开发过程各项活动的记录，特别是对发生改变的部分的管理，针对开发过程中人员及工具的配置、使用提出管理策略。

3. 软件项目管理的 4P 观点

软件项目管理是为了使软件项目能够按照预定的成本、进度、质量顺利完成，而对人员（People）、产品（Product）、过程（Process）和项目（Project）进行分析和管理的活动。

1）人员

人员是软件工程项目的基本要素和关键因素，软件项目管理实质上是对人的管理。在对人员进行组织时，有必要考虑参与软件过程的所有人员。一般来说，对人员管理涉及以下 5 类。

（1）高级管理人员。高级管理人员可以是领域专家，负责提出项目的目标并对业务问题进行定义，这类业务问题经常会对项目产生较大影响。

（2）项目管理人员。项目管理人员负责软件项目的管理工作，其负责人通常称为项目经理。项目经理除了要求掌握相应的软件开发技术外，更多的应具备管理人员应有的技能。项目经理的任务就是要对项目进行全面的管理，具体表现在对项目目标要有一个全局的观点，制订项目计划，监控项目进展，控制反馈，组建团队，在不确定环境下对不确定问题进行决策，在必要时进行谈判并解决冲突。

（3）开发人员。开发人员常常掌握了开发一个产品或应用所需的专门技术，可胜任需求分析、设计、编码、测试、发布等各种相关的开发岗位。

（4）客户。客户是一组可说明待开发软件需求的人，也包括与项目目标有关的其他风险承担者。

（5）最终用户。最终用户是产品或应用提交后，与产品或应用进行交互的人。

软件项目的组织称为软件项目组，每个软件项目组都有上述人员参与，项目组成员必须最大限度地发挥每个人的技术和能力，并在软件开发活动中注重团队协作。

2）产品

软件工程过程、项目管理的实施，都是为了得到符合用户预期的软件产品。要在项目管理初期定下软件产品的质量评价标准，估算它的规模、工作量，并以此作为资金、人才、时间估算的基础。作为项目高级管理者和项目经理，必须在项目开始之前，做好产品成本/效益分析，认真细致地制订具备可操作性、可控制性的软件项目开发计划，通过有效的管理确保软件开发过程的稳定性。

软件项目开发计划明确预期软件产品的目标，主要有产品的功能、性能；产品所需的数据，包括数据的来源、处理及去向；产品的工作环境，包括软件环境和在硬件系统上的部署；产品的维护工作；产品的附加文件，包括安装、使用、常见疑问等相关文件。

3）过程

美国著名管理学家弗里蒙特·E.卡斯特（Fremont E. Kast）指出：管理是一个过程，通过它，大量互无关系的资源得以结合成一个实现既定目标的总体。质量的产生、形成和实现，都是通过过程来完成的。过程的质量最终决定了产品和服务的质量。

过程管理覆盖了项目的所有活动，涉及项目所有相关方，并聚焦于关键过程，它包括过程策划、过程实施、过程检测和过程改进。过程管理强调加强过程设计的科学性和有效性，注重对过程中发生问题的及时反馈和果断处理，注重对设计的及时调整。强调过程管理的出发点是防患于未然。

软件过程管理首先需要项目团队选择一个适合待开发软件的软件过程模型（如瀑布模型）。项目团队必须决定哪种过程模型最适合：需要该产品的客户和从事开发工作的人员；产品本身的特性；软件团队所处的项目工作环境。在选定过程模型后，项目团队可以基于此过程框架活动来制订一个初步的项目计划。也就是说，必须制订一个完整的计划来反映框架活动中所需要完成的工作任务。

项目计划在项目管理中具有决定性作用，它可以给整个团队一个思想框架，帮助人们思考如何组织项目，事先发现问题并考虑如何避免问题的发生；可以维护管理层权威，借此来获得项目需要的人力、时间、资源和其他支持；项目计划也是项目过程中的有效沟通工具。

4）项目

项目是整个软件工程涉及的所有资源、人员、相关数据、文档的总和。应理解成功项目管理的关键因素，掌握项目计划、项目执行和监控的一般方法，确保软件团队能够成功地组织项目。

（1）明确目标与过程。充分理解待解决的问题，明确定义项目目标及软件范围，为项目小组及活动设置明确、现实的目标，并充分发挥相关小组的自主性。

（2）保持动力。为了维持动力，项目管理者必须提供激励措施以保持人员变动为绝对最小量。小组应该强调所完成的每个任务的质量，而高层的管理应该尽量不干涉项目小组的工作方式。

（3）跟踪进展。针对每个软件项目，当每个任务的工作制品（如规约、源代码、测试用例集等）作为质量保证活动的一部分而被批准（通过正式的技术评审）时，对其进展进行跟踪，并对软件过程和项目进行测量。

（4）做出明智的决策。在本质上，项目管理者和软件小组的决策应该"保持其简单"。只要有可能，就使用商用成品软件或现有的软件构件或模式，可以采用标准方法避免定制接口，识别并避免显而易见的风险，以及分配比预期更长的时间来完成复杂或有风险的任务。

（5）进行事后分析。建立统一的机制，从每个项目中获取可学习的经验。评估计划的进度和实际的进度，收集和分析软件项目度量数据，从团队成员和客户处获取反馈，并记录所有的发现。

【例1-9】 项目管理要素要密切关注项目的危险信号,如不了解客户需求,产品范围定义不清楚,变更管理不好,最后期限不切实际,客户抵制,以及其他有可能带来危险的信号。

小结

习题1

一、选择题

1. ( )不是软件的特点。

  A. 软件是有形的   B. 软件不存在磨损和消耗问题

  C. 软件开发成本高   D. 软件没有明显的制作过程

2. ( )不是软件的组成。

  A. 程序   B. 数据   C. 界面   D. 文档

3. ( )不是软件危机的表现形式。

  A. 开发的软件不满足用户需求   B. 开发的软件可维护性差

  C. 开发的软件价格便宜   D. 开发的软件可靠性差

4. 软件工程的出现主要是由于( )。

  A. 程序设计方法学的影响   B. 计算机的发展

  C. 软件危机的出现   D. 其他工程科学的影响

5. 以下关于软件工程基本原理的说法错误的是( )。

  A. 应将软件生命周期划分为若干阶段并相应地制订计划

  B. 应在编程结束后立即进行质量保证工作

  C. 软件开发过程中如果需求发生改变,必须评审通过后才能实施修改

  D. 软件开发人员不是越多越好,而应少而精

6. 软件工程的提出起源于软件危机,而其目的应该是最终解决软件的( )问题。

  A. 生产危机   B. 质量保证   C. 开发效率   D. 生产工程化

7. 软件工程的框架不包括( )。

  A. 目标   B. 过程   C. 原则   D. 工程

8. 现代软件工程主要指的是( )的软件工程。

  A. 面向过程   B. 面向数据   C. 面向对象   D. 面向产品

9. ( )不是项目与日常运作的共同之处。

  A. 由人来做   B. 受制于有限的资源

  C. 需要规划、执行和控制   D. 都是重复性工作

10. 软件项目管理是为了使软件项目能够按照预定的成本、进度、质量顺利完成,而对( )进行分析和管理的活动。

  A. 人员、产品、过程和项目   B. 人员、产品、成本和计划

  C. 人员、进度、成本和结果   D. 范围、风险、过程和结果

二、填空题

1. 软件与产品有很大的区别,软件是一种_____产品,不具有具体的物理实体形态特性。

2. 软件实现的是一个从现实问题域(输入)到_____(输出)的过程。

3. 开发软件需要付出的高成本和软件产品的低质量之间有着尖锐的矛盾,这种现象称为_____。

4. 根据软件工程基本原理,软件开发小组的人员应_____。

5. 软件工程方法对软件开发中应遵循的策略、原则、步骤和必须产生的文档资料做出规定,从而使软件的开发能够_____。

6. 现代软件工程主要指面向对象的软件工程,_____是面向对象方法学的基本单位。

7. 开发软件工具的主要目的是提高软件生产率和改善_____。

8. 软件开发环境的主要组成成分是_____。

9. 项目是为创造一种产品、服务或者结果而进行的_____的努力。

10. 软件项目管理的实施,都是为了得到符合_____的软件产品。

三、思考题

1. 什么是软件? 软件有哪些特征?

2. 软件按功能可分为哪些类型? 各有何特点?

3. 什么是软件危机? 为什么会产生软件危机?

4. 什么是软件工程? 软件工程框架包括哪些方面的内容?

5. 软件工程基本原理有哪些?

6. 传统软件工程方法的主要特点是什么?

7. 面向对象方法学具有哪些特点?

8. 软件开发环境的作用是什么?

9. 什么是项目? 项目有何特性?

10. 什么是项目管理? 项目管理包括哪些知识领域?

四、实践题

1. 考察一个有代表性的、已投入运行的软件产品,写出调查报告,说明此软件系统的结构、功能,在了解情况的基础上对此软件的开发与运行状况进行分析、评价。

2. 查阅相关资料,总结目前软件工程的发展状况,就软件工程的未来发展谈谈自己的看法。

3. 某学校教务管理部门拟开发一个课程注册管理系统(KCZC)。在每学期开学前,教务管理人员可利用该系统输入课程信息、设定课程(每门课程的任课教师、上课时间和地点);开学后,学生可利用该系统查询课程和课表信息,在第一周内注册课程或撤销注册。软件系统负责将学生所选课程的列表通知计费系统以确定学生应缴纳的选课费用。

任课教师在学期内可随时查询选修其所授课程的学生信息,学生可以随时查询课程信息、课表、本人所选课程列表,教务管理人员可随时查询所有信息。

调研教务部门现在选课的解决办法,写出调研结果。

4. 学校图书馆正在考虑开发一个信息管理系统来帮助管理图书外借业务。找出该项目的利益相关者和目标,以及如何用实际的方法对项目成功进行度量。

5. 某学校拟开发一个公选课管理系统(GXKS),提出如下初步设想。

(1) 每个用户登录该系统时,都需要一个账号,这个账号由系统管理员进行统一管理。

(2) 系统管理员的工作是,将每学年入学新生的基本信息导入系统中,并对学生信息进行管理;维护教师信息;对公选课信息进行添加、修改、删除和查询等操作。

(3) 学生可以在移动网络通过本系统选择本学期开设的公选课,查看公选课的基本信息(包括课程编号、所属专业、课程名称、开课学期、学时、学分、任课教师等)、选修规则以及最大选修人数、已选人数等。在系统开放选课的时间内,学生可以取消对公选课的选择并另选其他选修人数未满的公选课。学生还可以查看当前已选择的公选课信息。

(4) 任课教师可以查看公选课信息,包括已选课学生人数和名单等。学期结束时,教师可以输入学生成绩。

调研本校实际情况,补充和修改上述需求,并指出本系统的相关对象。

第 2 章 软 件 过 程

2.1 软件过程概述

软件过程是在软件工程发展到一定阶段时,传统的软件工程难以解决愈发复杂的软件开发问题而提出的新的解决办法,它使软件工程环境进入了过程驱动的时代。

软件过程也称软件生命周期过程或软件过程组,是指软件生命周期中的一系列相关过程。软件过程是一个为建造高质量软件所需完成的任务的框架,即形成软件产品的一系列步骤,包括中间产品、资源、角色及过程中采取的方法、工具等范畴。

软件生命
周期

2.1.1 软件生命周期

软件生命周期(Software Life Cycle,SLC)也称软件生存周期,是指软件从产生直到报废的全过程。划分软件生命周期的方法有许多种,软件规模、种类、开发方式、开发环境及开发时使用的方法论等都会影响软件生命周期。

在划分软件生命周期的阶段时应遵循一条基本原则,各阶段的任务彼此间相互独立,同一阶段的各项任务的性质尽可能相同,从而降低每个阶段任务的复杂程度,简化不同阶段之间的联系。

一般软件生命周期由软件计划、软件开发和软件运行3个时期组成,每个时期又划分为若干阶段,如图 2-1 所示。每个阶段有明确的任务,这样使规模大、结构复杂和管理复杂的软件开发变得容易控制和管理。

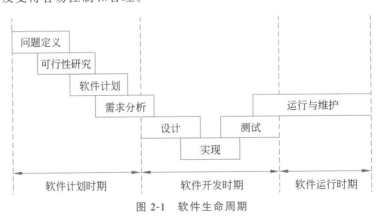

图 2-1   软件生命周期

1. 软件计划时期

软件计划时期的主要特点是所有工作由软件开发方与需求方密切配合、共同完成。

这个时期包括问题定义、可行性研究和软件计划、需求分析等阶段。

（1）问题定义。问题定义主要回答"要解决的问题是什么"，即提出软件需要解决的问题。

（2）可行性研究和软件计划。可行性研究和软件计划主要回答两个问题，即"这个问题是否有解""是否值得去解"。其主要任务是确定要开发软件的总目标，给出它的功能、性能、可靠性及接口等方面的设想和计划。这个时期主要研究完成该软件任务的可行性，探讨解决问题的方案，并对可供使用的资源、成本、可取得的效益和开发进度做出估计，制订完成开发任务的实施计划。

（3）需求分析。需求分析主要回答"用户提出的软件系统必须完成什么"。其主要任务是确定目标系统必须具备哪些功能。软件设计人员必须与用户充分交流信息，以得出经过用户确认的系统逻辑模型，并写出软件需求规格说明书或功能说明书及初步的系统用户手册，提交管理机构评审。

2. 软件开发时期

软件开发时期是软件设计与实现的重要时期，包括设计、实现和测试等阶段。

（1）设计。软件设计一般包括概要（总体设计）和详细设计，主要回答"软件系统如何完成以体现用户需求"。在总体设计阶段，设计人员要把已确定了的各项需求转换成一个相应的体系结构，结构中每个组成部分都是意义明确的模块，每个模块都和某些需求相对应。详细设计阶段的任务实现系统步骤的具体化，对系统的每个模块要完成的工作进行具体的描述，并确定输入输出，以便在编码之前可以评价软件质量，并为实现打下基础。

（2）实现。实现即编码，是将设计阶段的过程描述用某种计算机语言表示出来。在程序编码阶段，程序员的关键任务是根据目标系统的性质和实际环境，选取一种高级程序设计语言，将详细设计的结果翻译成用选定的语言书写的程序，并仔细地测试每个模块的功能。

（3）测试。软件测试是保证软件质量的重要手段。测试阶段的任务是通过各种类型的测试，使软件符合预定的要求。其主要方式是在设计测试用例的基础上检验软件的各个组成部分，包括单元测试、集成测试、系统测试和确认测试，以及由用户对目标系统进行验收测试。

3. 软件运行时期

软件运行时期的主要任务是进行系统的日常运行管理，根据一定的规格对系统进行必要的修改，评价系统的运行效率、工作质量和经济效益，对运行费用和效果进行监理审计。

在运行与维护阶段，可能由于多方面的原因，需要对软件系统进行修改。例如，对软件系统出现的问题进行纠错；为适应外部环境的变化和用户要求而添加新的功能；随着制作工艺的提高，将原来的工作流程做相应的改动；等等。这些修改称为软件维护。软件维护是软件生命周期中最长的阶段，它将伴随着软件的使用而一直存在。

【例 2-1】　华为产品开发生命周期划分为 5 个阶段，分别为概念阶段（策划开发的产品,组建团队),计划阶段(综合考虑组织、资源、时间、费用,形成一个业务计划),开发阶段(按计划研发产品),验证阶段(验证产品是否满足设计要求),发布阶段(产品对外发布)。

2.1.2 软件过程的概念

软件过程(Software Procedure)涉及软件生命周期中相关的过程与活动,其中活动是构成软件过程的最基本的成分之一。此外,软件开发是由多人分工协作并使用不同的硬件环境和软件环境来完成的,软件过程还包括支持人与人之间进行协调与通信的组织结构、资源及约束等因素。因而,过程活动、活动中所涉及的人员、软件产品、所有资源和各种约束条件是软件过程的基本成分。

软件生命周期的各个过程可以分成3类,即基本生命周期过程、支持生命周期过程和组织生命周期过程,开发机构可以根据具体的软件项目进行裁减。

1. 基本生命周期过程

基本生命周期包括5个过程,供各当事方在软件生命周期期间使用。相关的当事方有软件的需求方、供应方、开发者、操作者和维护者,如表 2-1 所示。

表 2-1　基本生命周期过程表

序号	过程	当事方	接受方	活　　动
1	获取过程	需求方	供应方	获取系统、软件或软件服务
2	供应过程	供应方	需求方	供应系统、软件或软件服务
3	开发过程	开发者		定义并开发软件
4	运作过程	操作者		在规定的环境中为用户提供运行软件系统服务
5	维护过程	维护者		提供维护软件服务

2. 支持生命周期过程

支持生命周期包括8个过程,其目的是支持其他过程,有助于软件项目的成功和质量的提高。

(1) 文档编制过程。确定记录生命周期过程产生的信息所需的活动。

(2) 配置管理过程。确定配置管理活动。

(3) 质量保证过程。确定客观地保证软件和过程符合规定的要求及已建立的计划所需的活动。

(4) 验证过程。根据软件项目要求,按不同深度确定验证软件所需的活动。

(5) 确认过程。确定确认软件所需的活动。

(6) 联合评审过程。确定评价一项活动的状态和产品所需的活动。

(7) 审核过程。确定为判断符合要求(计划)和合同所需的活动。

(8) 问题解决过程。确定一个用于分析和解决问题的过程(包括不合格的内容)。

3. 组织生命周期过程

组织生命周期包括 4 个过程,它们被一个软件组织用于建立和实现构成相关生命周期的基础结构和人事制度,并不断改进这种结构和过程。组织是否合理、相互的协作是否紧密是项目能否成功的一个关键因素。

(1) 管理过程。确定生命周期过程中的基本管理活动。

(2) 建立过程。确定建立生命周期过程中的基础结构的基本活动。

(3) 改进过程。确定一个组织为建立、测量、控制和改进其生命周期过程所需开展的基本活动。

(4) 培训过程。确定提供经适当培训的人员所需的活动。

就一个特定的软件项目,软件过程可被视为开展与软件开发相关一切活动指导性的纲领和方案,因而软件过程的优劣对软件能否成功开发起决定作用。每个开发机构都可以定义自己的软件过程,同一个开发机构也可以根据项目的不同采用不同的软件过程。

2.2 软件过程模型

软件过程模型也称软件生命周期模型或软件开发模型,是描述软件过程中各种活动如何执行的模型。软件过程模型确立了软件开发和演化中各阶段的次序限制以及各阶段活动的准则,确立软件开发过程所遵守的规定和限制,便于各种活动的协调以及各类人员的有效通信,有利于活动的管理。

任何软件开发项目都需要选择合适的软件过程模型,这种选择基于软件项目和应用的性质、采用的方法、需要的控制,以及要交付产品的特点。

2.2.1 瀑布模型

瀑布模型(Waterfall Model)也称软件生命周期模型,是经典的软件过程模型,是由温斯顿·罗伊斯(Winston Royce)于 1970 年提出的第一个软件过程模型,直到 20 世纪 80 年代早期一直是唯一被广泛采用的软件过程模型。

1. 瀑布模型表示

瀑布模型是一种线性模型,提出了系统开发的系统化的顺序方法。瀑布模型将软件生命周期各活动规定为线性顺序连接的若干阶段,规定了它们自上而下、相互衔接的固定次序,如同瀑布流水,逐级下落,如图 2-2 所示。

2. 瀑布模型的特点

瀑布模型是最早出现的软件过程模型,在软件工程中占有重要的地位,它提供了软件开发的基本框架。传统的瀑布模型有如下 3 个特点。

(1) 阶段间具有顺序性和依赖性。顺序性表明必须等前一个阶段工作完成后,才能

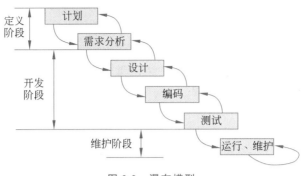

图 2-2　瀑布模型

开始后一个阶段的工作;依赖性则是前一个阶段的输出文档就是后一个阶段的输入文档。因此,只有前一个阶段的输出文档正确,后一个阶段的工作才能获得正确结果。

（2）推迟实现的观点。清晰区分逻辑设计与物理设计,尽可能推迟程序的物理实现,是瀑布模型的一条重要指导思想。瀑布模型在软件实现之前设置了软件计划、需求分析和定义、软件设计 3 个阶段,主要考虑目标系统的逻辑模型,不涉及软件的物理实现,这样可以避免项目中不必要的大量返工。

（3）质量保证的观点。瀑布模型的每个阶段都应坚持两个重要做法,即编制文档与对文档的评审。每个阶段都必须完成规定的文档,没有完成合格的文档就是没有完成该阶段的任务;每个阶段结束前都要对所完成的文档进行评审,以便尽早地发现和改正问题。

瀑布模型的线性过程过于理想化,各个阶段的划分完全固定,阶段之间产生大量的文档,极大地增加了工作量;由于开发模型是线性的,用户只有等到整个过程的末期才能见到开发成果,从而增加了开发的风险;早期的错误可能要等到开发后期的测试阶段才能发现,进而带来严重的后果。

尽管瀑布模型招致了很多批评,但是它对很多类型的软件项目依然是有效的。对于一个软件项目,是否使用这个模型主要取决于能否充分理解客户的需求以及在项目进程中这些需求的变化程度,瀑布模型适用于需求易于完善定义且不易变更的软件系统。

【例 2-2】　开发一个医疗设备控制软件,其特点:需求明确且稳定,可靠性和安全性要求极高,对软件错误、故障的控制和跟踪能力强,需要对软件开发过程进行严格控制,需要大量严格的文档。对此案例可选择瀑布模型。

2.2.2　演化过程模型

演化过程模型是一种全局的软件生命周期模型,属于迭代开发的模型。该模型的基本思想:根据用户的基本需求,通过快速分析构造出该软件的原型,然后根据用户在使用原型过程中提出的意见和建议对原型进行改进,获得原型的新版本。重复这个过程,最终可以得到令用户满意的软件产品。

演化过程模型主要有原型模型、螺旋模型与协同模型。

1. 原型模型

原型就是可以逐步改进成运行系统的模型。开发者在初步了解用户需求的基础上,凭借自己对用户需求的理解,通过强有力的软件环境支持,利用软件快速开发工具,构成、设计和开发一个实用的软件初始模型(原型,即一个可以实现的软件应用模型)。利用原型模型进行软件开发的流程如图 2-3 所示。相对瀑布模型,原型模型更符合人们开发软件的习惯,是目前较流行的一种实用软件过程模型。

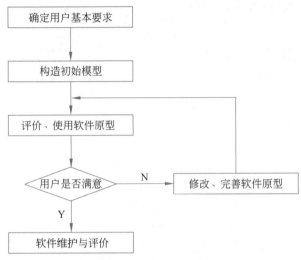

图 2-3　利用原型模型进行软件开发的流程

原型模型的优点:开发人员和用户在原型上达成一致,这样可以减少设计中的错误和开发中的风险,也减少了对用户培训的时间,从而提高了系统的实用性、正确性及用户满意度;原型模型采用逐步求精的方法完善原型,使得原型能够快速开发,避免了像瀑布模型那样冗长的开发过程中难以对用户的反馈做出快速响应;原型模型通过"样品"不断改进,降低了成本;原型模型的应用使人们对需求有了渐进的认识,从而使软件开发更有针对性。另外,原型模型的应用充分利用了最新的软件工具,使软件开发效率大为提高。

原型模型仍然存在着一些问题:①用户看到的是一个可运行的软件版本,但不知道这个原型是临时搭建起来的,也不知道软件开发者为了使原型尽快运行,并没有考虑软件的整体质量或以后的可维护性问题;②开发人员常常需要在实现上采取折中的办法,以使原型能够尽快工作。开发人员很可能采用一个不合适的操作系统或程序设计语言,也可能使用一个效率低的算法。经过一段时间之后,开发人员可能对这些选择已经习以为常了,忘记了它们不合适的原因。于是,这些不理想的选择就成了软件的组成部分。

虽然会出现问题,但原型模型仍是软件工程的一个有效典范。使用原型模型开发系统时,用户和开发者必须达成一致。原型被建造仅仅是用于定义需求,不宜将它作为最终产品,最终的软件开发要充分考虑质量和可维护性等方面之后才能进行。

2. 螺旋模型

螺旋模型是瀑布模型与原型模型相结合，并增加两者所忽略的风险分析而产生的一种模型，通常用来指导大型系统的开发。螺旋模型将开发划分为制订计划、风险分析、实施工程和客户评估 4 类活动。沿着螺旋线每转一圈，表示开发出一个更完善的新版本。如果开发风险过大，开发机构和客户无法接受，项目有可能就此终止。在大多数情况下，会沿着螺旋线继续下去，自内向外逐步延伸，最终得到令人满意的系统。

螺旋模型的基本框架如图 2-4 所示。

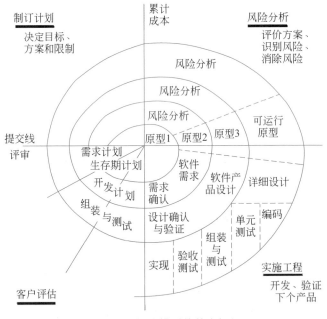

图 2-4　螺旋模型的基本框架

螺旋模型的每个周期都包括制订计划、风险分析、实施工程和客户评估 4 个阶段。首先，从第一个周期开始利用需求分析技术理解应用领域，获取初步用户需求，制订项目开发计划和需求分析计划；其次，根据本轮制订的开发计划进行风险分析，评价可选方案，并构造原型进一步分析风险，给出消除或减少风险的途径；再次，利用构造的原型进行需求建模或进行系统模拟，直至实现系统；最后，将原型提交用户使用并征求改进意见。开发人员应在用户的密切配合下进一步完善用户需求，直到用户认为原型可满足需求，或对系统设计进行评价、确认等。

经过一个周期后，根据用户和开发人员对上一个周期工作成果的评价和评审，修改、完善需求，明确下一个周期开发的目标、约束条件，并据此制订开发计划。螺旋模型从第一个周期的计划开始，一个周期、一个周期地不断迭代，直到整个系统开发完成。

螺旋模型的优点：设计上的灵活性，可以在项目的各个阶段进行变更；以小的分段来构建大型系统，使成本计算变得简单、容易；客户始终参与每个阶段的开发，保证了项目不偏离正确方向及项目的可控性；随着项目推进，客户始终掌握项目的最新信息，从而能够与管理层有效地交互;客户认可这种公司内部的开发方式带来的良好沟通和高质量产品。

然而,螺旋模型却很难让用户确信这种演化方法的结果是可以控制的;其建设周期长,面对软件技术的发展,经常出现软件开发完毕后,与当前的技术水平有较大的差距,无法满足当前用户的需求。

螺旋模型不仅保留了瀑布模型中系统地、按阶段逐步地进行软件开发和"边开发、边评审"的风格,而且还引入了风险分析,并把制作原型作为风险分析的主要措施。用户始终关心、参与软件开发,并对阶段性的软件产品提出评审意见,这对保证软件产品的质量是十分有利的。但是,螺旋模型的使用需要具有相当丰富的风险评估经验和专门知识,而且开发费用昂贵,所以只适合大型软件的开发。

3. 协同模型

从程序设计的角度,协同就是通过将一组主动的片段黏合起来的方式来构建程序的过程。因此,可以将程序看成"程序=协同+计算",以倡导在分布式程序设计中将分布的协同与局部的计算分离的思想。

通常意义上提到的软件协同技术包含两个层次的意思:一是其协同模型;二是该协同模型的软件实现。协同模型作为绑定一组分离的活动为一整体的黏合剂,为主动独立的协同实体之间交互的表达提供一个框架。它通常涉及被协同实体的创建与撤销、实体间的通信、实体的空间分布及它们活动的同步和时间安排等。

在描述协同模型的组成时,主要从以下 3 个部分进行研究。

(1) 协同实体。协同实体是并发运行的活动实体,它们是协同的直接主体,同时也是协同体系结构中的基本模块。这些被协同的实体(实际是指其类型)包括对象、进程、线程、Web 服务等,甚至还可以包括一个软件和用户。

(2) 协同媒介。协同媒介是将协同实体连接起来的媒介。它是协同发生的实际空间,支持协同实体间的通信,如信号量、通道,以及元组空间、消息、事件等。

(3) 协同法则。协同法则具体描述了模型框架的语义,即描述协同实体如何利用一组协同原语通过协同媒介进行协同的法则。

2.2.3 增量过程模型

增量过程模型融合了线性顺序模型的基本成分和原型模型的迭代特征,采用随着日程时间的进展而交错的线性序列,每个线性序列产生软件的一个可发布的"增量"。当使用增量模型时,第一个增量往往是核心的产品,即第一个增量实现了基本的需求,但很多补充的特征还没有发布。客户对每个增量的使用和评估,都作为下个增量发布的新特征和功能。在每个增量发布后不断重复这个过程,直到产生最终完善的产品为止。

1. 增量过程模型的特点

增量过程模型像原型模型一样具有迭代的特征。但与原型模型不同,增量过程模型强调每个增量均发布一个可操作产品。早期的增量是最终产品的"可拆卸"版本,但它们确实给用户提供了服务的功能,并且给用户提供了评估的平台。

增量开发是很有用的,尤其是当配备的人员不能在为该项目设定的市场期限之前实现一个完全的版本时,早期的增量可以由较少的人员实现。如果核心产品很受欢迎,可以增加新的人手实现下个增量。此外,增量能够有计划地管理技术风险,例如,系统的一个重要部分需要使用正在开发的并且发布时间尚未确定的新硬件,有可能计划在早期的增量中避免使用该硬件,这样就可以首先发布部分功能给用户,以免过分地拖延系统的问世时间。

2. 快速应用开发模型

快速应用开发(RAD)是一个增量型的软件过程模型,其具有极短的开发周期。该模型是瀑布模型的一个"高速"变种,通过大量使用可复用构件,采用基于构件的建造方法实现了快速开发。如果正确地理解了需求,而且约束了项目的范围,利用这种模型可以很快地创建功能完善的软件系统。

快速应用开发模型的流程从业务建模开始,随后是数据建模、过程建模、应用生成、测试及反复,如图 2-5 所示。

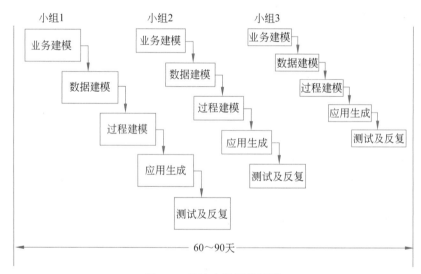

图 2-5 快速应用开发模型

(1)业务建模。确定驱动业务过程运作的信息、要生成的信息、如何生成、信息流的去向及其处理等,可以辅之以数据流图。

(2)数据建模。为支持业务过程的数据流,查找数据对象集合、定义数据对象属性,并与其他数据对象的关系构成数据模型,可辅之以 E-R 图。

(3)过程建模。使数据对象在信息流中完成各业务功能,创建过程以描述数据对象的增加、修改、删除、查找,即细化数据流图中的处理框。

(4)应用生成。利用第 4 代语言(4GL)写出处理程序,重用已有构件或创建新的可重用构件,利用环境提供的工具自动生成以构造出整个应用系统。

（5）测试及反复。快速应用开发模型强调复用，许多程序构件已经是测试过的，这样减少了测试时间，但必须测试新构件，而且必须测试所有接口。

快速应用开发模型采用基于构件的开发方法复用已有的程序结构，或使用可复用构件，或创建可复用的构件。在所有的情况下，构件均使用自动化工具辅助软件创造。每个主要功能可由一个单独的快速应用开发组来实现，最后集成起来形成一个整体。

快速应用开发模型对模块化要求比较高，如果有一个功能不能被模块化，建造快速应用开发模型所需的构件就会有问题。如果高性能是一个指标且该指标必须通过调整接口使其适应系统构件才能获得，快速应用开发模型也有可能不能奏效。

开发人员和客户必须在很短的时间内完成一系列的需求分析，任何一方配合不当都会导致快速应用开发模型失败。快速应用开发模型只能用于信息系统开发，不适合技术风险很高的情况。

【例 2-3】 针对智能化小区管理软件系统，其具有以下特征：系统包括若干相对独立的业务管理功能；系统具体需求不明确且会发生变化；部分技术方案可行性不确定；系统需要具有可扩充性；用户需要熟悉和适应新的系统；项目复杂程度较高、风险较大；希望尽早投入市场。根据上述分析，软件过程选择"原型化模型＋增量模型"。

2.2.4 专用过程模型

专用过程模型指只用于某些特定软件的过程模型，包括基于构件的开发模型、形式化系统开发模型和面向方面的开发模型。

1. 基于构件的开发模型

基于构件的开发模型（Component-Based Development Model，CBDM）是 20 世纪 90 年代兴起的一种软件过程模型，是一种基于分布对象技术、强调通过可复用构件设计与构造软件系统的软件复用途径。基于构件的开发模型体现了"购买而不是重新构造"的思想，将软件开发的重点从程序编写转移到基于已有构件的组装，以更快地构造系统，减轻用来支持和升级大型系统所需要的维护负担，从而提高软件开发效率，降低软件开发的费用。

构件是指应用系统中可以明确辨识的构成成分。在软件复用的过程中强调构件的可复用性，可复用构件是指具有相对独立的功能和可复用价值的构件。随着软件复用技术的不断深入，构件不仅仅是指代码模块，还包括需求分析、软件构架、系统建模、软件测试及其他对开发有用的信息及文档。

从开发过程，基于构件的开发模型应包含三大部分，即需求获取、领域分析和软件集成。需求获取的主要任务是就系统的总体功能、数据来源、格式和精度、输出成果等提出可行性意见，以表格、图示等手段为辅助，形成主题文档，由开发者建立需求报告。领域分析可以定义为标识一个特定领域中一类相似系统的对象和操作的活动，其主要目的是依据需求报告抽象提炼出系统可重用构件和主题数据库。软件集成是指利用已建构件库中的构件，并以主题数据库为基础，建立软件体系结构和框架，并将构件和数据库实例化，建立用户界面,最终形成可运行的软件系统。

2. 形式化系统开发模型

形式化系统开发模型是一种基于形式化数学变换的软件开发方法。形式化方法特别在数学、计算机科学、人工智能等领域得到广泛运用。它能精确地揭示各种逻辑规律,制定相应的逻辑规则,使各种理论体系更加严密。同时也能正确地训练思维、提高思维的抽象能力。

形式化方法(Formal Methods)在逻辑科学中是指分析、研究思维形式结构的方法。为用于开发软件的形式化方法提供一个框架,可以在框架中以系统的而不是特别的方式刻画、开发和验证系统。

根据说明目标软件系统的方式,形式化方法可以分为面向模型的形式化方法和面向属性的形式化方法两类。面向模型的形式化方法通过构造一个数学模型来说明系统的行为;面向属性的形式化方法通过描述目标软件系统的各种属性间接定义系统行为。

形式化系统开发模型与瀑布模型有共同之处,主要特点在于,软件需求规格说明被细化为用数学记号表达的、详细的形式化规格说明;设计、实现和单元测试等开发过程由一个变换开发过程代替,通过一系列变换将形式化的规格说明细化为程序。

3. 面向方面的开发模型

软件的关注点主要分为两大类:核心关注点和横切关注点。核心关注点就是该系统要实现的主要功能部分,如电子商务中的订单管理、商品管理等;横切关注点要跨越多个业务逻辑类或模块,如密码验证和日志记录。

面向方面的开发模型的本质就是要将系统的核心关注点和横切关注点分开,将横切关注点再封装成一个模块,即方面(Aspect),从而避免横切关注点散乱分布在系统的多个类中。

在面向方面的开发模型中,程序设计用方面描述系统的横切关注点,用程序设计语言描述系统的核心关注点,使用编织器来实现横切关注点与核心关注点的交融。

2.2.5 Rational 统一过程

Rational 统一过程(Rational Unified Process)是 Rational 公司开发和维护的过程产品。Rational 统一过程是一种可配置的过程,提供了在开发组织中分派任务和责任的纪律化方法。它的目标是在可预见的日程和预算前提下,确保满足最终用户需求的高质量产品。Rational 统一过程建立简洁和清晰的过程结构,为开发过程家族提供通用性,并且,它可以变更以容纳不同的情况,还能对大部分开发过程提供自动化的工具支持。这些工具被用于创建和维护软件开发过程(可视化建模、编程、测试等)的各种各样的产物,其中包括著名的统一建模语言(Unified Modeling Language,UML)。

Rational 统一过程强调开发和维护模型,具有语义丰富的软件系统表达,而非强调大量的文本工作。对于所有的关键开发活动,它为每个团队成员提供了使用准则、模板、工具进行访问的基础知识。而通过对相同基础知识的理解,无论是进行需求分析、设计、测试、项目管理或配置管理,均能确保全体成员共享相同的知识、过程和开发软件的视图。

Rational 统一过程以适合大范围项目和机构的方式捕捉了许多现代软件开发过程的最佳实践。这些最佳实践给开发团队提供了大量经验。

1. Rational 统一过程的实践

Rational 统一过程描述了如何为软件开发团队有效地部署软件开发方法。为使整个团队有效利用最佳实践,Rational 统一过程为每个团队成员提供了必要准则、模板和工具指导。

(1) 迭代的开发产品。面对复杂的软件系统,使用连续的开发方法。如首先定义整个问题,设计完整的解决方案,编制软件并最终测试产品,这在实践活动中是不可能完全实现的,而需要一种能够通过一系列细化、若干渐进的反复过程生成有效解决方案的迭代方法。Rational 统一过程专注于处理生命周期中每个阶段最高风险的迭代开发方法,极大地减少了项目的风险。

(2) 需求管理。Rational 统一过程描述了如何提取、组织和文档化需求的功能和限制;如何跟踪和文档化折中方案和决策;如何捕获和进行商业需求交流。过程中用例和场景的使用被证明是捕获功能性需求的卓越方法,并确保由它们来驱动设计、实现和软件的测试,使最终系统更能满足最终用户的需要。它们给开发和发布系统提供了连续的和可跟踪的线索。

(3) 基于构件的体系结构。Rational 统一过程在全力以赴开发之前,关注于早期的开发和健壮可执行体系结构的基线。它描述了如何设计灵活的、可修改的、直观便于理解的且促进有效软件重用的弹性结构。Rational 统一过程支持基于构件的软件开发。构件是实现清晰功能的模块、子系统。Rational 统一过程提供了使用新的及现有构件定义体系结构的系统化方法。

(4) 可视化软件建模。开发过程显示了对软件进行可视化建模,捕获体系结构和构件的架构和行为,允许隐藏细节和使用"图形构件块"书写代码。可视化抽象帮助沟通软件的不同方面,观察各元素如何配合在一起,确保构件模块代码的一致性,保持设计和实现的一致性,促进明确的沟通。

(5) 验证软件质量。质量应该基于可靠性、功能性、应用性和系统性,并能根据需求进行验证。质量评估被内建于过程和所有的活动,包括全体成员使用客观的度量和标准,而不是事后型的或单独小组进行的分离活动。

(6) 控制软件的变更。控制软件的变更包括确定每个修改是可接受的且是能被跟踪的。开发过程描述了如何控制、跟踪和监控修改以确保成功的迭代开发。它同时指导如何通过隔离修改和控制整个软件产物(如模型、代码、文档等)的修改为每个开发者建立安全的工作区。

2. Rational 统一过程模型

Rational 统一过程模型将软件生命周期分解为一个个周期,每个周期又划分为 4 个连续的阶段。

1) 初始阶段

初始阶段的目标是为系统建立商业案例和确定项目的边界。为了达到该目标必须识别所有与系统交互的外部实体,在较高层次上定义交互的特性。初始阶段的任务还包括识别所有用例和描述一些重要的用例。其中,商业用例包括验收规范、风险评估、所需资源估计、体现主要里程碑日期的阶段计划。

初始阶段关注的是整个项目工程中的业务和需求方面的主要风险。对于建立在原有系统基础上的开发项目,初始阶段的时间可能很短。初始阶段结束是第一个重要的里程碑,即生命周期目标里程碑。

2) 精化阶段

精化阶段的目标是分析问题领域,建立健全的体系结构基础,编制项目计划,淘汰项目中最高风险的元素。

精化阶段是4个阶段中最关键的阶段。该阶段结束时,硬"工程"可以认为已结束,决定是否将项目提交给构建阶段和交付阶段。精化阶段的活动确保了结构、需求和计划的稳定,风险被充分减轻,可以为开发结果预先决定成本和日程安排。

在精化阶段,依靠对项目的范围、规模、风险和先进程度的评估,可执行的结构原型可以在一个或多个迭代过程中建立。其工作必须至少包括处理初始阶段中识别的关键用例,这些关键用例揭示了项目的主要技术风险。精化阶段结束是第二个重要的里程碑,即生命周期的结构里程碑。

3) 构建阶段

在构建阶段,所有剩余的构件和应用程序功能被开发并集成为产品,所有的功能被详尽地测试。从某种意义上说,构建阶段重点是管理资源和控制运作,以优化成本、日程、质量的生产过程。就此而言,管理的理念已经不是初始阶段和细化阶段的基于智力资产的开发,而过渡到构建阶段和交付阶段发布产品管理。

许多项目规模大得足够产生许多平行的增量构建过程,这些平行的活动可以极大地促进版本发布的有效性,同时也增加资源管理和工作流同步的复杂性。创建阶段结束是第三个重要的项目里程碑,即初始功能里程碑。

4) 交付阶段

交付阶段的目的是将软件产品交付给用户。只要产品发布给最终用户,常常就会出现要求开发新版本,纠正问题或解决被延迟的问题。当基线成熟得足够发布给最终用户时,就进入了交付阶段。交付阶段的终点是第四个重要的项目里程碑,即产品发布里程碑。此时,决定目标系统是否开始另一个周期。

Rational统一过程模型的每个阶段都可以进一步被分解为迭代过程。迭代过程是导致可执行产品版本(内部和外部)的完整开发循环,是最终产品的一个子集,从一个迭代过程到另一个迭代过程递增式增长形成最终的系统。迭代过程不仅减小了风险,使得对变更控制更加容易,还使得项目小组可以在开发中获得高效的开发经验,并使项目获得较佳的总体质量。

2.2.6　敏捷过程模型

敏捷过程是一种以人为核心、迭代、循序渐进的开发过程。在敏捷过程中,软件项目的构建被切分成多个子项目,各个子项目的成果都经过测试,具备集成和可运行的特征。换言之,就是把一个大项目分为多个相互联系,但也可独立运行的小项目,并分别完成,在此过程中软件一直处于可使用状态。

1. 敏捷过程的价值观

敏捷软件开发描述了一套软件开发的价值和原则,在这些开发中,需求和解决方案皆通过自组织跨功能团队达成。敏捷软件开发主张适度的计划、进化开发、提前交付与持续改进,并且鼓励快速与灵活地面对开发与变更。这些原则支持许多软件开发方法的定义和持续进化。

为了使软件团队具有高效工作和快速响应变化的能力,17 名著名的软件专家于 2001 年 2 月联合起草了《敏捷软件开发宣言》,主要内容包括如下 4 个简单的价值观。

(1) 个体和交互胜过过程和工具。敏捷软件开发将人的作用提升到其他过程模型从未有过的高度。现代软件开发都强调团队开发、团队合作,一个优秀的团队已经让软件项目成功了一半,这远胜于任何完善的过程和良好的工具。

(2) 可以工作的软件胜过面面俱到的文档。换个角度理解,文档就是规范。敏捷软件开发强调的是实用主义,而非规范;强调软件人员应理解并处处以文档规范来要求和实施软件过程,而不是机械地知道和编写文档。

(3) 用户合作胜过合同谈判。谈判的通常意义是把对方当作对手而非友人。敏捷软件开发把客户当作合作伙伴而非对手,任何事情站在用户角度多考虑,充分与客户沟通,让开发出的软件实现客户的价值而非只有商业关系,以达到双赢的目的。

(4) 响应变化胜过遵循计划。敏捷软件开发所提倡的快速,不仅是开发过程的快速,更是指能及时响应用户需求的变更。一个软件过程必须有足够的能力来及时响应变化,用变化去修改计划,而不要被计划所束缚,导致最终软件产品没有体现用户变化的需求。

敏捷过程模型如图 2-6 所示。

敏捷过程集成了新型开发模型的共同特点,重点强调的是以人为本,注重编程中自我特长的发挥;强调软件开发的产品是软件,文档是为软件开发服务的,而不是开发的主体;用户与开发者的关系是协作,开发者不是用户业务的"专家",要适应用户的需求,要和用户合作来阐述实际的需求细节;设计周密是为了最终软件的质量,但不表明设计比实现更重要,要适应用户需求的不断变化,设计也要不断跟进。

相对于其他过程模型,敏捷过程更注重强调能尽早将尽量小的可用的功能交付使用,并在整个项目周期中持续改善和增强。

2. 敏捷过程的核心原则

敏捷过程的核心原则主张以下 4 方面。

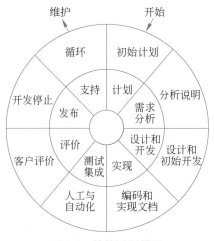

图 2-6　敏捷过程模型

（1）简单。不要过分构建软件系统，以快速、简单、实用、满足用户需求为要旨。

（2）变化。需求不仅时刻在变，而且人们对需求的理解也在变。因此，敏捷过程模型要能反映这种变化，并将变化及时反映在软件的设计和实现中。

（3）有目的地建模。在建模时，不用过早考虑模型描述、源代码、文档等内容，应该多思考是谁在建模，为谁建模，为什么要这样建模。多与团队人员沟通、与客户沟通，保证建模的正确性且足够详细。

（4）快速反馈。在开发过程中，自己所做工作或与别人合作，都应该及时得到反馈，特别是采用共享建模技术的时候更是如此。快速反馈是建立在团队合作的基础上，遵循群体软件过程的活动和准则。

敏捷过程模型能够在保证减少错误的前提下快速得到用户系统。在每阶段的活动中都引入风险分析，极大地降低了系统潜在的风险。快速开发和建模也促进了个人和团队开发人员之间的有效沟通。但是，敏捷过程模型由于快速获取需求，因此不可避免地会引入错误。如果在风险评审阶段没有发现这些错误，将会严重影响整个系统的开发。

2.2.7　微软软件过程

作为世界上最成功的软件企业之一，微软（Microsoft）公司拥有自己独特的软件开发过程。几十年的实践证明，微软过程是非常成功和行之有效的。

1. 微软过程模型

微软提供了一套通过最佳实践而得到的过程方法论，即微软解决方案框架（Microsoft Solution Framework，MSF），它基于一套制定好的原理、模型、准则、概念、指南，以及来自微软经过检验的做法。微软解决方案框架来自微软全球产品组、咨询部门、信息技术部门以及与众多合作伙伴的成功经验的总结，包含两个模型，即团队模型和过程模型。

微软解决方案框架提出的团队模型，可以有效避免团队之间的隔阂和分离，提高团队的合作效率,从而提高项目成功的可能性。团队模型将整个团队人员分成 6 种核心角色,包括程序管理角色、开发角色、测试角色、发布管理角色、用户体验角色和产品管理角色,每种角色承担不同的职责,完成不同的任务,任务之间彼此连接,角色之间互有沟通,以加强团队合作,提高工作效率。

过程模型是微软解决方案框架中一个非常重要的内容,分为规划(构思)阶段、设计(计划)阶段、开发阶段、稳定阶段和发布(部署)阶段,通过每个阶段交付不同的成果,可以促进项目的依次交付,增加项目的可预见性和可控制性,使最终项目成果与预期目标保持一致,各个阶段的衔接也给项目提供一个从开始到结束的过渡。

过程模型的一个重要特点就是使用里程碑确保项目的方向保持正确,里程碑可以计划监控项目的进展,并制定主要成果的交付时间,可以使项目人员和客户清晰地看到成果。里程碑是需要审核的,只有通过审核,才能进入下一个阶段。同时,过程模型是一个迭代的过程,这样可以细化项目,降低风险。

过程模型可以很好地和团队模型进行结合,不同的阶段由不同的角色来推动,同时不同的角色支持不同阶段的里程碑实现。

微软过程遵循的基本准则:制订计划时兼顾未来的不确定因素;通过有效的风险管理减少不确定因素的影响;经常生成过渡版本并进行快速测试来提高产品的稳定性及可预测性;采用快速循环、递进的开发过程;用创造性的工作平衡产品特性和成本;项目进度表应该具有较高稳定性和权威性;使用小型项目组并发地完成工作;在项目早期把软件配置项基线化,项目后期则冻结产品;使用原型验证概念,对项目进行早期论证;将零缺陷作为追求的目标;里程碑评审会的目的是改进工作,切忌相互指责。

2. 微软软件生命周期

微软过程的每个生命周期发布一个递进的软件版本,各生命周期持续、快速地循环。微软过程把每个生命周期划分为 5 个阶段,即规划阶段、设计阶段、开发阶段、稳定阶段和发布阶段,如图 2-7 所示。

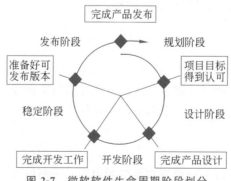

图 2-7 微软软件生命周期阶段划分

(1)规划阶段。规划阶段的目标是创建一个关于项目的目标、限定条件和解决方案的架构。团队的工作重点在于,确定业务问题和机会、确定所需的团队技能、收集初始需求、创建解决问题的方法、确定目标、假设和限定条件及建立配置与变更管理。交付成果包括远景/范围文档、项目结构文档和初始风险评估文档。

（2）设计阶段。设计阶段的目标是创建解决方案的体系结构和设计方案、项目计划和进度表。团队的工作重点在于，尽可能早地发现尽可能多的问题及了解项目何时收集到足够的信息以向前推进。交付成果包括功能规格说明书、主项目计划和主项目进度表。

（3）开发阶段。开发阶段的目标是完成功能规格说明书中所描述的功能、组件和其他要素。团队的主要工作包括编写代码、开发基础架构、创建培训课程和文档，以及开发市场和销售渠道。交付成果包括解决方案代码、构造版本、培训材料、文档（包括部署过程、运营过程、技术支持、疑难解答等文档）、营销材料及更新的主项目计划、进度表和风险文档。

（4）稳定阶段。稳定阶段的目标是提高解决方案的质量，满足发布到生产环境的质量标准。团队的工作重点在于：提高解决方案的质量、解决准备发布时遇到的突出问题、实现从构造功能到提高质量的转变、使解决方案稳定运行及准备发布。交付成果包括试运行评审、发布版本（包括源代码、可执行文件、脚本、安装文档、最终用户帮助、培训材料、运营文档、发布说明等）、测试和缺陷报告及项目文档。

（5）发布阶段。发布阶段的目标是把解决方案实施到生产环境之中。团队的工作重点在于：促进解决方案从项目团队到运营团队的顺利过渡，确保用户认可项目的完成。交付成果包括运营及支持信息系统、所有版本的文档、装载设置、配置、脚本和代码及项目收尾报告。

选择过程
模型

2.3 软件项目过程

项目管理是通过合理运用与整合项目管理过程来实现的。项目过程是为创建预定的产品、成果或服务而执行的一系列相互关联的行动和活动。为了取得项目成功，对于任一具体项目，都要认真考虑每个过程及其输入输出，决定应该采用哪些过程及每个过程的使用程度，对具体项目所必需的过程做必要调整。

2.3.1 项目生命周期

项目生命周期是一个项目从概念到完成所经过的所有阶段。所有项目都可分成若干阶段，且所有项目无论大小，都有一个类似的生命周期结构。

1. 项目生命周期简介

项目生命周期是指项目从启动到收尾所经历的一系列阶段。项目阶段通常按顺序排列，阶段的名称和数量取决于参与项目的一个或多个组织的管理与控制需要、项目本身的特征及其所在的应用领域。可以在总体工作范围内或根据财务资源的可用性，按职能目标或分项目标、中间结果或可交付成果，或者特定的里程碑来划分阶段。

项目阶段是一组具有逻辑关系的项目活动的集合，通常以一个或多个可交付成果的完成为结束。如果待执行的工作具有某种独特性,就可以把它们当作一个项目阶段。

项目阶段通常按顺序进行,但在某些情况下也可重叠。各阶段的持续时间或所需投入通常都有所不同。所有的项目阶段都具有类似特征。例如,各阶段的工作重点不同;为了成功实现各阶段的主要可交付成果或目标,需要对各阶段及其活动进行独特的控制或采用独特的过程;阶段的结束以作为阶段性可交付成果的工作产品的转移或移交为标志。在很多情况下,阶段收尾需要得到某种形式的批准,阶段才算结束。

所有项目都呈现下列通用的生命周期结构,即启动项目、组织与准备、执行项目工作、结束项目,如图 2-8 所示。

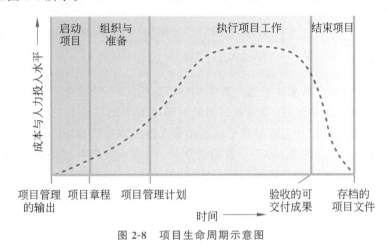

图 2-8 项目生命周期示意图

2. 项目生命周期中的重要概念

项目生命周期中有 3 个与时间相关的重要概念,即检查点(Check Point)、里程碑(Mile Stone)和基线(Base Line),描述了在什么时候(When)对项目进行什么样的控制。项目应该在检查点进行检查,比较实际和计划的差异并进行调整;通过设定里程碑渐近目标、增强控制、降低风险;而基线是重要的里程碑,交付物应通过评审并开始受到控制。

(1)检查点。检查点指在规定的时间间隔内对项目进行检查,比较实际与计划之间的差异,并根据差异进行调整。可将检查点看作一个固定"采样"时点,而时间间隔根据项目周期长短不同而不同,频度过小会失去意义,频度过大会增加管理成本。常见的间隔是每周一次,项目经理需要召开例会并上交周报。

(2)里程碑。里程碑是完成阶段性工作的标志,不同类型的项目里程碑不同。里程碑在项目管理中具有重要意义,首先,对一些复杂的项目,需要逐步逼近目标,里程碑产出的中间"交付物"是每步逼近的结果,也是控制的对象。如果没有里程碑,中间想知道"做得怎么样了"是很困难的。其次,可以降低项目风险。通过早期评审可以提前发现需求和设计中的问题,降低后期修改和返工的可能性。此外,一般人在工作时都有"前松后紧"的习惯,而里程碑强制规定在某段时间做什么,从而合理分配工作,细化管理颗粒度。

(3)基线。基线指一个(或一组)配置项在项目生命周期的不同时间点上通过正式评审而进入正式受控的一种状态。基线其实是一些重要的里程碑,但相关交付物要通过正式评审并作为后续工作的基准和出发点。基线建立后变化需要受控。

在软件开发的整个过程中和交付以后,因为发现错误和修正错误,或推翻原设计以及改变系统需求等,系统将受到某种变化的影响,这些"干扰"自然会使得所有交付项存在多种版本。所以必须从所有交付项中确定一个一致的子集作为软件配置基线,如图 2-9 所示。

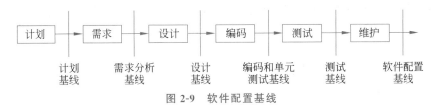

图 2-9 软件配置基线

基线是配置管理中的重要概述。首先,基线可以作为一个检查点,特别是在开发过程中,当采用的基线发生错误时,可以返回到最近和最恰当的基线上,至少可以知道处于什么位置。其次,基线可以作为区分两个或多个分叉开发路径的起始点,这就比从各支路最初的交汇点开始为好。再次,对于开发组合用户,内部一致的基线是理想的正式评审目标。最后,包含测试系统的基线可以正式发行,用于评价或培训以及其他相关系统的辅助测试,或推动用户充分发挥其作用。

2.3.2 项目管理过程

项目管理过程从过程间的整合和相互作用以及各过程的目的等方面,来描述项目管理过程的性质。《PMBOK 指南》将项目管理过程归纳为五大过程组,分别是启动过程、规划过程、执行过程、监控过程和收尾过程,如图 2-10 所示。其中,项目边界指的是一个项目或项目阶段从获得授权的时间点到得以完成的时间点。项目管理的五大过程组之间有清晰的相互依赖关系,彼此之间有很强的相互作用。

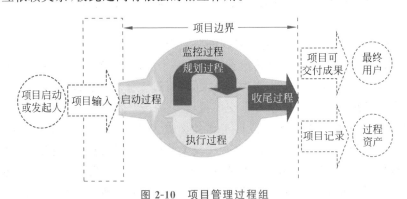

图 2-10 项目管理过程组

在项目完成之前,往往需要反复实施各过程组及其过程。各过程可能在同一过程组内或跨越不同过程组相互作用。在软件开发中,需要五大过程组之间频繁地反馈,以确保新软件产品符合(可能会改变的)需求、功能和期望。

1. 项目启动过程

项目启动主要是客户主导的项目过程,客户通过市场调研,发现商业机会,提出实现商业机会的需求,并向选定的相关开发商提交需求建议书,开发商根据用户需求与客户交流并完成需求分析,提交需求分析说明书和技术解决方案,客户会根据开发商的方案加以可行性分析,最终选定理想的开发商,启动项目。

启动过程包含定义一个新项目或项目的一个新阶段,授权开始该项目或阶段的一组过程。在项目启动过程中,定义初步范围和落实初步财务资源,识别那些将相互作用并影响项目总体结果的内、外部干系人,选定项目经理。一旦项目章程获得批准,项目就得到正式授权。

启动过程的主要目的:保证项目干系人的期望与项目目的的一致性,让干系人明了项目范围和目标,同时让干系人明白在项目和项目阶段中的参与有助于实现他们的期望。

2. 项目规划过程

项目规划过程是项目管理过程的基本组成部分,它是团队成员在预算的范围内为完成项目的预定目标而进行科学预测并确定未来行动方案的过程。也可以认为,项目规划过程包含明确项目范围,定义和优化目标,为实现目标制定行动方案的一组过程。

规划过程制定用于指导项目实施的项目管理计划和项目文件。由于项目管理的复杂性,可能需要通过多次反馈来做进一步分析。随着收集和掌握的项目信息或特性不断增多,项目很可能需要进一步规划。

项目规划过程的主要作用是,为成功完成项目或阶段确定战略、战术及行动方案或路线。具体地说,明确地确定完成项目目标的努力范围;使项目团队成员明白自己的目标以及实现其目标的方法,从而使项目更加有效地完成,提高效率;使项目干系人员之间相互沟通,增进理解;使项目各项活动协调一致,同时确定出关键的活动;为项目实施和控制提供基准计划,该基准计划可以使整个项目始终处于可控状态,从而减少项目的不确定性,提高项目成功的可能性。

3. 项目执行过程

一般认为,项目执行是指正式开始为完成项目而进行的活动或努力的工作过程,即包含完成项目规划过程中确定的工作,以满足项目规范要求的一组过程。由于项目产品(最终可交付成果)是在这个过程中产生的,因此该过程是项目管理应用领域中最为重要的环节。

项目执行过程需要按照项目管理计划来协调人员和资源,管理项目干系人期望,以及整合并实施项目活动。

项目执行工作的成果主要包括工作成果和项目变更申请。工作成果是指为完成项目工作而进行的那些具体活动的结果,如哪些活动已经完成、哪些活动没有完成、满足质量标准的程度怎样、已经发生的成本或将要发生的成本是多少、活动的进度状况等;项目变更申请包括扩大或修改项目合同范围、修改成本等。

项目执行中的偏差可能影响项目管理计划或项目文件,需要加以仔细分析,并制定适当的项目管理应对措施。

4. 项目监控过程

由于项目的一次性和独特性,在项目管理中实施有效的项目控制,是实现过程目标和最终目标的前提和关键。监控过程包含跟踪、审查和调整项目进展与绩效,识别必要的计划变更并启动相应变更的一组过程。其关键作用是,定期对项目绩效进行测量和分析,从而识别与项目管理计划的偏差。

项目监控过程涉及的工作:控制变更,推荐纠正措施,或对可能出现的问题推荐预防措施;对照项目管理计划和项目绩效测量基准,监督正在进行中的项目活动;对导致规避整体变更控制或配置管理的因素施加影响,确保只有经批准的变更才能付诸执行。

监控过程要监控整个项目的工作。在多阶段的项目中,监控过程要对各项目阶段进行协调,以便采取纠正或预防措施,使项目实施符合项目管理计划。监控过程也可能提出并批准对项目管理计划进行更新。

软件项目的监督方法可以从传统技术(预计划里程碑、挣值跟踪和技术绩效测量)到依赖工作软件频繁演示的方法的范围内改变,而控制过程则可能包括项目和产品的范围重界定,或者工具与技术的变更。

5. 项目收尾过程

项目收尾过程是项目管理过程的最后阶段,当项目的阶段目标或最终目标已经实现,或者项目的目标不可能也不需要实现时,项目就进入收尾过程。收尾过程包含为完成项目管理过程的所有活动,正式结束项目、阶段或合同责任的一组过程。

只有通过项目收尾过程,项目才有可能正式投入使用,才有可能生产出预定的产品或服务,项目干系人也才有可能终止他们为完成项目所承担的责任和义务,从而从项目中获益。而项目收尾后续的项目维护则为项目持续产生效益提供保障。

项目或阶段收尾时,可能需要进行的工作:获得客户或发起人的验收,以正式结束项目或阶段;进行项目后评价或阶段结束评价;记录裁剪任何过程的影响;记录经验教训;对组织过程资产进行适当更新;将所有相关项目文件在项目管理信息系统中归档,以便作为历史数据使用;结束所有采购活动,确保所有相关协议的完结;对团队成员进行评估,释放项目资源。

2.3.3 华为项目管理过程

华为将项目管理过程划分为五大部分,即项目启动、项目计划、项目执行、过程控制、项目收尾,并标明执行过程中的注意事项,有效避免了项目执行过程中各参与部门各自为政而导致的进度不一、资源浪费等情况。

1. 项目启动阶段

华为的项目启动包含立项申请、项目组建、项目策划任务书和项目开工会 4 方面的内容。其中,项目策划任务书包括以下 5 个关键步骤。

(1) 项目背景与目的。考虑这是一个什么项目,为什么要做;如果做,目标是什么。

(2) 里程碑。即项目执行的关键点,如风险较大的环节、利润点等。

(3) 项目评价标准。华为十分看重项目评价标准,并以此作为考核的依据。评价标准将说明项目成果在何种情况下被接受、被终止,以及项目达成的验收规程。

(4) 假定与约束条件。假定,说明项目的假设条件;约束条件,说明项目启动和实验过程中的限定性条件,即影响项目执行的风险因素。

(5) 项目利益关系人。包括客户、高级管理人员、相关职能部门负责人、项目经理、团队主要成员。

项目开工会包含两方面的内容:一方面是布置任务;另一方面是让成员在一些领域达成共识,如项目目标、管理方式、工作方式、任务分配合理性等,以便于后期工作的开展。

2. 项目计划阶段

华为的项目计划阶段包括五大内容,即工作分解、活动排序、资源估算、进度计划、风险与沟通计划。通过执行项目计划,最终获得工作分解结构、网络图、甘特图、进度计划、风险防范计划和沟通计划。

(1) 工作分解。工作分解的最终目的是合理分工、明确责任,并以分工明细表的形式表现出来。工作分解之前先定义项目的范围,即描述哪些工作在该项目中,哪些工作不在该项目中。工作分解要求任务完全穷尽,且彼此独立,符合 SMART 原则(Specific,具体的;Measurable,可衡量的;Attainable,可实现的;Relevant,相关的;Time-Bound,有时限的)。

(2) 活动排序。利用前导图,按照工作的客观规律、项目目标要求、工作的轻重缓急,以及项目自身内在关系排序。

(3) 资源估算。资源是项目开展的重要支撑,若资源不足、协调不力,则会极大地影响项目的进度。华为将项目分成 3 类,即物力、人力和技术。从需要什么资源,何时投入,需要多少,向谁领取入手,一一进行细化,避免了执行中可能出现的意外。在资源统筹方面,则依靠经验丰富的"专家"进行判断。

(4) 进度计划。需要关注的是,在制订进度计划时要考虑关键的环节和关键的路径(延迟、活动排序、工期安排)。

(5) 风险与沟通计划。项目执行过程中,必须要做好风险防范计划及沟通计划,以避免意外因素干扰项目的正常进行。

3. 项目执行与过程控制

项目执行过程完成项目计划确定的工作,以满足项目规范要求。执行过程需要按照项目计划来协调人员和资源,整合并实施项目活动。

华为的项目过程控制由三大部分构成,即项目沟通、项目监控和项目变更管理。监控的要点有高风险的工作任务、控制点、里程碑、资源和人员。

(1)项目沟通。项目沟通严格依据沟通计划进行。

(2)项目监控。华为进行项目监控的方法和工具包括项目进度表、项目基线、会议报告、现场监督、计划跟踪、员工反馈(甘特图、里程碑趋势图、状态报告、月度总结、周报、日报等)。

(3)项目变更管理。项目在执行过程中随时可能有意外情况发生,如领导的新决策、团队冲突、市场变化、法律变化,以及企业的革新,这些都会导致项目发生变更,此时,应该提前做好方案,以快速应对未知事件的影响,减少时间、资源的浪费。

4. 项目收尾

凡事有始有终,不论大小都有"收官"这个过程。其目的是总结经验教训,巩固成果。这对于后期的项目执行有着极大的帮助。

2.4 软件过程改进

现代社会,软件已经成为最能模拟人类日常工作和管理的产品,工作和管理制度以及人们自身喜好的变化都会要求软件随之进行变化,只有分阶段的开发和持续改进才能紧跟不断变化的需求。为适应软件的持续改进,软件过程的持续改进显得尤为重要,采用开放的过程管理和遵循相关的过程标准是唯一正确的途径。

过程的持续改进基于对过程的评估。软件过程评估遵循软件过程标准,我国采用比较普遍的软件过程标准是 ISO/IEC 12207—2008《系统和软件工程——软件生命周期过程》、CMU/SEI CMMI(Capability Maturity Model Integration,能力成熟度模型集成)和 ISO/IEC 9000。

2.4.1 软件过程标准

软件工程项目涉及一个软件从启动、开发到维护的整个生命周期,是一项非常复杂的工程,而且在软件成本、工程进度、软件质量等方面的控制都存在一定的难度。因此,需要采用工程化方法和工程途径来进行软件的开发和维护,同时采用先进的技术、方法与工具来开发与设计软件,以工程化的理念管理和规范软件项目。

1. 软件工程标准

软件工程标准是以软件整个生命周期的科学、技术和实践经验的综合成果为基础,制定出共同遵守的准则和依据,是软件产品的功能、开发过程和质量保证体系的标准。软件工程标准在现代软件行业发展的进程中具有重要的影响力,得到了软件企业的高度重视。

1) 软件工程标准化

软件工程标准化就是对软件生命周期内的所有开发、维护和管理工作提供统一的行为规范和衡量准则,使得各种工作都能有章可循。实施软件工程标准化可以提高软件的可靠性、可维护性和可移植性,从而提高软件产品的质量;提高软件的生产率,提高软件人员的技术水平;提高软件开发人员之间的通信效率,减少差错;提高软件项目管理的有效性;有利于降低软件成本、缩短软件开发周期,降低运行与维护成本。

软件工程标准的类型是多方面的。GB/T 15538—1995《软件工程标准分类法》中给出了软件工程标准的分类,包括与开发一个产品或从事一项服务的一系列活动或操作有关的过程标准(如方法、技术、度量等);涉及事务的格式或内容的产品标准(如需求、设计、部件、描述及计划报告等);涉及软件工程行业的所有方面的行业标准(如职业认证、特许及课程等);在软件工程行业范围内以唯一的方式进行交流的记号标准(如术语、表示法及语言等)。

2) 软件工程标准的层次

根据软件工程标准的制定机构与适用范围,软件工程标准可分为国际标准、国家标准、行业标准、企业(机构)规范以及项目(课题)规范 5 个层次。

(1) 国际标准。国际标准是由国际标准化组织(International Standards Organization, ISO)、国际电工委员会(International Electrotechnical Commission, IEC)以及由 ISO 公布的其他国际组织(其中,ISO、IEC 是两个最大的国际标准化组织)制定的标准。国际标准在世界范围内使用,各国可以自愿采用,不强制使用。到目前为止,ISO 和 IEC 共发布国际标准 1 万多个。

(2) 国家标准。国家标准是由政府或国家级的机构制定或批准的、适用于全国范围的标准,是一个国家标准体系的主体和基础,国内各级标准必须服从,不得与之相抵触。

(3) 行业标准。行业标准是由行业机构、学术团体或国防机构制定,并适用于某个业务领域的标准。

(4) 企业(机构)规范。企业(机构)规范由企业或公司批准、发布的适用于本单位的规范。

(5) 项目(课题)规范。项目(课题)规范由某一项目组织制定,且为该项任务专用的软件工程规范。

2. 软件行业国家标准

按照标准规定的范围不同,可以将软件行业国家标准分为 3 类,即基础通用类软件标准、应用类软件标准和测试与质量评价类软件标准。软件行业国家标准体系如图 2-11 所示。

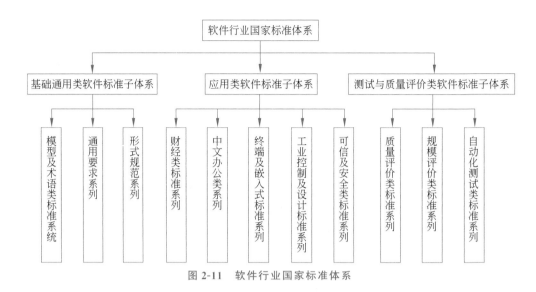

图 2-11　软件行业国家标准体系

基础通用类软件标准主要包括软件工程专业的一些共性要求，与具体的语言、应用及测试方法无关。这些基础标准构建了软件标准的底层框架。

应用类软件标准是软件在不同行业的应用，结合行业特点制定对应的软件标准。

软件测试与质量评价领域的国家标准主要包含质量评价类标准、规模评价类标准、自动化测试类标准等。从软件测试基础的共性问题出发，相关国家标准规定了软件测试的一些基本概念、要求和方法。从用户角度考虑，软件的功能性、可靠性、可移植性、易用性、可维护性及效率是衡量软件产品质量的重要特征，为了能科学评价这些特性，制定国标来支撑软件评价工作。这些标准都包括指标体系、度量方法及测试方法。

3. 软件生命周期过程标准

ISO 和 IEC 共同制定的一项国际标准 ISO/IEC 12207—2008《系统和软件工程——软件生命周期过程》于 2008 年 2 月发布。该标准为软件产业确定了一个软件生命周期过程的通用框架，说明需求方在获得一个软件的系统、一个单独的软件和一项软件服务时，以及供应方在供给、开发、操作和维护软件产品时，所涉及的各种必要的过程、各过程包含的活动和各活动包含的任务。同时，该标准还为软件组织规定了一个用于定义、控制和改进其软件生命周期过程的标准过程。

除了购买已有的软件产品以外，其他软件产品或软件服务，都适用于该标准。在供需双方约定的情况下，供应方和需求方可以运用此标准；在一个组织内部，自己下达任务、自己开发的情况也可以运用此标准。需求方招标采购软件产品或获得服务，用户使用软件产品，供应方投标、开发软件产品，操作、维护软件等方面均适用于该标准。

标准的基本内容包括软件生命周期的过程、各过程的活动和任务，以及其他的一些重要内容，如裁减过程和裁减指南、标准的结构说明，以及标准的特点等。

【例 2-4】　软件过程能力是开发组织或项目组通过遵循其软件过程能够实现预期结果的程度。一个组织的软件过程能力，是未来项目结果的指示器，给出了一种预测该组织承担下一个软件项目可能结果的方法。

高过程能力的特征有,定义了过程,建立了使用技术的基础;开发和管理遵循一个确定的途径;过程得到了良好的控制,并得到各方面的支持;实现了过程制度化,并不断改进。

2.4.2 软件能力成熟度模型

美国卡内基-梅隆大学软件工程研究所(CMU/SEI)推出的软件能力成熟度模型(Capability Maturity Model,CMM)是评估软件能力与成熟度等级的一套标准。该标准基于众多软件专家的实践经验,侧重于软件开发过程的管理及工程能力的提高与评估,是国际上流行的软件生产过程标准和软件企业成熟度等级认证标准。目前,CMM认证已经成为世界公认的软件产品进入国际市场的通行证。

1. 软件能力成熟度模型的概念

软件过程成熟度是指一个软件过程被明确定义、管理、度量和控制的有效程度。成熟意味着软件过程能力持续改善的过程,成熟度代表软件过程能力改善的潜力。

任何一个软件的开发、维护和软件企业的发展都离不开软件过程。软件能力成熟度模型提供了一个能够有效地描述和表示开发各种软件的过程改进框架,使其能对软件过程各个阶段的任务和管理起指导作用,可以极大地提高按计划的时间和成本提交质量保证的软件产品的效率。

软件能力成熟度模型是对软件组织在项目定义、组织构建、管理实施、项目度量、过程控制和改善的实践中,对各个开发阶段和管理过程的描述。它强调软件过程的规范、成熟和不断改进,认为软件过程是一个逐渐成熟的过程。过程的改进是基于许多小的、进化的步骤,需要持续不断努力才能取得最终结果。软件能力成熟度模型通过确定当前过程的成熟度、识别实施软件过程的不足之处,并提出对软件质量和过程的改进问题,最终形成对软件过程的改进策略。

软件能力成熟度模型应用主要在软件过程评估和软件能力评价两方面。软件过程评估的目的是确定一个组织当前软件过程的状态,找出组织所面临的急需解决的与软件过程有关的问题,进而有步骤地实施软件过程改进,使组织的软件过程能力不断提高;软件能力评价的目的是识别合格的能完成软件工程项目的承制方,或者监控承制方现有软件工作中软件过程的状态,进而提出承制方应改进之处。

2. 软件过程的成熟度等级

软件过程的成熟度等级是软件改善过程中妥善定义的平台。每个成熟度等级定义了一组过程能力目标,并描述了要达到这些目标应该采取的实践活动。软件能力成熟度模型的5个成熟度等级分别为初始级(Initial)、可重复级(Repeatable)、已定义级(Defined)、已管理级(Managed)和优化级(Optimizing),如图2-12所示。

(1)初始级。在初始级,组织一般不具备稳定的软件开发与维护环境。项目成功与否在很大程度上取决于是否有杰出的项目经理和经验丰富的开发团队。此时,项目经常

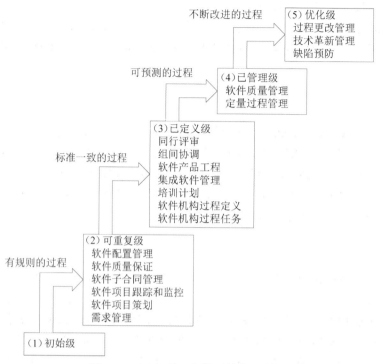

图 2-12　CMM 的 5 级体系结构示意图

超出预算和不能按期完成,组织的软件过程能力不可预测。其特点是软件过程无序、没经过定义;成功取决于软件开发人员的个人素质。

(2) 可重复级。在可重复级,组织建立了管理软件项目的方针以及为贯彻执行这些方针的措施。组织基于在类似项目上的经验,能对新项目进行策划和管理,并且项目过程处于项目管理系统的有效控制之下。其特点是已建立基本的项目功能过程,以进行成本、进度和功能跟踪,并使具有类似应用的项目能重复以前的功能。

(3) 已定义级。在已定义级,组织形成了管理软件开发和维护活动的组织标准软件过程,包括软件工程过程和软件管理过程。项目依据标准,定义了自己的软件过程,并且能进行管理和控制。组织的软件过程能力已描述为标准的和一致的,过程是稳定的和可重复的,并且高度可视。其特点是管理活动和工程活动两方面的软件工程均已文档化和标准化,并已集成到软件机构的标准化过程中。

(4) 已管理级。在已管理级,组织对软件产品和过程都设置定量的质量目标。项目通过把过程性能的变化限制在可接受的范围,实现对产品和过程的控制。组织的软件过程能力可描述为可预测的,软件产品具有可预测的高质量。其特点是已采用详细的有关软件过程和产品质量的度量,并使软件过程和产品质量得到定量控制。

(5) 优化级。在优化级,组织通过预防缺陷、技术革新和更改过程等多种方式,不断提高项目的过程性能,以持续改善组织软件过程能力。组织的软件过程能力可描述为持续改善的。其特点是能及时采用新思想、新方法和新技术以不断改进软件的过程。

其中,从初始级上升到可重复级称为"有规则的过程";从可重复级上升到已定义级称为"标准一致的过程";从已定义级上升到已管理级称为"可预测的过程";从已管理级上升到优化级称为"不断改进的过程"。

3. 关键过程域

每个成熟度等级都由若干关键过程域构成。关键过程域(Key Process Areas,KPA)指明组织改善软件过程能力应关注的区域,并指出为了达到某个成熟度等级所要着手解决的问题。达到一个成熟度等级,必须实现该等级上的全部关键过程域。每个关键过程域包含一系列的相关活动,当这些活动全部完成时,就能够达到一组评价过程能力的成熟度目标。要实现一个关键过程域,就必须达到该关键过程域的所有目标。

表 2-2 以管理过程、组织过程和工程过程 3 个类别描述 CMM 的关键过程域。

表 2-2　CMM 的关键过程域

成熟度等级	管 理 过 程	组 织 过 程	工 程 过 程
5. 优化级		技术革新管理 过程更改管理	预防缺陷
4. 已管理级	定量过程管理		软件质量管理
3. 已定义级	集成软件管理 组间协调	软件机构过程任务 软件机构过程定义 培训计划	软件产品工程 同行评审
2. 可重复级	需求管理 软件项目策划 软件项目跟踪和监控 软件子合同管理 软件质量保证 软件配置管理		
1. 初始级	无序过程		

2.4.3　软件过程评估与改进

软件能力成熟度模型已成为软件行业主要的过程管理大纲之一。过程改进是一个宽广的、分层的概念,软件能力成熟度模型只是实施软件过程改进的一个行动地图,如何实施软件能力成熟度模型,很大程度上依赖于软件组织究竟需要做什么,即这个过程需要某种程度的定制。

1. 软件过程评估

评估是一种协调和客观的测量,是对组织软件过程改进大纲中所发现的强项和弱项的测量。软件过程评估所关注的是软件组织自身对软件过程的改进,目的在于发现缺陷,提出改进的方向。

软件过程评估首先要建立一个评估小组,让来自被评估单位的代表完成软件过程成熟度问卷，回答诊断问题，评估小组进行响应分析。然后，以分析结果为依据，进行现场访问，对存在的问题、理论与实践的差异、是否满足目标等，运用专业性判断得出结论。最后提出调查发现清单，明确软件过程中的强项和弱项，指出被评估单位已经满足和尚未满足的软件过程域目标。

2. 软件过程改进模型

软件过程改进是一个持续的、全员参与的过程，其目的是改进软件工程师和项目经理的实践，因此是一个改变计划。软件能力成熟度模型在策划改进措施、措施计划的实施和定义过程方面具有特殊的价值。

软件能力成熟度模型实施软件过程改进可以采用的模型称为 IDEAL 模型，该模型包括初始化（Initiating）、诊断（Diagnosing）、建立（Establishing）、行动（Acting）和学习（Learning）5 个步骤，如图 2-13 所示。

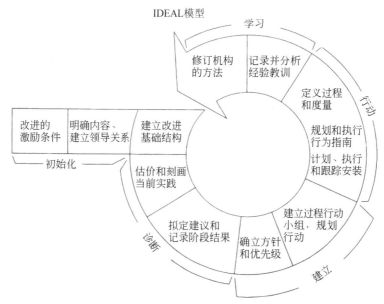

图 2-13 实施软件过程改进的 IDEAL 模型

习题 2

小结

一、选择题

1. 软件生命周期中时间最长的是（　　　）阶段。

　　A. 需求分析　　　　B. 概要设计　　　　C. 测试　　　　　　D. 维护

2. 瀑布模型本质上是一种（　　　）。

　　A. 线性迭代模型　　　　　　　　　B. 顺序迭代模型

　　C. 线性顺序模型　　　　　　　　　D. 及早出现的软件产品的模型

3. 包含风险分析的软件工程模型是(　　)。

　　A. 瀑布模型　　B. 螺旋模型　　C. 增量过程模型　D. 喷泉模型

4. 软件开发的增量过程模型(　　)。

　　A. 最适用于需求被清晰定义的情况

　　B. 是一种能够快速构造可运行产品的好方法

　　C. 最适合大规模团队开发的项目

　　D. 是一种不适合用于商业产品的创新模型

5. 假设某软件公司与客户签订合同开发一个软件系统,系统的功能定义清晰,且客户对交付时间有严格要求,则该系统的开发最适宜采用(　　)。

　　A. 瀑布模型　　B. 原型模型　　C. 增量过程模型　D. 螺旋模型

6. 软件开发原型法的主要优点是(　　)。

　　A. 能更确切地获取用户需求

　　B. 能提高系统开发文档的规范性

　　C. 合理设计软件的模块结构

　　D. 能提高编程的效率

7. 下列说法错误的是(　　)。

　　A. 螺旋模型在设计上有灵活性,可以在项目的各个阶段进行变更

　　B. 瀑布模型适用于需求易于完善定义且不易变更的软件系统

　　C. 螺旋模型适用于小型软件的开发

　　D. 原型模型属于迭代开发的模型

8. 在软件开发过程中,下列软件过程模型选择经验不正确的是(　　)。

　　A. 前期需求明确的情况下,尽量采用瀑布模型

　　B. 用户无系统使用经验,需求分析人员技能不足的情况下,尽量借助原型模型

　　C. 编码人员经验较少的情况下,尽量采用迭代模型

　　D. 需求不稳定的情况下,尽量采用增量过程模型

9. (　　)指的是一个项目或项目阶段从获得授权的时间点到得以完成的时间点。

　　A. 项目过程　　B. 项目边界　　C. 项目范围　　D. 项目进度

10. 软件能力成熟度模型中软件过程的成熟度分为(　　)级。

　　A. 4　　　　B. 5　　　　C. 6　　　　D. 7

二、填空题

1. 软件产品从提出、实现、使用维护到退役的过程称为软件的_____。

2. 软件过程涉及软件生命周期中相关的_____。

3. _____是软件开发全部过程、活动和任务的结构框架,能直观表达软件开发全过程,明确规定要完成的主要活动、任务和开发策略。

4. 瀑布模型是将软件生命周期的各项活动规定为按_____而连接的若干阶段工作,形如瀑布流水,最终得到软件产品。

5. 增量过程模型像原型模型一样具有_____的特征,但与原型模型不同,它的每

个增量均发布一个可操作产品。

6. 快速应用开发模型具有极短的开发周期,该模型采用_____的建造方法赢得快速开发。

7. 项目过程中,项目执行是指正式开始为_____而进行的活动或努力的工作过程。

8. 项目收尾阶段结束后,项目将进入后续的_____,这一时期也是使项目产生效益的阶段。

9. 中华人民共和国国家标准简称国标,是包括语言编码系统的国家标准码。国家标准的代号为_____。

10. _____是评估软件能力与成熟度等级的一套标准,该标准是国际上流行的软件生产过程标准和软件企业成熟度等级认证标准。

三、思考题

1. 软件生命周期各个时期包含哪些阶段?各阶段的任务是什么?
2. 什么是软件过程?什么是软件过程模型?
3. 什么是原型模型?其有何特点?
4. 增量过程模型适合商务软件吗?它适合实时控制系统吗?
5. 微软软件过程分为哪几个阶段?
6. 什么是项目生命周期?其包含哪些阶段?
7. 软件项目管理过程一般包括哪些过程组?
8. 项目边界的作用是什么?
9. 软件工程标准有哪些层次?
10. 什么是软件能力成熟度模型?它将过程成熟度分为哪几级?

四、实践题

1. 根据如下软件开发项目的实际情况,选择适当的软件过程模型。
(1) 前期需求明确。
(2) 用户无系统使用经验,需求分析人员技能不足。
(3) 不确定因素很多,很多东西无法提前计划。
(4) 需求不稳定。
(5) 资金和成本无法一次到位。
(6) 需要完成多个独立功能开发。
(7) 编码人员经验较少。
(8) 全新系统的开发。

2. 小张是软件工程专业的学生,在寒假中,他为邻居开发一个小型的超市管理系统。他的邻居从来不懂软件开发,也不知道超市管理系统应该是什么样的。那么你建议小张采用哪种过程模型呢?请说明理由。

3. 某公司承担了智能化小区项目,项目包括若干相对独立的业务管理功能,系统具体需求不明确且会发生变化;部分技术方案可行性不确定;系统需要具有可扩充性;用户需要熟悉和适应新的系统;项目复杂程度较高、风险较大;客户希望尽早投入市场。请选择软件过程模型,并简要说明管理过程。

4. 说明开发课程注册管理系统(KCZC)可选择的软件过程模型。

5. CMMI 是在 CMM 基础上将有关软件方面的多种 CMM 集成起来形成的一个过程改进模型。查询资料,说明 CMMI 与 CMM 的差别。

6. 论述公选课管理系统(GXKS)需求调研过程中的管理过程组。

第3章 软件项目策划与项目计划

3.1 软件项目策划

项目策划是一种具有建设性、逻辑性的思维过程,其目的是把所有可能影响决策的决定总结起来,对未来项目开展起到指导和控制作用,最终借以达到项目的目标。软件项目策划是软件项目开始前必须进行的一项活动,对软件开发和软件管理进行问题定义,为项目系统提供一个总体框架。

3.1.1 软件项目策划概述

一个软件项目提出的主要原因表现在两方面:一是软件可以解决某个问题;二是软件的使用可为某个组织带来改进或提高效益的机会。软件项目策划就是要选择可行的软件项目,并做出开发的准备工作。

1. 软件项目策划的特点

软件项目策划是软件开发的前导工作,这项工作的好坏将直接影响整个软件项目的成败。充分认识这个阶段工作所具有的特点,可以提高策划工作的科学性和有效性。

软件项目策划工作是面向长远的、未来的、全局性和关键性的问题。因此,它具有较强的不确定性,非结构化程度较高。软件项目策划不是解决软件开发中的具体业务问题,而是为整个项目确定目标、战略、总体框架和资源计划,整个工作是一个管理决策过程。

软件项目策划的工作环境是组织管理环境,高层管理人员(包括高层信息管理人员)是工作的主体。软件策划人员对管理与技术环境的理解程度,对管理与技术发展的见识,以及开创精神与务实态度是软件项目策划工作的决定因素。

2. 软件项目策划的内容

软件项目策划包括先期调查与分析、选择软件项目、定义目标和基本要求等内容,并在上述基础上,编写软件项目建议书。

1)先期调查与分析

软件项目的先期调查是项目策划的基础,它采用科学的方法,有目的、有系统地收集和分析项目的各种信息,作为项目分析的前提。

项目先期调查主要内容包括对社会因素、经济因素、文化因素、技术因素、环境因素等项目环境的调查;对项目现状、用户业务需求、产品功能和性能需求的调查;对项目所开发的产品发展趋势的调查;对项目产品规格、商业渠道、应用环境约束条件等测控因素的调查;对项目竞争情况的调查;等等。

根据先期调查的情况,有助于发现和寻找新的软硬件产品,为项目提供决策依据。在估计用户需求总量和获利可能性的基础上,进一步挖掘项目所产生的软硬件产品的性能和特征优势,预测新产品或新服务的需求量和增长率,了解项目市场多样化的需求和竞争者动向,提高决策的有效性。

2) 选择软件项目

软件项目由不同的人根据不同的原因提出,分析人员首先应分析项目提议的动机,在此基础上,选择软件项目应当考虑管理人员的支持,项目的执行时间,提高实现系统目标的可能性、资源和技术的可行性,与其他项目比较的效益。

3) 定义软件目标和确定软件基本要求

定义软件目标和确定软件基本要求主要通过与用户沟通来完成,其主要任务是确定软件项目中所涉及的工作、产品和功能,包括软件项目的目标、需求、约束和可交付成果等。

在确立项目目标和范围的基础上编写项目建议书,对项目背景、项目的意义和必要性、项目产品预测、项目规模和期限以及项目建设条件进行说明。

3. 软件项目团队的策划原则

软件项目策划活动包括一系列管理和技术实践,可以为软件开发团队定义一个便于他们向着战略目标和战术目标前进的路线图。不管我们做多少努力,都不可能准确预测软件项目会如何进展,也不存在简单的方法来确定可能遇到的不可预见的技术问题,在项目后期还有什么重要信息没有掌握,以及会出现什么误解,或者会有什么商务问题发生变化。为了应对上述问题,软件项目策划必须遵循如下原则。

(1) 理解项目范围。范围可以为软件开发团队提供一个准确的目的地。

(2) 吸收利益相关者参与策划。利益相关者(干系人)能够限定一些优先次序,确定项目的约束。为了适应这种情况,软件工程师必须经常商谈交付的顺序、时间表以及其他与项目相关的问题。

(3) 保持脚踏实地。人们不能每天每时每刻都工作。生活中常常会有疏忽与含糊,变化总是在发生,甚至最好的软件工程师都会犯错误。这些现实的东西都应该在项目制订计划的时候加以考虑。

(4) 基于已知的估计。估计的目的是基于项目组对将要完成工作的当前理解,提供一种关于工作量、成本和任务工期的指标。如果信息是含糊的或者不可靠的,估计也将是不可靠的。

(5) 计划的制订应按照迭代方式进行。项目计划不可能一成不变。工作开始后,有很多事情有可能会改变,那么计划就必须调整以适应这些变化。另外,迭代式增量过程模型指出了要根据用户反馈的信息(在每个软件增量交付之后)重新制订计划。

(6) 计划时考虑风险。如果团队已经明确了哪些风险最容易发生且影响最大,那就应该制订应急计划。另外,项目计划(包括进度计划)应该可以调整以适应那些可能发生的风险。

（7）调整计划粒度。粒度是指项目计划细节的精细程度。一个"细粒度"的计划可以提供重要的工作任务细节，这些细节是在相对短的时间段内计划完成的。一个"粗粒度"的计划提供了更宽泛的长时间工作任务。通常，粒度随项目的进行而从细到粗。在几个星期或几个月的时间里可以详细地策划项目，而在几个月内都不会发生的活动则不需要细化。

（8）制订计划确保质量。计划应该有利于软件开发团队确保开发的质量。如果要执行正式技术评审，应该将其列入进度；如果在构建过程中用到了结对编程，那么在计划中要明确描述。

（9）描述如何适应变化。即使最好的策划也有可能被无法控制的变化破坏。软件开发团队应该确定在软件开发过程中一些变化需要怎样去适应，例如，客户会随时提出变更吗？如果提出了一个变更，团队是不是要立即去实现它？变更会带来怎样的影响和开销？等等。

（10）经常跟踪并根据需要调整计划。需要每天都追踪项目计划的进展，找出计划与实际执行不一致的问题所在，当任务进行出现延误时，计划也要随之做出调整。

最高效的方法是软件开发项目组所有成员都参与到策划活动中，只有这样，项目组成员才能很好地认可所指定的计划。

3.1.2 现有系统分析

项目策划是在对现有系统分析的基础上开展的。现有系统一般是当前实际使用的系统，这个系统可能是计算机系统，也可能是机械系统，甚至是一个人工系统。分析现有系统的目的是通过分析现有系统或目前局部使用的软件的功能和缺陷，以进一步阐明建议中的开发新系统或修改现有系统的必要性。

1. 现有系统的分析与评价

对软件项目进行分析时，一般会面临一个选择，是淘汰现有系统并完全用新系统来代替，还是对现有系统增量地进行改造。对现有系统处理恰当与否，直接关系新系统的成败和开发效率。

现有系统一般具有的特点：系统虽然可以完成企业中许多重要的业务管理工作，但已经不能完全满足要求；系统在性能上已经落后，采用的技术已经过时；系统没有使用现代软件工程的方法进行管理和开发，现在基本没有技术文档，很难理解，维护十分困难。

对现有系统评价的目的是获得对现有系统的更好理解，一般包括 3 方面，即商业价值评价、外部技术环境评价和应用软件评价。

（1）商业价值评价。商业价值评价的目标是判断现有系统对企业的重要性。评价的基础是，充分了解系统在业务处理过程中使用的价值，系统与系统的关系，若系统不再运行需要付出的代价，系统的缺点及存在的问题等。

（2）外部技术环境评价。外部技术环境评价包括系统的硬件、支持软件和企业基础设施的评价。硬件包括许多需要经常进行维护的部件,评价特征包括供应商、维护费用、失效率、运行时长、功能、性能等。支持软件包括操作系统、数据库管理系统、事务处理程序等,支持软件一般依赖于某个硬件,评价时应注意这种依赖性。基础设施包括开发和维护系统的企业职责,以及运行该系统的企业职责,基础设施评价对系统进化起着关键作用。

（3）应用软件评价。应用软件评价包括系统级和部件级两个级别:系统级关注整个系统,部件级考虑系统的每个子系统。

2. 现有系统的进化策略

对技术质量的全面评价结果与商业价值评价进行比较,可以为系统进化提供基础资料。按照商业评价值和技术质量值的情况,可以把评价结果分为 4 种类型,如图 3-1 所示。

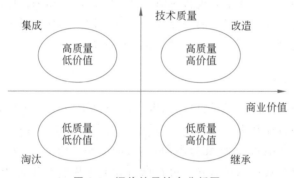

图 3-1　评价结果综合分析图

图 3-1 中,将现有系统的评价结果分列在平面坐标的 4 个象限内,处于不同象限的系统采取不同的进化策略。

（1）改造策略。第一象限为商业价值高且技术含量高的系统,本身还有极大的生命力,基本能够满足企业业务运作和决策的要求。系统的进化策略分为功能的增强和数据模型的改造两方面。

（2）集成策略。第二象限为商业价值低但技术含量高的系统,系统只能完成企业某个部门的业务管理,系统各自的局部领域工作良好,但对整个企业,存在多个系统,不同的系统基于不同的平台、不同的数据模型,其进化策略为集成扩展。

（3）淘汰策略。第三象限为商业价值低且技术含量低的系统,对这种系统需要全面重新开发新的系统以代替现有系统。通过对淘汰系统功能的理解和借鉴,可以帮助新系统的设计,降低新系统的开发风险。

（4）继承策略。第四象限为商业价值高但技术含量低的系统,已难满足企业运作的功能或性能要求,但目前企业业务尚紧密依赖该系统,可采用继承性淘汰的策略。在开发新系统时,需要完全兼容现有系统的功能模型和数据模型。

对现有系统进行分析与改造,需要全盘考虑、综合部署,寻求一种较好的解决方案。

3.2 可行性研究

众所周知,并不是所有问题都有简单明显的解决办法,事实上,许多问题不可能在预定的系统规模之内解决。如果问题没有可行的解,花费在这项开发工程上的时间、资源、人力和费用都是无谓的浪费。

可行性研究(Feasibility Study)是在项目建议书被批准后,对项目在技术、经济和社会等方面是否可行所进行的科学分析和论证。

3.2.1 可行性研究概述

可行性研究是确定建设项目前具有决定性意义的工作,是在投资决策之前,对拟建项目有关的自然、社会、经济、技术等进行调研、分析比较,以及预测建成后的社会经济效益。并在此基础上,综合论证项目建设的必要性、经济合理性、技术先进性和适应性以及建设条件的可能性和可行性,从而为投资决策提供科学依据。

1. 可行性研究的意义

可行性研究的目的是通过运用科学的方法对拟议中的项目进行全面的、综合的技术经济分析,回答本项目在技术上是否可行,经济上是否有生命力,财务上是否有利可图,需要多少投资,资金来源能否保证,建设周期多长,需要多少物力、人力资源等,进而判断该项目"行"还是"不行";建设还是放弃。可行性研究的本质就是用最小的代价在尽可能短的时间内确定问题是否能够解决,其目的不是解决问题,而是确定问题是否值得去解。一项好的可行性研究,还要探讨从各种具有实际意义的可能方案中遴选出最佳方案。

可行性研究本身不是最终目的,其主要作用:建设项目投资决策和编制设计任务书的依据;项目建设单位筹集资金的重要依据;建设单位与各有关部门签订各种协议和合同的依据;建设项目进行工程设计、施工、设备购置的重要依据;向当地政府、规划部门和环境保护部门申请有关建设许可文件的依据;国家各级计划综合部门对固定资产投资实行调控管理、编制发展计划、固定资产投资、技术改造投资的重要依据;项目考核和后评估的重要依据;等等。总之,可行性研究是保证提高基本建设投资效果的重要手段,在基本建设中具有举足轻重的地位,是决定投资项目命运的关键文件。

可行性研究工作是由浅到深、由粗到细、前后连接、反复优化的一个研究过程。前阶段研究是为后阶段更精确的研究提出问题创造条件。可行性研究要对所有的商务风险、技术风险、经济风险和社会风险进行准确落实,如果经研究发现某方面的缺陷,就应当找出主要风险原因,从市场营销、产品及规模、工艺技术、原料路线、设备方案以及公用辅助设施方案等方面寻找更好的替代方案,以提高项目的可行性。如果所有方案都经过反复优选,项目仍是不可行的,应在研究文件中说明理由。应当注意的是,研究结果即使是不可行的,这项研究仍然是有价值的,因为避免了资金和时间的浪费。

2. 可行性研究的特殊性

软件项目可行性研究从技术、经济、工程等角度对项目进行调查研究和分析比较,并对项目建成以后可能取得的财务、经济效益及社会环境影响进行科学预测,为项目决策提供公正、可靠、科学的软件咨询意见。

软件项目可行性研究与其他工程项目可行性研究相比,存在着较大的差异。引起这些差异的因素主要有以下 3 方面。

(1) 人的因素。软件项目提供的实际上是一种服务,服务质量的好坏主要来自用户的体验,而这种体验具有个体差异性和主观性。在软件工程实施过程中存在变化的可能性很大,而这种变化对项目的成败以及其经济、技术和管理因素有很大的影响。

(2) 社会环境的因素。软件作为一种纯知识产品,使得软件项目的开发、交付(销售)和使用都涉及很多的道德、法律和人文因素。这些因素对软件开发过程存在着或多或少的影响,甚至会为整个项目带来意外的风险。

(3) 系统的因素。软件产品开发项目,尤其是具有特殊针对性的软件开发项目,往往是在现有系统(例如,人工系统)的基础上开发替代产品或升级产品,即是以现有系统为基础的项目。为了涵盖现有系统中需要保留的部分,需要对现有系统进行全面分析。

软件项目的可行性研究实质上是要进行一次大大压缩、简化系统分析和设计的过程,也就是在较高层次上以较抽象的方式进行系统分析和设计的过程。

3. 可行性研究的任务

在进行软件项目可行性研究中,有以下 7 个研究任务。

(1) 分析问题。进行概要的分析研究,初步确定项目的规模和目标,确定项目的约束和限制,并一一列举出来。

(2) 研究现有系统。研究与分析现有系统是开发新系统的基础。现有系统一定能完成某些有用的工作,新系统的目标也必须能完成这些功能;现有系统存在的问题,也是新系统必须解决的问题;现有系统的运行费用是一个重要的经济指标,新系统的运行费用不得大于或等于该指标;现有系统反映了用户的操作习惯,新系统应该继承这些习惯。

(3) 生成现有系统的物理模型。现有系统的物理模型包括新系统运行时所需的公共实体,是新系统的基础。

(4) 导出新系统的逻辑模型。从现有系统的物理模型出发,分析新系统的需求、相关实体、基本架构与原理,并据此生成新系统的逻辑模型,以此作为问题的最终描述。

(5) 提出解决方案。针对逻辑模型,探索出若干种可供选择的解决方案。

(6) 方案的可行性分析。对每种解决方案仔细研究分析其可行性,一般主要研究的是项目方案的经济可行性、技术可行性、社会可行性和操作可行性 4 方面。

(7) 选择最佳解决方案。对比每种解决方案的可行性论证结果,决定该项目是否值得开发。若值得开发,提出相对最佳解决方案,或者针对不同的侧重面(如效益、技术和效率),提出最佳解决方案。

4. 可行性评价准则

一般可行性评价准则主要包括经济可行性、技术可行性、社会可行性和操作可行性 4 方面。

（1）经济可行性。经济可行性包括成本与效益两方面。分析经济可行性一方面要进行开发和运行成本的估算；另一方面要进行效益上的评估，包括经济效益和社会效益、短期效益和长远利益，都要进行科学的综合分析。结合成本、效益以及软件产品的生命周期等特点，确定软件产品是否值得开发。

（2）技术可行性。技术可行性分析需要考虑的因素较多，包括技术现状、技术潜力、生产率和风险处理、软件质量等。需要分析当前可利用的技术人员、软硬件资源和技术环境是否支持该方案；是否有足够的技术潜力完成解决方案中新技术所需的条件；在给定的时间、功能和经费限制范围内，能否高效完成提出的所有工作和应对可能产生的风险；在满足用户需求的前提下，该方案开发的软件的质量等级。评估的指标有性能、精确性、可靠性、容错性、效率、兼容性、可理解性、简洁性和可扩充性等。

（3）社会可行性。社会可行性研究内容主要有知识产权、市场、政策与道德等。软件产品及其开发过程中涉及的实体、技术和资源是否存在任何侵犯、妨碍等责任问题，包括合同、责任、侵权、用户组织的管理模型及规范等。进入未成熟的市场存在高风险，同时也可能带来高收益；成熟的市场的进入风险不高，相应的收益也不高；而即将消亡的市场则没有进入的必要。政策不仅影响软件企业自身的运作，关系软件的开发成本，同时影响产品的收益甚至是成败。研究软件行业以及软件为之服务的行业的相关政策，对于认识软件项目的利润空间乃至生存空间都是必要的。此外，还有必要研究软件开发环境与工作环境的道德情况，避免因为道德矛盾产生的风险。

（4）操作可行性。操作可行性即研究项目的运行方式在用户组织内是否行得通，现有的管理制度、人员素质和操作方式是否可行。

3.2.2　可行性研究的主要问题

可行性研究实质上是进行一次简化的软件过程，其主要问题集中在投资与效益、技术支持与风险、系统影响以及方案选择等方面。

成本效益分析

1. 投资与效益分析

软件项目投资受项目的特点、规模等多种因素的制约，尤其是其中的软件要素的开发成本在可行性研究阶段很难准确估算。投资与效益分析的目的是从经济角度评价开发一个新的系统是否可行。首先要估算新系统的支出，然后与可能取得的效益进行比较和权衡。

1）支出分析

对于所选择的方案，说明所需的费用。如果已有一个现存系统，则包括该系统继续运行期间所需的费用。支出主要包含基本建设投资、其他一次性支出以及非一次性支出。

（1）基本建设投资。包括采购、开发和安装下列各项所需的费用，如房屋和设施；硬件设备，包括服务器、存储器、移动设备等；网络设施；环境保护设备；安全与保密设备；操作系统和应用软件；数据库管理软件。

（2）其他一次性支出。包含研究（如需求和设计的研究）；开发计划与测量基准的研究；数据库的建立；已有软件的修改；检查费用和技术管理性费用；培训费、差旅费以及开发安装人员所需要的一次性支出；人员的退休及调动费用等。

（3）非一次性支出。列出在该系统生命周期内按月或按季或按年支出的用于运行和维护的费用，包括设备的租金和维护费用；软件的租金和维护费用；数据通信方面的租金和维护费用；人员的工资、奖金；房屋、空间的使用开支；公用设施方面的开支；保密安全方面的开支；其他经常性的支出等。

2）收益分析

对于所选择的方案，说明能够带来的收益，这里所说的收益，表现为开支费用的减少或避免、差错的减少、灵活性的增加、动作速度的提高和管理计划方面的改进等，包括一次性收益、非一次性收益、不可定量的收益等。

（1）一次性收益。说明能够用货币数目表示的一次性收益，可按数据处理、用户、管理和支持等项分类叙述，如开支的缩减，包括改进了的系统运行所引起的开支缩减，如资源要求的减少，运行效率的提高，数据进入、存储和恢复技术的改进，系统性能的可监控，软件的转换和优化，数据压缩技术的采用，处理的集中化/分布化等；价值的增升，包括由于一个应用系统的使用价值的增升所引起的收益，如资源利用的改进、管理和运行效率的提高以及出错率的减少等；其他收益，如从多余设备出售回收的收入等。

（2）非一次性收益。说明在整个系统生命周期内由于运行所建议系统而导致的按月的、按年的能用货币数目表示的收益，包括开支的减少和避免。

（3）不可定量的收益。逐项列出无法直接用货币表示的收益，如服务的改进，由操作失误引起的风险的减少，信息掌握情况的改进，组织机构给外界形象的改善等。有些不可确定的收益只能大概估计或进行极值估计（按最好和最差情况估计）。

3）其他分析

其他分析包括收益/投资比、投资回收周期以及敏感性分析。收益/投资比，即求出整个系统生命周期的收益/投资比值；投资回收周期，即求出收益的累计数开始超过支出的累计数的时间；敏感性分析，是指一些关键性因素，如系统生命周期长度、系统的工作负荷量、工作负荷的类型与这些不同类型之间的合理搭配、处理速度要求、设备和软件的配置等变化时，对开支和收益影响的最灵敏的范围估计。在敏感性分析的基础上做出的选择会比单一选择的结果要好一些。

4）效益的度量

度量效益的方法有以下 4 种。

（1）货币的时间价值。货币的时间价值指同样数量的货币随时间的不同具有不同的价值。一般货币在不同时间的价值可用年利率来折算。假设年利率为 i，如果现在存入 P 元，则 n 年后的价值为 F 元，则有

$$F = P(1+i)^n$$

如果 n 年后能收入 F 元，这些钱折算成现在的价值称为折现值，折现公式为

$$P = F/(1+i)^n$$

（2）纯收入。纯收入指在整个生命周期系统的累计收入的折现值 PT 与总成本折现值 ST 之差，以 T 表示，则有

$$T = PT - ST$$

如果纯收入小于或等于 0，则这项工程单从经济角度来看是不值得投资的。

（3）投资回收期。投资回收期是指系统投入运行后累计的经济效益的折现值正好等于投资所需的时间。投资回收期越短，就能越快地获得利润，工程越值得投资。

（4）投资回收率。把资金投入项目中与把资金存入银行比较，其中投入项目中可获得的年利率就称为项目的投资回收率。设 S 为现在的投资额，F_i 是第 i 年年初到年底一年的收益（$i=1,2,\cdots,n$），n 是系统的寿命，j 是投资回收率，则 j 满足方程

$$S = F_1/(1+j)^1 + F_2/(1+j)^2 + \cdots + F_n/(1+j)^n$$

解这个方程就可以得到投资回收率 j。

如果仅考虑经济效益，只有项目的投资回收率大于年利率时，才考虑开发问题。

【例 3-1】 已知一个基于计算机系统的软件升级的开发成本估算值为 5000 元，预计新系统投入运行后每年可以带来 2500 元的收入，假定新软件的生命周期（不包括开发时间）为 5 年，当年的年利率为 12%，试对该系统的开发进行成本-效益分析。

对本题将来的收入折现，计算结果如表 3-1 所示（表中折现值用四舍五入的数据计算）。

表 3-1 将来的收入折算成现在值

n（年）	第 n 年的收入	$(1+i)^n$	折 现 值	累计折现值
1	2500	1.12	2232.14	2232.14
2	2500	1.25	1992.98	4225.12
3	2500	1.40	1779.45	6004.57
4	2500	1.57	1588.80	7593.37
5	2500	1.76	1418.57	9011.94

$$T = PT - ST = 9011.94 - 5000 = 4011.94（元）$$

投资回收期为

$$2 + (5000 - 4225.12)/1779.45 = 2 + 0.44 = 2.44（年）$$

单从经济效益看，投资回收率为 41.04%，投资回收率大于年利率时，可考虑开发。

2. 技术支持与风险分析

技术支持与风险分析明确给出资源分析、技术分析和风险分析的结论，以便使项目管理人员据此做出是否进行系统开发的决策。如果技术风险很大，或者资源不足，或者当前的技术、方法与工具不能实现系统预期的功能和性能，项目管理人员就应及时做出撤销项目的决定。

1）资源与支持技术分析

资源有效性分析是论证是否具备系统开发所需各类人员的数量和质量、软硬件资源和工作环境等。支持技术分析是论证现有的科学技术水平和开发能力是否支持开发的全过程并达到系统功能和性能的目标。主要包括在当前的限制条件下，该系统的功能目标能否达到；利用现有技术，该系统的功能能否实现；对开发人员的数量和质量的要求及这些要求是否满足；在规定期限内，本系统的开发能否完成等。

2）风险分析

开发一个软件项目总存在某些不确定性，即存在风险。有些风险如果控制得不好，可能导致灾难性的后果。风险分析就是在给定的约束条件下，论证能否实现系统所需的功能和性能。

风险按影响的范围，可分为项目风险、技术风险和商业风险 3 类。项目风险是指项目在预算、进度、人力资源、客户和需求等方面可能存在的问题；技术风险是指在需求、设计、实现、接口、验证和维护等方面的潜在问题；商业风险是指开发一个没人需要的优质软件产品，开发一个销售部门不知道如何销售的软件产品，或开发一个不再符合整体商业策略的产品等。

可以使用风险检测表来标识风险。在风险检测表中列出所有可能的与每个风险因素有关的问题。

【例 3-2】 "人员风险检测表"如表 3-2 所示。在表中，可以根据实际情况选用 0、1、2、3、4、5 来回答某个问题，某个问题取值越大表示该项风险也越大。人员风险检测表反映了人的因素可能对软件项目的影响。

表 3-2　人员风险检测表

序　号	问　题	回答$(0,1,2,3,4,5)$
1	开发人员的水平如何？	2
2	开发人员在技术上是否配套？	1
3	是否有足够的人员可用？	0
4	开发人员是否能自始至终参加软件项目的工作？	2
5	开发人员是否能把全部精力投入软件开发工作中？	2
6	开发人员对自己的工作是否有正确的期望？	1
7	开发人员是否已接受了必要的培训？	0
8	开发人员的流动是否还能保证工作的连续性？	3

要对风险进行估算，首先应建立风险度量指标体系，指明风险带来的影响和损失，确定影响风险的因素，估计风险出现的可能性或概率，即进行定量的估算。

【例 3-3】 估算方法举例。

设：某个风险检测表由 m 项组成，每项可在 $0,1,2,\cdots,N$ 中根据实际情况选取一个整数值。其中,0 表示最好的情况,N 表示最差的情况。

又设:第 i 种风险检测表的第 j 项取值为 X_{ij},对应的加权系数为 W_{ij},则第 i 种风险的估算值可以定义为

$$\sigma_i = \sum W_{ij} X_{ij} / (mN)$$

式中,$\sum W_{ij} = m$,$W_{ij} \geqslant 0$。

又设:第 i 种风险对整个项目的风险估算的加权系数为 ρ_i,$i=1,2,\cdots,k$,其中,k 为风险的种类数,且满足 $\rho_1 + \rho_2 + \cdots + \rho_k = 1$,则整个软件项目的风险估算值 R 定义为

$$R = \sum \rho_i \sigma_i = \sum \rho_i \left[\sum W_{ij} X_{ij} / (mN) \right]$$

容易验证,$0 \leqslant R \leqslant 1$。估算的结果,如果 R 接近于 0,说明项目风险比较小;如果 R 接近于 1,说明项目风险比较大。如果 $\rho_i \sigma_i$ 的值比较大,说明第 i 类风险出现的可能性比较大。

常采用三元组 $[r_i, p_i, x_i]$ 来描述风险。其中,r_i 表示第 i 种风险;p_i 表示第 i 种风险发生的概率;x_i 表示该风险带来的影响,$i=1,2,\cdots,k$,即软件开发项目共有 k 种风险,i 为风险序号。

一个风险评价技术就是定义风险参照水准。对于大多数软件项目,成本、进度、性能就是典型的风险参照水准。在软件开发过程中成本超支、进度拖延、软件性能下降、支持困难,或它们的某些组合,都有一个水准。当软件项目风险的某种组合达到或超过了一个或多个参照水准时,项目就应终止。

例如,在软件开发的过程中,项目的进度应与投入的成本相一致,如果投入的成本与进度的拖延之间超过某个参照水准,项目就应该终止。

【例 3-4】 图 3-2 给出了风险参照水准的参照曲线,当风险的一个组合所引起的成本超支和进度拖延超过参照水准而进入图中的封闭区域时,项目将被迫终止。

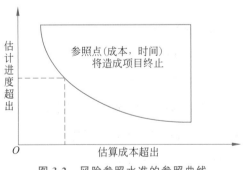

图 3-2 风险参照水准的参照曲线

一般参照点不是一条平滑的曲线,而是一个易变动的区域,在这个区域要做出基于参照值组合的管理判断往往是不准确的。

3. 系统影响分析

在可行性研究中,应当预期所开发系统将带来的影响,主要包括如下 7 方面。

（1）对设备的影响。说明新提出的设备要求及对现存系统中尚可使用的设备需要做出的修改。

（2）对软件的影响。说明为了使现存的应用软件和支持软件能够同所建议系统相适应，而需要对这些软件所进行的修改和补充。

（3）对用户的影响。说明为了建立和运行所建议系统，对用户单位机构、人员的数量和技术水平等方面的全部要求。

（4）对系统运行过程的影响。说明所建议系统对运行过程的影响，如用户的操作规程；运行中心的操作规程；运行中心与用户之间的关系；源数据的处理；数据进入系统的过程；对数据保存的要求，对数据存储、恢复的处理；输出报告的处理过程、存储媒体和调度方法；系统失效的后果及恢复的处理办法。

（5）对开发的影响。说明对开发的影响，如为了支持所建议系统的开发，用户需要进行的工作；为了建立一个数据库所要求的数据资源；为了开发和测验所建议系统而需要的计算机资源；所涉及的保密与安全问题。

（6）对地点和设施的影响。说明对建筑物改造的要求及对环境设施的要求。

（7）对经费开支的影响。扼要说明为了所建议系统的开发、设计和维持运行而需要的各项经费开支。

4. 方案选择

在可行性研究阶段，系统工程师根据系统分析所确定的系统目标开始研究问题的求解方案。对于较复杂的大系统，一般都要将其分解为若干子系统，接着精确地定义各子系统的界面、功能和性能，给出各子系统之间的关系。分解技术可降低解的复杂性，有利于人员的组织与分工，提高开发生产率和开发质量。

由于系统的分解方法可以有多种，因此实现系统目标的方案也可以有多种。采用的方案不同，对成本、进度、技术及各种资源的要求就会不同，系统在功能和性能方面也可能有较大差异。从另一个角度来看，在系统开发的总成本不变的前提下，系统开发各阶段的成本分配方案的不同也会影响系统的功能和性能。

另外，系统的各功能和性能可能由多种因素组成，而某些因素之间又是相互关联、彼此制约、不可兼得的。例如，系统的计算精度和系统的执行时间就是互相矛盾的。

总之，要选择一个较好的方案，首先要对系统采用多种分解和组合方法提出多种备选的求解方案；其次依据系统的功能、性能、成本、进度、系统开发所采用的技术、风险、软硬件资源、对开发人员的要求等评价每个预选方案，并利用折中手段对预选方案进行充分论证，反复比较各种方案的成本-效益；最后选择出一种较好的方案。

3.2.3 可行性研究的过程

可行性研
究的过程

可行性研究的过程是一个逐步深入的过程，一般要经过机会研究、初步可行性研究和可行性研究等活动。机会研究的任务，主要是为开发项目提出建议，寻找最有利的投资机会。许多项目在机会研究之后，还不能决定取舍，需要进行比较详细的可行性研究。

1. 可行性研究的步骤

可行性研究是一个严谨的、科学的论证过程，必须依据当前的技术水平和系统分析人员的经验，按照一定的步骤进行。

（1）系统定义。系统定义的主要工作是分析问题、明确问题、初步确定问题的范围（系统的边界）、问题的规模（系统的规模）和问题的内容（系统的目标），描述系统的一切限制和约束。

分析人员对问题的提出者和相关人员进行调查访问，仔细阅读和分析有关材料，确保正在分析的问题是用户需要解决的问题。

（2）对现有系统进行物理建模。物理建模，即建立物理模型。现有系统是信息的重要来源，需要在物理模型中体现其功能、性能、基本架构、相关实体、操作流程、环境、问题和运行消耗，从而评估新系统的运行环境与运行费用。

分析人员实地考察现有系统，收集、研究和分析现有系统的文档资料，考察系统的操作人员和管理人员，使用系统流程图描述现有系统的物理模型。

（3）构建新系统的逻辑模型。在现有系统物理模型的基础上，逐步明确新系统的功能、相关实体和工作原理（处理流程），并将其反映在新系统的逻辑模型中。

分析人员以现有系统的物理模型为参考，明确新系统的需求、实体和工作原理后，从而设计出新系统的逻辑模型，并非在现有系统物理模型的基础上抽象逻辑模型。逻辑模型使用数据流图和数据字典进行描述。

（4）设计系统的解决方案。针对系统的逻辑模型，从技术角度出发，根据用户的要求和当前可利用的资源，提出解决方案。一般应分别设计效益优先、技术优先、效率优先和兼顾平衡等多种解决方案。

分析人员应具备快速构建系统的能力，在短时间内对不同解决方案的系统架构、技术框架、解题方法等技术方面的内容进行概要性的描述，同时还必须对每种解决方案进行简单的计划，包括预计时间、生产效率、开发/维护成本、预计收益以及软件产品的质量评估。该步骤是设计开发步骤的预演，解决方案的正确性和精确性，很大程度上取决于分析人员的项目开发经验。

（5）分析、评估提出的解决方案。对提出的解决方案分别进行技术可行性、经济可行性、社会可行性和操作可行性的分析，去掉不可行的解决方案，保留若干可行的解决方案。一般保留的解决方案中应有分别偏重于效益、技术和效率的方案，同时也必须有兼顾平衡的折中方案。

解决方案的评估不仅仅是系统分析人员的工作，而应该由相关人员参与，尤其是用户。解决方案的取舍以满足用户需求为首要原则，其次必须保证软件产品的质量，最后是效益、工作效率和技术等内部因素，在选择时可分别有所侧重。

（6）推荐可行的解决方案。根据相关客观条件和主观判断，决定项目是否值得开发。若值得开发，则从上述步骤选择的解决方案中，选择最佳的解决方案，并说明选择该方案的理由。

主要由项目负责人推荐可行的解决方案，在确保用户需求和产品质量的前提下，推荐解决方案既取决于项目负责人的经验和主观意识,又受到软件开发团队及所在实体的外在因素(例如,企业文化、企业经营状况、工作指导方针等)的影响。

(7) 撰写可行性研究报告。将可行性研究的任务、过程和结果按照固定格式撰写可行性研究报告。提请用户和上级部门进行审查,从而得出可行性研究的最终结果。

2. 可行性研究报告

可行性研究报告的编写目的,是说明该软件开发项目的实现在技术、经济和社会条件方面的可行性,评述为了合理地达到开发目标而可能选择的各种方案,说明并论证所选定的方案。

可行性研究报告的编写内容要求如下。

(1) 引言。包括报告编写目的,所建议开发的软件系统的背景,报告中引用的专门术语的定义和外文首字母组词的原词组,以及用得着的参考资料。

(2) 可行性研究的前提。说明对所建议的开发项目进行可行性研究的前提,如要求、目标、条件、假定和限制,进行可行性研究的方法,对系统进行评价时所使用的主要尺度等。

(3) 对现有系统的分析。需要说明现有系统的处理流程和数据流程、工作负荷、费用开支、运行和维护所需要的人员的专业技术类别和数量、所使用的各种设备、系统的主要局限性等。

(4) 所建议的系统。说明所建议系统的目标和要求将如何被满足,包括对所建议系统的说明、处理流程和数据流程、改进之处,预期将带来的影响,以及技术条件方面的可行性。

(5) 可选择的其他系统方案。扼要说明曾考虑过的每种可选择的系统方案。

(6) 投资与效益分析。对于所选择的方案,说明所需的费用和能够带来的收益。支出包括基本建设投资,其他一次性支出,在该系统生命周期内按月或按季或按年支出的用于运行和维护的费用;收益表现为开支费用的减少或避免、差错的减少、灵活性的增加、动作速度的提高和管理计划方面的改进等,包括一次性收益、非一次性收益、不可定量的收益。求出整个系统生命周期的收益/投资比值,收益的累计数开始超过支出的累计数的时间。

(7) 社会因素方面的可行性。说明对社会因素方面的可行性分析的结果,包括法律方面的可行性、使用方面的可行性。

(8) 结论。在进行可行性研究报告的编制时,必须有一个研究的结论。结论应明确指出以下内容:系统具备立即开发的可行性,可进入软件开发的下个阶段;若可行性分析结果完全不可行,则软件开发工作必须放弃;不具备某些条件,可以创造条件,增加资源或改变新系统的目标后,再重新进行可行性论证。

3.3　软件项目计划

一个软件项目经过可行性分析后,若认为值得开发,则应制订项目开发计划。软件项目计划主要进行的工作包括确定详细的项目实施范围,定义递交的工作成果,评估实施过程中主要的风险,以及制订项目实施的时间计划、成本和预算计划、人力资源计划等。

3.3.1 软件项目计划概述

项目计划(Project Plan)是根据对未来的项目决策,项目执行机构选择制定包括项目目标、工程标准、项目预算、实施程序及实施方案等的活动。在一个具体的项目环境中,项目计划是预先确定的行动纲领。制订项目计划旨在消除或减少不确定性,改善工作效率,对项目目标有更好的理解以及为项目监控提供依据。

1. 项目计划的作用

古人云"凡事预则立,不预则废",事先有准备,就能得到成功,否则就会失败。足以说明计划的重要性。在软件项目管理中也当然是计划先行,做好计划是软件项目成功实施的基础。

项目计划是项目组为实现项目目标而科学地预测并确定项目生命周期的行动方案。项目计划围绕项目目标的完成,系统地确定项目的任务、安排任务进度、编制完成任务所需的资源预算等,从而保证项目能够在合理的工期内,用尽可能低的成本达到尽可能高的项目质量要求。

项目计划所起到的作用:确定完成项目目标所需的各项任务范围,落实责任,制订各项任务的时间表,明确各项任务所需的人力、物力、财力;确定项目的工作规范,遵循的标准,成为项目实施的依据和指南;明确项目组各成员及其工作责任范围以及相应的职权;使项目组成员明确自己的工作目标、工作方法、工作途径、工作期限要求;保证项目进行过程中项目组成员和客户之间的交流、沟通与协作,使得项目各项工作协调一致,增加客户满意度;为项目的跟踪控制提供基础。

项目计划在项目中起到承上启下的作用,计划批准后应当作为项目的工作指南。

【例 3-5】 软件开发项目失败的背景和原因很多,但共通性的原因有:计划方案不好;没有按照计划执行;主要管理人员未参加;项目管理人员、项目领导的运营管理水平低。美国联邦调查局进行了 150 例调查,开发项目失败的原因是由于计划不完备的占50%,不按计划进行管理的占 33%,其他原因占 17%。由此可知,重视计划的编制,加强工程管理,有利于确保软件项目的开发成功。

2. 项目计划的制订原则

要使项目计划得以顺利实现,必须明确项目目标,综合分析与考虑各因素,权衡利弊,扬长避短。在项目计划制订过程中一般应遵循以下原则。

(1)目的性。任何项目都有一个或几个确定的目标,以实现特定的功能、作用和任务,而任何项目计划的制订正是围绕项目目标的实现而展开的。

(2)系统性。项目计划本身是一个系统,由一系列子计划组成,各个子计划不是孤立存在的,而是彼此相对独立,又紧密相关。这使得制订出的项目计划也具有系统的目的性、相关性、层次性、适应性、整体性等基本特征,使项目计划形成有机协调的整体。

（3）动态性。这是由项目的生命周期所决定的。一个项目的生命周期短则数月，长则数年，在这期间项目环境常处于变化之中，因此项目计划要随着环境和条件的变化而不断调整和修改，以保证完成项目目标。

（4）相关性。项目计划是一个系统的整体，构成项目计划的任何子计划的变化都会影响其他子计划的制订和执行，进而最终影响项目计划的正常实施。制订项目计划要充分考虑各子计划间的相关性。

（5）职能性。项目计划的制订和实施不是以某个组织或部门内的机构设置为依据，也不是以自身的利益及要求为出发点，而是以项目和项目管理的总体及职能为出发点，涉及项目管理的各个部门和机构。

（6）可操作性。可操作性包括范围的适中及可理解程度。项目计划如果只有很少的细节，就不可能取得比较精确的估计；如果项目计划包含太多的细节，就会超出项目经理所控制的范围，使其无所适从。如果任务在执行前就有了较好的理解，许多工作就能提前进行准备；如果任务是不可理解的，在实际执行中就比较难于操作。

3. 项目计划的制订策略

制订软件项目计划的目的在于建立并维护软件项目各项活动的计划，软件项目计划其实就是一个用来协调软件项目中其他所有计划，指导项目组对项目进行执行和监控的文件。一个好的软件项目计划可为项目的成功实施打下坚实的基础。

软件项目有其特殊性，不确定因素多，工作量估计困难，项目初期难于制订一个科学、合理的项目计划。制订软件项目计划时以下策略可供参考。

（1）项目计划的层次性。项目计划可分层次展开，如分为总体计划和详细计划。总体计划应当是粗粒度的，主要是进行项目的阶段划分，确定重大的里程碑，所需相关的资源包括人力资源、设备资源、资金资源，即人、财、物三个要素；详细计划要确定各项任务的负责人、开始时间、结束时间、任务之间的依赖关系、设备资源、事件点等。

如果项目规模相对较大，可以有多级的计划，例如，高级计划、二级计划、三级计划、低级计划等。一个项目组可能分为几个开发组，二级计划是各开发组制订的适合自己小组的计划。如果开发组还分了小组，可以有小组的三级计划。开发人员的个人计划是低级计划，由开发人员根据自己的任务自行制订。

（2）重视与客户的沟通。与客户的沟通是非常重要的。用户会提出一些对项目时间、进度、效果的要求，要站在科学的分析和解决问题的立场与客户沟通，争取用户的理解与支持。开发者也有义务要让用户知道项目的计划，这样才能让用户主动、积极参与项目，达到项目的最终目标。既让用户感觉心里踏实，也让项目组具有责任感，有利于促进项目的成功。

（3）繁简适度。目标的描述应当是简单而直接的，使得每个参与人员都能明确而无二义性。项目的工作安排一定要责任到人，成本、时间安排尽可能详尽，这些是必须详细的。在项目计划中可采用图表的形式制订人员计划、培训计划、风险计划、成本估计、文档大小估计、进度计划，一目了然，责任到人，其效果和效益是很明显的。

（4）切合现实。确定的每个目标都是可以实现的，而不是追求理想化的结果。项目计划最终要能够被项目组成员所实现。

(5)利用成熟的项目管理工具。项目管理工具是为了使工作项目能够按照预定的成本、进度、质量顺利完成,而对项目要素进行分析和管理的一类软件。例如,Microsoft Project 是一款公认的功能强大、操作方便的项目管理工具软件。它自带一个"软件开发"模板,可以用它来生成大体的框架,再进行细节方面的改动,也可以自己制作一个符合软件项目运作流程的模板。

3.3.2 软件项目计划基础工作

软件项目计划的目标是为项目组提供一个框架,使之能合理地估算软件项目开发所需的资源、经费和开发进度,并控制软件项目开发过程按此计划进行。在做项目计划时,必须首先对软件规模做出估算。

1. 工作分解结构

工作分解结构(Work Breakdown Structure,WBS)是以可交付成果为导向,对项目要素进行的分组,它归纳和定义了项目的整个工作范围,每下降一层代表对项目工作的更详细定义。工作分解结构将项目分解为可管理的任务及活动,可帮助项目相关成员直观了解软件项目中的各项任务及活动,是项目计划与跟踪的基础。图 3-3 是一个典型的工作分解结构。

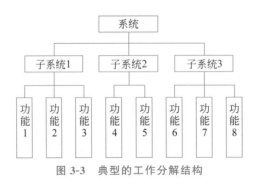

图 3-3 典型的工作分解结构

工作分解结构的构建应该注意的原则如下:一个任务只应该在工作分解结构中的一个地方出现;工作分解结构中某项任务的内容是其下所有工作分解结构项的总和;一个工作分解结构项只能由一个人负责任,其他人只能是参与者;工作分解结构必须与实际工作中的执行方式一致;应让项目团队成员积极参与创建工作分解结构,以确保工作分解结构的一致性;每个工作分解结构项都必须文档化,以确保准确理解已包括和未包括的工作范围;工作分解结构可以根据需求进行必要变更维护。

构建工作分解结构的过程:在确定项目范围的基础上,召集有关人员讨论所有主要项目工作,确定项目工作分解的方式;分解项目工作,画出工作分解结构的层次结构图;将主要项目可交付成果细分为更小的、易于管理的组分或工作包;验证上述分解的正确性。随着其他计划活动的进行,不断地对工作分解结构进行更新或修正,直到覆盖所有工作。

【例 3-6】　图 3-4 是开发项目各个工程阶段的任务分解逐步细化的例子。

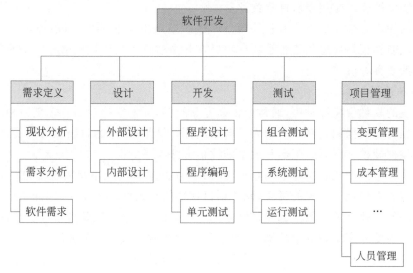

图 3-4　软件开发的工作分解结构示例

工作分解结构描述了项目的工作范围,它使人们能够清楚地知道整个项目要做些什么工作,以及项目的可交付成果是通过开展哪些工作生成的。工作分解结构不但是项目工作的客观描述,而且是后续项目估算、进度计划和跟踪考核的基本单位。

2. 软件规模估算

软件项目
估算

软件项目估算是软件计划和管理中非常重要的问题。在项目计划中,项目时间和成本的估算值是必不可少的,但是如果能够知道软件规模和工作量的估算值,时间表、成本预算就会变得容易。所以,软件规模估算是任何一个软件项目最困难和最重要的活动之一。

软件规模是确定到底需要付出多少工作量才能创建出软件的主要因素。当在构想一个软件项目时,实际软件的规模是未知的,而软件本身也是不存在的。如果需要采用规模来作为工作量估算模型的输入信息,首先必须对规模进行估算。

最初的软件规模评估主要依靠专家的经验来完成,评估过程较慢,而且不同的专家给出的评估结果可能会有较大的偏差。之后,业界通过代码行数来衡量软件规模。但是,用代码行数估算软件规模的方法只能在软件开发完成以后才能进行计算,由于不同的程序设计语言、不同的开发团队实现同样功能的代码行数有很大差异,导致评估结果也有很大偏差。因此,研究人员开始寻求更精确的、更易于使用的估算方法。

在众多估算方法中,构造性成本模型(Constructive Cost Model,COCOMO)是其中最有影响力的模型,代码行数仅作为它的一个模型参数。为了克服代码行数方法依赖于程序设计语言的缺点,业界应用了功能点估算法。功能点估算法通过量化系统功能来度量软件规模、估算软件成本,它基于系统的逻辑设计,从用户角度分析,在整个生命周期都能进行估算。随着统一建模语言(UML)在软件系统中的广泛应用,基于 UML 的规模度量方法应运而生,其中最为典型的是用例点估算法。用例点估算方法是一种根据软件开发前期的 UML 用例图,从开发人员角度分析的评估方法。近年来,基于人工智能和机器学习的方法也被逐渐应用于软件规模评估。

不同的软件规模评估方法对软件项目评估的结果也会有偏差,目前还没有一种通用的评估方法能够很好地适用于各类软件项目在各个软件工程阶段的估算。下面简要介绍应用广泛的 6 种方法。

1) 专家决策法

在传统的软件规模评估中,通常会依靠专家经验,即专家决策法。它是一种由相关技术专家根据历史数据和资料以及个人经验给出评估结果,并且通过组织讨论后达成共识,最终得到软件规模、工作量、工期和成本的评估方法。

专家决策可以调和各类专家的意见,在历史数据集缺失或不足时也能进行评估。但是专家模型非常依赖于专家的经验,软件项目评估的精确性取决于专家的能力。事实上,并不能保证每个软件项目团队都有足够多的专家,并且专家的经验也很难度量,所以专家决策法很容易受专家主观因素的影响,并不是一种非常有效的评估方法。

专家决策法依据预定的程序,采用匿名发表意见的方式,即专家之间不得互相讨论,不发生横向联系,通过多轮次调查专家对问卷所提问题的看法,经过反复征询、归纳、修改,最后汇总成专家基本一致的看法,作为预测的结果。专家决策法实施步骤如图 3-5 所示。

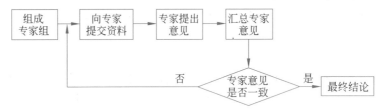

图 3-5 专家决策法实施步骤

2) 类比估算法

类比估算法又称自顶向下估算法(Top Down Estimates),适合评估一些与历史项目在应用领域、环境和复杂度方面相似的项目,通过新项目与历史项目的比较得到规模估计。类比估算法估计结果的精确度,取决于历史项目数据的完整性和准确度,因此,用好类比估算法的前提条件之一是组织建立起较好的项目后评价与分析机制,对历史项目的数据分析是可信赖的。

软件项目中用类比估算法,往往还要解决可重用代码的估算问题。估算可重用代码量的最好办法就是由程序员或系统分析员详细地考察已存在的代码,估算出新项目可重用的代码中需重新设计的代码百分比、需重新编码或修改的代码百分比以及需重新测试的代码百分比。根据上述 3 个百分比,可用下面的计算公式计算等价代码行,即

等价代码行=[(重新设计%+重新编码%+重新测试%)/3]×已有代码

【例 3-7】 有 10 000 行代码,假定 30%需要重新设计,50%需要重新编码,70%需要重新测试,那么其等价代码行可以计算为

等价代码行=[(30%+50%+70%)/3]×10 000=5000

即重用这 10 000 行代码相当于编写 5000 代码行的规模。

3）COCOMO 法

著名软件工程专家、经济学家巴利·W.玻姆（Barry W.Boehm）在其著作《软件工程经济学》中提出了软件估算模型层次结构，称为 COCOMO，该模型已经成为软件界通用的估算模型。

COCOMO 是一种将软件特征作为参数的估算模型，分为基本、中间和详细三级。基本 COCOMO 将代码行数作为自变量计算软件开发的工作量，可用于估算整个系统的工作量；中间 COCOMO 在基本 COCOMO 的基础上，增加了工作量调节因子（Effort Adjustment Factor，EAF），对涉及产品、硬件、人员、项目等因素的调整工作量进行估算，可用于估算各个子系统的工作量；详细 COCOMO 是对中间 COCOMO 的细化，按开发周期的不同阶段给出工作量因素分级表，可以估算系统、子系统和模块 3 个层次中每个阶段的工作量。

1995 年，玻姆等进一步提出了 COCOMO Ⅱ模型。COCOMO Ⅱ模型由应用组合模型、早期设计模型及后体系结构模型 3 个子模型组成。应用组合模型基于对象点（Object Point）对采用集成计算机辅助软件工程工具快速应用开发的软件项目工作量和进度进行估算，用于项目规划阶段；早期设计模型基于功能点（Function Point，FP）或可用代码行，以及 5 个规模指数因子、7 个工作量乘数因子，选择软件体系结构和操作，用于信息还不足以支持详细的细粒度估算阶段；后体系结构模型发生在软件体系结构完好定义和建立之后，基于源代码行或功能点，以及 5 个规模指数因子、17 个工作量乘数因子，用于完成顶层设计和获取详细项目信息阶段。

COCOMO 法的优点是因子比较细化，将影响工作量的因素都进行了分类和等级划分，包括产品因素、平台因素、人员因素和项目因素等，因而便于计算。但是 COCOMO 是基于国外数据库 161 个数据的经验得到的，特定条件下各个因子之间的内在关系还没有完全明确，所以不能适应软件行业精细化程度越来越高的要求。

4）功能点估算法

相对于类比估算法侧重于从开发者角度分析软件的规模，功能点估算法更侧重于从用户的角度分析软件的规模。

功能点估算法的主要步骤：确定项目类型，识别项目范围和边界，根据事务类型功能点以及数据类型功能点估算法进行未调整功能点（Unadjusted Function Points，UFP）分析，即确定加权因子并计算未调整的功能点数，同时确定功能点调整因子，最后计算得出交付功能点数（软件调整规模），如图 3-6 所示。

在功能点分析中，任何一个软件都被看作是由外部输入（External Input，EI）、外部输出（External Output，EO）、外部查询（External Query，EQ）、内部逻辑文件（Internal Logical File，ILF）和外部接口文件（External Interface File，EIF）5 种要素组成。

用功能点分析确定软件的未调整功能点数，需要分 3 个步骤进行。

（1）确定功能点的计算范围。识别应用程序边界的规则是不能从开发者即技术角度去看，而必须从用户的角度来定义；如果项目牵扯到多个系统，那么必须将这多个系统的边界全部描述清楚。由于海洋要素的特殊性，海洋测绘软件数据处理量庞大。以海图一

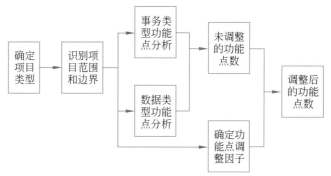

图 3-6 功能点估算法的步骤

体化生产系统软件为例,系统涉及多个子系统,软件之间、模块之间数据交互纷繁复杂,为防止各独立软件内部数据单元重复计算,应以每个独立软件作为功能点核算单元边界。

(2)功能要素的识别。依据软件需求说明书、技术规格文件等文档,识别功能点时要分别对待事物功能要素 EI、EO、EQ 和数据功能要素 ILF、EIF。对 EI、EO、EQ 复杂度的计算可以理解为对程序开发复杂度的计算;而对 ILF 和 EIF 复杂度的计算可以简单理解为对数据库复杂度的计算。

(3)计算未调整的功能点数。对照功能要素复杂度判别表,确定每个功能要素项的复杂度,并根据复杂度级别进行分类,统计形成功能要素统计表,即可计算软件未调整的功能点数。每个功能要素的复杂度级别,可以确定为低、平、高 3 个级别。

统计获得的未调整的功能点数应乘以技术复杂性因子(Technical Complexity Factor,TCF)后,得到实际的功能点数。

$$功能点数 = 未调整的功能点数 \times TCF$$

式中,TCF 包含 14 个基本系统特征,即数据通信、分布式数据处理、性能、使用强度高的配置、交易速度、在线数据输入、最终用户的效率、在线更新、复杂的处理、可重用性、安装的简易性、运行的简易性、多场地、允许变更。每个特征都有特定的规则描述来帮助确定该特征对本应用影响的大小。这些从 0~5 的影响值分别表示对系统从无影响到具有强烈影响的程度。得到每个系统特征的影响值,将所有的影响值相加可得到整体影响程度。

5)用例点估算法

与功能点估算法从用户角度分析不同,用例点估算法从开发人员角度分析,更适合开发人员对软件进行评估。1993 年,卡纳(Karner)设计用例点估算法用于预测软件开发项目的软件规模。用例点估算法主要通过计算系统的用例来评估软件的开发工作量,其关键点在于用例的标准化和用例点到工作量之间计算方法的准确性,其步骤如图 3-7 所示。

由于用例点估算法是根据软件项目的业务用例图或系统用例图来评估的,只要对软件项目做好需求分析或概要设计即可进行评估,即使项目的部分需求出现变更,也可以很快地修改用例数以进行二次评估。

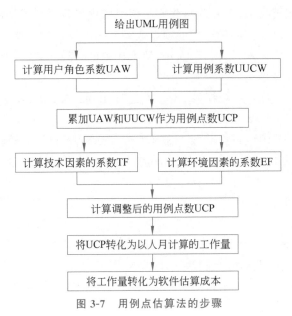

图 3-7 用例点估算法的步骤

6) 基于人工智能的方法

随着人工智能的广泛应用,基于人工智能和机器学习的方法,如神经网络和遗传算法等技术,也被逐渐应用于软件规模评估。

神经网络是模拟生物神经系统,对输入进行每层网络学习检测和调整,使输出接近于理想输出值的一种训练模型。将神经网络技术应用于软件规模评估,通过一定的软件项目样本对网络进行训练,形成具有对软件项目进行规模估算能力的网络模型。采用神经网络的方法估算规模需要大量的样本集进行训练,将软件项目的特征形式化为数字作为输入,学习过程类似于一个黑盒,并不能直观地了解和检验。但是,人工神经网络具有很好的非线性拟合能力和很强的自学习能力,比较适用于有基准数据的软件项目评估问题。

遗传算法将 COCOMO 中比较有影响力的输入参数进行染色体编码,通过选择、交叉和变异,以误差率的公式作为适应度函数,最后得到与实际评估结果比较相近的局部最优解。遗传算法评估法可以提高模型的精确度。

3. 工作量估算

软件项目工作量是指为了提供软件的功能而必须完成的软件工程任务量。工作量与规模紧密相关,在不会引起混淆的情况下,工作量和规模这两个概念可不做区别。工作量还与项目和产品特性(如团队的技术和能力、所使用的语言和平台、团队的稳定性、项目中的自动化程度、产品复杂性等)相关。工作量是项目成本的主要考虑因素,完成项目工作量所消耗的成本是项目成本最主要的部分。因此,项目的工作量估算和成本估算常常同时进行。

根据规模估算结果,并定义了项目开发周期和项目过程后,需要估算项目过程中各阶段的工作量和总工作量。可以参考的历史数据:有历史项目的准确数据;至少有一个历史项目与现有项目规模类似；现有项目将和类似的历史项目采用类似的生命周期、开发过程、开发技术和工具，以及技能和经验的项目成员。同时可以参照业界公布的经验数据。

工作量的度量单位为人月、人天、人年，即人在单位时间内完成的任务量。

工作量的估算可以采用如下公式：

$$工作量(人月)=\{规模(LOC)/生产率(LOC/人天)\}/22(天/月)$$

式中，LOC(Line of Code)表示源代码行数。

参考历史项目数据中项目各阶段工作量所占百分比，可估算各阶段工作量：

$$各阶段工作量(人月)=总工作量(人月)×各阶段工作量百分比$$

3.3.3　软件项目计划的内容

软件项目计划(Software Project Planning)是一个软件项目进入系统实施的启动阶段必须完成的一项工作，其目标是提供一个框架，使管理者能合理地估算软件项目开发所需的资源、成本和进度，在有关工作组和相关人员同意承担他们的责任的基础上，控制软件项目开发过程按此计划进行。

软件项目计划的任务主要是进行研究和估算，即通过研究该软件项目的主要功能、性能和系统界面，对工作量、时间、成本和风险等做出评估，然后根据评估结果进行项目安排。

软件项目
计划

1. 范围计划

项目范围(Project Scope)指产生项目产品所包括的所有工作及产生这些产品所用的过程，包含产品范围(Product Scope)和项目工作范围(Work Scope)两方面。产品范围即客户对产品或服务所期望的特征与功能总和，以产品需求作为衡量标准；项目工作范围指为提供客户所期望特征与功能的产品或服务而必须要完成的工作总和，以项目管理计划是否完成作为衡量标准。

项目范围对于项目成功的三要素(质量、时间、成本)具有直接影响。当项目范围扩大时，项目需要完成的工作更多，需要的时间更长，导致成本增加；产品质量标准是建立在一定范围内的标准，超出产品范围的产品质量不是项目经理关注的重点；如果产品范围扩大，相应的产品质量管理内容自然需要相应扩大，项目管理三个目标都是在一定范围内的目标，如果范围确定不下来，目标也无法确定。

在项目的最初阶段，需要以项目为对象做计划。此时的计划主要是根据客户提出的要求，确定应该开发的软件对象的范围以及基本功能，称为项目的范围计划。范围计划还包括对项目成果物(如设计书、操作手册等)的定义和成果物的管理，这些成果物包括与客户约定的最终成果物，以及在开发过程中完成的中间成果物。

范围计划的核心工作之一是编制范围管理计划书。范围管理计划书说明如何确定、细化和核实项目范围，如何制作和定义工作分解结构，并指导项目管理团队管理和控制项目范围的文件，是项目管理计划的组成部分。范围管理计划书主要包括如下内容：

（1）范围管理方法。概要描述如何定义、制定、监督、控制和确认项目范围,包括使用的方法、工具及数据来源。

（2）角色与职责。描述范围管理计划中每个活动的负责者和支持者,并明确其职责。特别是范围基准创建、绩效分析和变更等审批程序的权责定义。

（3）范围说明书。描述范围说明书需要包含的主要内容,如项目的合理性说明、项目成果描述、项目阶段目标、项目可交付产品或者服务清单等。

（4）工作分解结构。描述工作分解结构的定义,如是否使用标准模板、层级及每层的定义、编码方式等;根据需要描述工作分解结构词典的定义。

（5）范围基准。描述范围基准的定义,如是否使用经过批准的范围说明书、工作分解结构或工作分解结构词典等作为范围基准;如何审批和维护范围基准,包括创建、绩效分析和变更等程序的说明。

（6）范围验收。描述范围特别是已完成项目的可交付成果的正式验收过程,如谁负责接收可交付成果,谁负责最终审批项目范围交付的验收等。

（7）范围管理工具及使用指南。描述用于范围管理的模板、指引、报告格式及其使用方法。

2. 进度计划

开发进度计划中最重要的是新系统何时开始运行、何时交付最终成果物。系统正式运行的期限有可能是客户要求的,也有可能是法定的期限。

以最终期限为目标推进项目的开发,必须要明确在什么期间内要完成什么样的工程。因此,针对范围计划确定的项目最终成果物,定义其产生的任务要素,即对客户需求、设计、程序制造等的定义。

1）制订进度计划的依据

制订进度计划的依据如表 3-3 所示。

表 3-3　制订进度计划的依据

项　　目	说　　明
项目网络图	项目活动排序过程中产生的活动之间的关系描述
活动持续时间估计	预计的每个活动可能的持续时间
资源需求	完成工作分解结构中各组成部分所需要的资源种类及数量的清单
日历	项目进展中可以利用各种资源的时间
约束条件	强制项目日期、关键时间以及主里程碑等
提前或滞后要求	项目中活动允许提前或者延迟的程度
风险管理计划	整个项目期间用于管理风险的各种措施

2）软件项目进度安排过程

软件项目进度安排与任意一个工程项目进度安排基本相同,其流程如图 3-8 所示。

首先基于软件需求识别一组项目所包含的任务,不仅要包含软件开发的任务,还要包含软件管理的任务;其次根据任务本身的先后顺序进行排序,建立任务之间的依赖关系;最后估算各个任务的工作量、进度和完成任务所需要的资源,根据工作量的估算和资源情况,确定每个任务的进度。

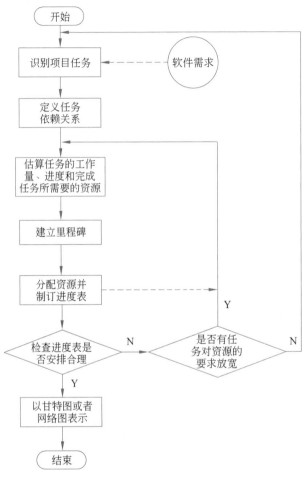

图 3-8　软件项目进度安排流程

3) 项目进度计划表达形式

项目进度计划包括每项活动的计划开始和预期结束时间。初期的进度计划是初步的,只有在资源分配得到确认后才能成为正式的项目进度计划。项目进度计划的主要表达形式有甘特(Gantt)图、计划评审技术(Program Evaluation and Review Technique, PERT)、关键路径法(Critical Path Method,CPM)、里程碑(Milestone)法等方法。

(1) 甘特图。甘特图又称横道图,这种方法基于作业排序的目的,是各项任务与时间的对照表。甘特图先把任务分解成子任务,再用水平线表示任务的工作阶段,线段的起点和终点分别表示任务的起始时间和结束时间,线段的长度表示完成任务所需的时间。

甘特图的优点是直观简明,易于绘制,它标明了各任务的计划进度和当前进度,能动态反映软件开发的进展情况。其缺点是不能显式地描绘各项任务彼此间的依赖关系,进度计划中的关键阶段不明确,难于判断哪些部分应当是主攻和主控对象、计划中有潜力的部分及潜力的大小不明确,往往造成潜力浪费。

使用甘特图描述软件开发进度如图 3-9 所示。

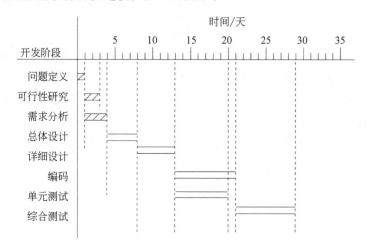

图 3-9　使用甘特图描述软件开发进度

(2) 计划评审技术。PERT 的理论基础是假设软件项目持续时间以及整个项目完成时间是随机的,且服从某种概率分布。PERT 可以估计整个项目在某个时间内完成的概率。

开发一个 PERT 网络要求管理者确定完成项目所需的所有关键活动,按照活动之间的依赖关系排列它们之间的先后次序,以及完成每项活动的时间。借助包含活动时间估计的网络图,制订包括每项活动开始和结束日期的全部项目的日程计划。在关键路线上没有松弛时间,沿关键路线的任何延迟都直接影响整个项目的完成期限。

在组织较为复杂的开发项目,或是需要对特定的任务做更为详细的计划时,可以使用分层的任务网络图。

【例 3-8】　图 3-10 是一个任务网络图的示例,A、B、C 表示 3 个模块的开发任务,A和 B 是新模块。其中,A 是公用模块;C 模块是利用现成的模块,但要做部分修改;B 模块和 C 模块的测试有赖于 A 模块测试的完成;最后直到 A、B、C 模块的组合测试完成为止。1 号节点是任务的起点,9 号节点是任务的终点。图中表明了各项任务的计划时间和各项任务之间的相互关系。

(3) 关键路径法。CPM 是一项用于确定软件项目的起始时间和完工时间的方法。CMP 根据指定的网络顺序逻辑关系和单一的历时估算,计算每个活动单一的、确定的最早和最迟的开始和完成日期。

关键路径具有如下特征:网络图上至少存在一条关键路径;关键路径是网络图中的最长路径;关键路径的工期是完成项目的最短工期;关键路径是动态变化的,随着项目的

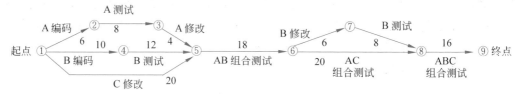

图 3-10 任务网络图示例

进展,非关键路径可能会变成关键路径;关键路径上的活动是关键活动,任何关键活动的延迟都会导致整个项目完成的延迟。

【例 3-9】 图 3-11 中,字母 A、B、C、D、E、F、G、H、I、J 代表了项目中需要进行的子项目或工作包,连线箭头则表明了工作包之间的关系,节点数字 1,2,3,4,5,6,7,8 则表明的是一种状况,从 1 开始,到 8 结束,中间的数字则表明上一工作包的结束和下一工作包的开始。A=1 表示 A 工作包的持续时间为 1 天。

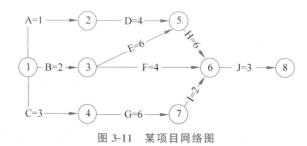

图 3-11 某项目网络图

图 3-11 可反映出该项目的路径共有 4 条,其中关键路径是该图中最长的路径,即路径 B-E-H-J,历时 17 天。

(4)里程碑法。里程碑法也称可交付成果法,是在甘特图或任务网络图上标出反映进度计划执行中各个阶段目标的一些关键事项。这些关键事项在一定时间内的完成情况可反映项目进度计划的进展情况,因而这些关键事项被称为"里程碑"。

编制里程碑计划有助于对项目目标和范围的管理,协助范围审核,给项目执行提供指导。

3. 成本计划

软件成本计划是一项制定项目成本控制标准的项目管理工作,通常也称成本预算。软件成本计划具体指的是将各活动或工作包的估算成本汇总为总预算,再依据具体项目情况将费用计划分配至各活动或工作包上,从而确立测量项目绩效的总体成本基准。成本计划建立在范围计划和进度计划基础上,还需要考虑与成本有直接关系的供应商选择及费用控制等问题。软件项目成本类型如表 3-4 所示。

1)成本估算

成本计划的基础是成本估算。成本估算是对完成活动所需资源的可能成本进行量化评估。进行成本估算,应该考虑将向项目收费的全部资源,包括人工、材料、设备、服务、设施,以及一些特殊的成本种类。

表 3-4　软件项目成本类型

成本类型	类型说明	举例
人力资源成本	与项目人员相关的成本开销	项目成员工薪和红利、外包合同人员和临时雇员薪金、加班工资等
资产类成本	资产购置成本(产生或形成项目交付物所用到的有形资产)	计算机硬件、软件、外部设备、网络设施、通信设备、安装工具等
管理费用	用于项目环境维护,确保项目完工所支出的成本	办公用品供应、房屋租赁,物业服务等
项目特别费用	在项目实施以及完工过程中的一些特别的成本支出	差旅费、餐费、会议费、资料费用等

软件规模和复杂性是影响软件成本的两个最重要的因素,所以它们是大多数软件成本和进度估算模型的主要依据。得出恰当的规模和复杂性的估算既不直接也不简单,因为量化软件的属性本身就很困难。软件项目成本估算还需要包括一些超出开发和部署成本的额外因素,如包含在软件产品中的供应商软件许可费和内部系统的基础设施升级费用。

由于影响软件成本的因素(人、技术、环境等)太多,成本估算仍然是很不成熟的技术,大多数时候需要经验。目前没有一个估算方法或者成本估算模型可以适用于所有软件类型和开发环境。常见的成本估算方法简述如下。

(1) 类比估算法(也称基于案例的推理)。估算人员根据以往完成的类似项目(源案例)所消耗的成本(或工作量),来推算将要开发的软件(目标案例)的成本(或工作量)。应用类比估算法需要提取项目的一些特性作为比较因子,如项目类型、项目规模、开发人员数量、编程语言、软件开发方法等。利用这些比较因子来确定源案例与目标案例之间的匹配程度。该方法简单易行,花费少,但准确性差。

在新项目与以往项目只有局部相似时,可行的方法是"分而治之"。即对新项目适当地进行分解,以得到更小的任务、工作包或单元作为类比估算的对象。将这些项目单元与已有项目的类似单元进行对比后再进行类比估算。最后将各单元的估算结果汇总得出总的估计值。

在项目初期(例如市场招标和合同签订)信息不足时,且有以往类似项目的数据时,适于采用类比估算法。

(2) 参数估算法。使用项目特性参数建立经验估算模型来估算成本。经验估算模型是通过对大量的项目历史数据进行统计分析(如回归分析)而导出的,提供对项目工作量的直接估计。

该方法简单,而且比较准确,但如果模型选择不当或提供的参数不准确,也会产生较大的偏差。

(3) 自下而上估算法。自下而上估算法首先对单个工作包或活动的成本进行最具体、细致的估算,然后把这些细节性成本向上汇总到更高的层次。该方法通常在项目开始以后的详细规划阶段,或者工作分解结构已经确定的阶段,需要进行准确估算的时候采用。

自下而上估算法的优点是，因为每项工作的执行者负责对该项工作进行成本估算，比起高层管理人员来讲，这些直接参与项目建设的人员更清楚项目涉及活动所需要的资源量，估算的专业性和准确性都较高。但花费时间长，工作代价高。

（4）专家估算法。由多位对应用领域和开发环境有丰富经验的专家进行成本估算。为避免单个专家产生偏见，尽量由多个专家进行估算，取得多个估算值，最后得出综合的估算值。

【例 3-10】 有 n 个专家参加估算。组织者发给每个专家一份软件规格说明和一张记录估算值的表格，请他们估算。专家详细研究软件规格说明后，对该软件提出 3 个工作量（或成本）的估算值：最小值 a_i、最可能值 m_i、最大值 b_i。

组织者对专家的表格中的答复进行整理，计算每位专家的平均估算值 $E_i = (a_i + 4m_i + b_i)/6$ 和总的平均值 $E = (E_1 + E_2 + \cdots + E_n)/n$。

如果各个专家的估算差异超出规定的范围（如 15%），则需重新进行估算，最终可以获得一个多数专家共识的软件工作量（或成本）估计值。

某管理信息系统的专家估算：

专家 1：1,8,9   (1+9+4×8)/6=7（万元）

专家 2：4,6,8   (4+8+4×6)/6=6（万元）

专家 3：2,5,8   (2+8+4×5)/6=5（万元）

估算结果=(7+6+5)/3=6（万元）

2）成本预算

成本预算的目的是形成项目的基准成本计划，成本预算不同于成本估算，成本预算是将整个项目估算的费用分配到各项活动和各部分工作中，进而确定项目实际执行情况的成本基准，产生成本基准计划。

成本预算是一种分配资源的计划，预算分配的结果可能并不能满足所涉及的管理人员的利益要求，而表现为一种约束，所涉及人员只能在这种约束的范围内行动。成本预算也是一种控制机制。预算可以作为一种比较标准而使用，是一种度量资源实际使用量和计划量之间差异的基线标准。

4. 质量管理计划

每个项目都应该有一个质量管理计划。项目团队应该遵循质量管理计划并以数据证明自己遵守了计划。质量应该被规划和设计，并且在项目的管理过程或可交付成果生产过程中被建造出来（而不是被检查出来）。预防错误的成本通常远低于在检查或使用中发现并纠正错误的成本。

制订项目质量管理计划的目的主要是确保项目的质量标准能够在项目实施的过程中得到满意的执行。软件项目质量管理计划是说明项目组如何具体执行组织的质量方针，确定哪些质量标准适合该项目，并决定如何达到这些标准的过程，即通过策划各种质量相关活动来保证项目达到预期的质量目标。

1）制订质量管理计划的依据

制订质量管理计划需要考虑如下因素。

（1）质量方针。质量方针是由高层管理者对项目的整个质量目标和方向制订的一个指导性的文件。在项目实施过程中，可以根据实际情况对质量方针进行适当的修正。

（2）范围描述。范围描述说明投资人对项目的需求以及项目的主要要求和目标，因此，范围描述是质量计划的重要依据。

（3）产品描述。产品描述包含了更多的技术细节和性能标准，是制订质量计划必不可少的部分。为满足客户的期望，需要把"符合要求"（确保项目产出预定的结果）和"适合使用"（产品或服务必须满足实际需求）结合起来。

（4）标准和规则。项目质量管理计划的制订必须参考相关领域的各项标准和特殊规定，这也是对产品质量的要求或对产品功能的限制。

（5）其他工作的输出。在项目中，其他方面的工作成果要求也影响项目的质量计划。

2）软件质量度量

软件开发质量的要点：一是系统要符合客户的要求，这是客户满意的基本条件；二是系统要尽可能无缺陷。要做到这两点，就必须对软件进行质量度量，以便对软件工程的全过程进行质量控制。

软件质量度量的目的是确定软件产品的质量，明确软件开发人员的生产性，计算使用软件工程方法和工具后所得到的效益。软件度量包括直接度量和间接度量。直接度量包括度量软件产品的程序的代码行数、系统运行速度、数据存储量等；间接度量包括度量软件产品的功能性、复杂性、效率性、可靠性、可维护性等。

软件质量度量贯穿于软件开发的全过程以及软件交付用户使用之后。在软件开发过程中的质量度量包括度量程序的复杂性、有效的模块数、规模大小、测试覆盖率、检测出的错误比率等；软件交付后的质量度量则集中于度量系统的可维护性、使用性、运行效率、出错率等。

确定了质量度量，则可以根据质量度量数据确立质量目标，制订质量计划，建立确保达成质量目标的开发体制；在开发过程中按照质量计划对开发项目的各个阶段进行质量管理和控制；开发任务完成后按照质量目标对软件产品质量、软件工程质量进行评价、总结和改进。

在软件开发的各个工程阶段只要严格遵循 P-D-C-A（Plan-Do-Check-Action，计划—执行—检查—处理）方法，实现了一个工程阶段的质量目标，就转入下一个工程阶段，不断重复这个 P-D-C-A 过程，直至整个开发项目完成，这样就能不断提高软件工程的开发质量，确保软件产品的质量。

3）质量计划方法

常见的质量计划方法简述如下。

（1）实验设计。实验设计是一种统计方法，用来识别哪些因素会对正在生产的产品或开发的流程的特定变量产生影响。它是在可选的范围内，对特定要素设计不同的组合方案，通过推演和统计，权衡结果，来寻求优化方案。

（2）基准对照。一种寻找最佳实践的方法，是利用其他项目的实施情况作为当前项目性能衡量的标准，通过审查项目的提交结果、项目管理过程、项目成功或者失败的原因等来衡量项目的绩效。

（3）质量成本分析。质量成本包括在产品生命周期中为预防不符合要求、为评价产品或服务是否符合要求，以及因未达到要求（返工）而发生的所有成本。

（4）流程图（也称过程图）法。用来显示在一个或多个输入转化成一个或多个输出的过程中，所需要的步骤顺序和可能分支。流程图可以显示系统的各种成分之间的相互关系，帮助预测在何处可能发生何种质量问题，并由此帮助开发处理出现问题的办法。

（5）因果分析图（又称鱼骨图）。用以直观地显示各种因素如何与潜在问题或结果相联系。应用时，问题陈述放在鱼骨的头部，作为起点，用来追溯问题来源，回推到可行动的根本原因。

5. 风险管理计划

项目风险是一种不确定的事件或条件，一旦发生，就会对一个或多个项目目标造成积极或消极的影响，如范围、进度、成本和质量。风险管理计划准确地说是风险对策计划，是针对风险分析的结果，为提高实现项目目标的机会，降低风险的负面影响而制定风险应对策略和应对实施的过程，即通过制定一系列的行动和策略来应对、减少以至于消灭风险事件。

风险管理计划通常包括如下内容：风险管理战略，管理项目风险的方法；确定风险管理计划中每个活动的领导者和支持者，以及风险管理团队的成员，并明确其职责；制定应急储备和管理储备的使用方案；确定风险管理的时间和频率，将风险管理活动纳入项目进度计划中；分析风险发生的概率和影响。

1）风险预测与识别

为了确保软件开发项目成功，项目管理者必须事前对风险进行预测，制定预防风险的对策，并在开发过程中进行监测，及时调整对策，尽可能防止风险发生或将风险降低到最小范围。

风险预测就是系统地对项目计划进行分析，识别项目计划中存在的已知的或可预测的风险。软件开发项目风险类别如表3-5所示。

表3-5　软件开发项目风险类别

序　号	风险类别	说　明
1	项目风险	项目预算、进度、人员、资源、用户和需求方面潜在的问题
2	技术风险	项目设计、开发、接口、检验和维护方面潜在的问题
3	商业风险	市场前景、经营策略、管理、效益、预算等方面潜在的问题
4	其他风险	开发方式（自主开发、外包、多方合作）、数据迁移等潜在风险

识别风险的一种好的方法就是利用一组提问帮助项目计划人员了解有哪些方面的风险。即设计一个"风险项目检查表"，列出有可能与风险因素有关的提问，包括项目规模、商业影响、客户特性、过程定义、开发环境、技术要求、开发人员数量及其经验等方面的问题，从各方面相关人员的回答内容中识别存在的风险。

对识别出来的风险根据其发生的概率、影响度确定优先顺序，分别采取对应措施，尽可能回避风险或将风险降低到最小范围。

2）风险应对计划

风险应对是针对项目目标，制定提高机会、降低威胁的方案和措施的过程。风险应对计划是针对风险分析的结果，为降低项目风险的副作用而制定的风险应对措施。

风险应对计划必须与风险的严重程度、成功实现目标的费用有效性相适应，必须与项目成功的时间性、现实性相适应。同时，它必须得到项目所有利益相关者的认可，并由专人负责实施。

在项目整体风险超出项目组织或项目客户能够接受的水平时，项目组织或项目客户至少有两种基本的应对措施可以选择。当项目整体风险超出可接受水平很高时，无论如何努力也无法完全避免风险所带来的损失，应该立即停止项目或取消项目；当项目整体风险超出可接受水平不多时，由于通过主观努力和采取措施能够避免或消减项目风险损失，应该制定各种项目风险应对措施，并通过开展项目风险控制落实这些措施，从而避免或削减项目风险所带来的损失。

所有的风险对策都必须列入风险管理计划，作为整个项目管理计划的一部分为项目管理人员所使用。风险管理的主要工作就是实施风险管理计划，在开发过程中密切注意风险是否弱化，是否产生新的潜在风险，随时修订风险对策，调整风险管理计划。

3）风险登记册

在风险应对计划过程中，将选择并商定适当的应对策略，纳入风险登记册中。风险登记册的详细程度应与优先级和计划的应对策略相适应。通常，应详细说明高风险和中等程度的风险。如果判定风险优先级较低，则可将分析列入观察清单中，以便进行定期监测。

风险登记册的内容有：已识别的风险、风险的描述、所影响的项目领域、原因，以及它们如何影响项目的目标；风险负责人及分派给他们的职责；风险分析过程的结果，包括项目风险优先级清单及项目概率分析；商定的应对措施；实施选定的应对策略所需的具体行动；风险发生的征兆和警示；实施选定的应对策略所需的预算和进度活动；应急计划以及应急计划实施的触动因素；对策实施之后预计仍将残留的风险，以及主动接受的风险；实施风险应对措施直接造成的二次风险。

6. 资源计划

资源计划包括人力资源计划、项目沟通计划、外部协调计划和开发环境计划。

1）人力资源计划

人力资源计划包括项目组织机构计划和人员配备管理计划。

（1）组织机构计划。项目计划是以人为中心进行计划并实施，软件开发中人是项目管理的核心。组织体制的计划和管理就是根据开发项目的规模，组织和管理具有该项目所需技能的开发人员。

在开发过程中开发体制是随时变化的，组织的结构、人员数量都将随开发工程的进展而相应变化，因此在不同的开发阶段需要建立不同的开发体制。一般最好按月度做出开发技能和开发人数要求的计划，包括对开发人员的事前教育、人才的培养，建立一个灵活的开发体制。

组织体制的计划和管理除了对人员的计划和管理外,还包括对开发小组内部的信息交流的计划和管理。即确定从开发项目的总体责任者到每个开发人员之间的信息交流方式、联络路径,以及信息的保管、变更方法等,这些都是组织体制的计划和管理的一项重要内容。

项目组织机构图以图形方式展示项目团队成员及其关系。基于项目的需要,项目组织机构图可以是正式或非正式的,非常详细或高度概括的。

(2)人员配备管理计划。描述何时以及如何满足项目对人力资源的需求。在计划中,需要对人员角色及职责进行说明。角色是说明某人负责项目某部分工作的一个名词。例如,分析人员、开发人员都属于项目角色。应该清楚地界定和记录各角色的职权和职责。职权说明使用项目资源、做出决策以及签字的权力。当个人的职权水平与职责相匹配时,团队成员就能最好地开展工作;职责是为完成项目活动,项目团队成员应该履行的工作。

2)项目沟通计划

项目沟通计划的内容主要有,分析项目相关人员需要什么信息,确定谁需要信息、何时需要信息。对项目干系人的分析有助于确定项目中各种参与人员的沟通需求;确定沟通内容,包括沟通的格式、内容、详细程度等;确定沟通方式、沟通渠道等,保证项目人员能够及时获取所需的项目信息;制定一个收集、组织、存储和分发适当信息给适当人的系统,这个系统也负责对发布的错误信息进行修改和更正,详细描述项目内信息的流动图。这个沟通结构描述了沟通信息的来源,信息发送的对象以及信息的接收形式,传送重要信息的格式、权限;创建沟通信息的日程表,设置沟通的频率;明确本计划在发生变化时,由谁进行修订,并向相关人员发送。

3)外部协调计划

软件开发经常需要外部企业的协助。软件公司通常要建立一些外围组织,当自己的开发人员、技术能力不能满足项目需要时可以请求外围组织的支援,或将项目的全体或部分发包给外围组织,通常称为外部委托开发。

在选择外围组织时,应考虑所选择企业的信誉度,是否能对该项目投入合适的开发人员,进行外部委托的成本核算以及委托开发的合同方式等。

管理方面,必须要注意受委托开发方的交付期、开发质量、开发成本等,特别是要求交付的成果物一定是严格按照客户要求的成果物。此外,还要考察其所选择的用于开发的软件产品(软件包、工具软件等)的可靠性和对该项目的适宜性。

4)开发环境计划

开发用的硬件设备、软件平台等都属于开发环境的范畴,一般是由开发方准备,客户特殊需要的硬件设备、软件工具等可以由客户提供。特别要注意自身不具备的新技术或者不具备的软件工具,而开发必须要使用的,一定要事先做准备。首先对现有的环境资源做出一览表,并给予明确的说明,同时做出新开发项目用的环境资源需求一览表,对照现有资源和需求资源环境做出相应的对策处理意见,并做出环境资源分配管理表以及建立故障履历信息管理表。

3.3.4 软件项目计划过程

项目计划过程是一个对项目逐渐了解掌握的过程,通过认真地制订计划,项目经理及项目团队可以知道哪些要素是明确的,哪些要素是要逐渐明确的,通过渐进明细不断完善项目计划过程。

1. 项目计划制订过程

制订计划的过程是在进度、资源、范围之间寻求一种平衡。制订计划的精髓不在于写出一份好看的文档,而在于运用智慧去应对各种问题和面临的风险,并尽可能做出前瞻性的思考。

项目计划制订一般要按照以下 5 个过程开展。

(1)成立项目团队。相关部门收到经过审批后的"项目立项文件"和相关资料后,则正式在"项目立项文件"中指定的项目经理组织项目团队,成员可以随着项目的进展在不同时间加入项目团队,也可以随着分配的工作完成而退出项目团队。但最好都能在项目启动时参加项目启动会议,了解总体目标、计划,特别是自己的目标职责、加入时间等。

(2)项目开发准备。项目经理组织前期加入的项目团队成员准备项目工作所需要的规范、工具、环境,如开发工具、源代码管理工具、配置环境、数据库环境等。前期加入的项目团队成员主要由计划经理、系统分析员等组成,但即将制订完成的项目计划一定要在项目团队成员和项目干系人之间进行充分沟通。如果项目中存在一些关键的会影响项目取得成功的技术风险,项目经理应组织人员进行预研。预研的结果应保留书面结论以备评审。

(3)项目信息收集。项目经理组织项目团队成员通过分析接收的项目相关文档、进一步与用户沟通等途径,在规定的时间内尽可能全面收集项目信息。项目信息收集要讲究充分的、有效率的沟通,并要达成共识。

(4)编写项目计划书。项目计划书是项目策划活动核心输出文档,它包括计划书主体和以附件形式存在的其他相关计划。

(5)项目计划书评审与批准。项目计划书评审、批准是为了使相关人员达成共识、减少不必要的错误,使项目计划更合理更有效。项目经理将已经达成一致的软件项目计划书提交项目高层分管领导或其授权人员进行审批。批准后的软件项目计划书作为项目活动开展的依据和本企业进行项目控制和检查的依据,并在必要时根据项目进展情况实施计划变更。

软件项目策划工作完毕,软件项目计划书通过评审,一般情况下,对软件开发项目来说,工作转入需求分析阶段。

【例 3-11】 华为把项目计划分为 6 个阶段,每个阶段的工作可以依次进行,也可以同时进行,这使得沟通显得更加重要。华为在立项之初,各个利益相关人可以就各个项目的内容进行沟通,使项目的开展从一开始就少走弯路,从而节省时间、精力和资源成本,使效率大大提高,如图 3-12 所示。

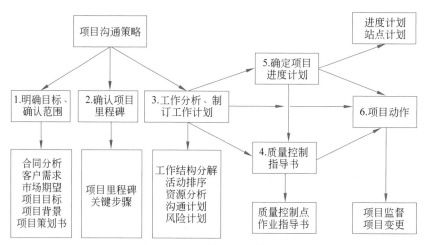

图 3-12　华为的项目计划阶段

2. 软件项目计划书

根据项目开发计划编制规范的要求,结合软件开发实际情况,软件项目计划书主要包括如下内容。

(1) 引言。包括编写目的(计划的作用及意义)、背景(项目的来历及相关情况)、定义、参考资料,以及项目开发过程中必须遵守的标准、条约和约定。

(2) 项目概述。主要包括项目开发中需进行的各项主要工作,主要参加人员的情况,产品(程序、文件或服务)及验收标准,完成项目的期限等。

(3) 实施计划。这是计划书的核心部分,包括工作任务的分解与人员分工,负责接口工作的人员及其职责,进度、预算,以及影响整个项目成败的关键问题、技术难点和风险。

(4) 支持条件。说明为支持本项目的开发所需要的各种条件和设施。

(5) 专题计划要点。说明本项目开发中需制订的各个专题计划。专题计划可能包括分合同计划、分项目计划、项目团队成员培训计划、安全保密计划、质量保证计划、配置管理计划、用户培训计划、系统安装部署计划等。

习题 3

小结

一、选择题

1. 软件策划的主要任务不包括(　　　)。
 A. 选择项目　　　　　　　　　　B. 确定项目开发计划
 C. 确定可行性　　　　　　　　　D. 确定软件开发方法
2. 可行性研究的目的是决定(　　　)。
 A. 项目采用的相关技术　　　　　B. 项目是否值得开发
 C. 项目的开发过程　　　　　　　D. 项目的基本功能

3. 技术可行性研究的问题之一是( )。

    A. 是否存在侵权   B. 成本效益问题

    C. 运行方式是否可行   D. 技术风险问题

4. 在软件项目可行性研究中,可以从不同的角度对软件的可行性进行研究,其中从软件质量角度考虑的是( )。

    A. 经济可行性   B. 技术可行性   C. 操作可行性   D. 法律可行性

5. 工作分解结构定义了项目的( ),是项目可支付成果的集合。

    A. 全部过程   B. 全部范围   C. 全部结果   D. 全部成本

6. 任何项目都必须精心做好项目进度管理工作,最常用的进度管理工具是( )。

    A. 数据流图   B. 程序构造图   C. 因果图   D. 甘特图

7. ( )一般不用来度量软件产品规模。

    A. 响应速度   B. 功能点数   C. 特征点数   D. 代码行数

8. 在甘特图中,箭头水平线段表示任务的( )。

    A. 开始时间   B. 实际完成时间

    C. 工作阶段   D. 起点和终点

9. 软件项目开发计划这类文档是一种( )。

    A. 技术性文档   B. 管理性文档

    C. 需求分析文档   D. 设计文档

10. ( )是项目管理的核心和基准,它为项目执行和控制提供了依据。

    A. 项目经理的决定   B. 项目计划

    C. 项目需求   D. 客户意见

二、填空题

1. 在软件策划阶段,分析现有系统的目的是通过分析现有系统或目前局部使用的软件的_____,以进一步阐明建议中的开发新系统或修改现有系统的必要性。

2. 可行性研究实质上是要进行一次大大压缩简化了的_____的过程。

3. 可行性研究的最终成果是可行性研究报告,解决系统_____的问题。

4. 项目开发计划是项目组为实现_____而科学地预测并确定项目生命周期的行动方案。

5. 在项目各工程阶段把工程任务作业详细化,并用阶层结构形式表现出来,这种方法称为_____。

6. 项目的范围计划主要是根据客户提出的要求,确定应该开发的软件对象的范围和_____。

7. 投资及效益分析的目的是从_____评价开发一个新的系统是否可行。

8. 软件项目管理的所有活动都以质量、成本和_____为中心,又简称 QCD。

9. 绘制甘特图时,先将任务分解成子任务,再用水平线段描述各个任务的工作阶段。线段的起点和终点分别表示任务的_____。

10. 项目管理工具是为了使项目能够按照预定的成本、进度和质量顺利完成,而对

_____进行分析和管理的一类软件。

三、思考题

1. 什么是软件项目策划？其任务包含哪些方面？
2. 软件项目开发为什么要对现有系统进行研究？
3. 可行性评价准则主要包括哪几方面？
4. 可行性研究的过程一般包括哪些活动？
5. 软件项目计划的作用是什么？
6. 软件规模估算有哪些方法？
7. 什么是工作分解结构？在项目计划中起什么作用？
8. 软件项目成本可分为哪些类型？
9. 软件开发进度的日程安排可用哪些工具表达？
10. 制订软件项目计划一般按照哪些过程开展？

四、实践题

1. 为方便旅客,某航空公司拟开发一个机票预订系统。旅行社将预订机票的旅客信息(姓名、性别、身份证号码、旅行时间、旅行目的地等)输入系统,系统为旅客安排航班,打印出取票通知和账单。旅客在飞机起飞前凭取票通知和账单交款取票,系统校对无误即打印出机票给旅客。

写出问题定义并分析此系统的可行性。

2. 某家具生产企业随着业务不断拓展和市场不断扩大,原有的办公系统已经无法满足企业需要,因此该企业希望找一家软件公司为其开发一套信息管理系统,该企业要求该系统能满足员工日常办公需求,同时要求系统对不同级别客户和渠道商进行分级和分类管理,从而更好地管理客户,进而为不同客户提供差异化服务。该企业希望通过使用信息管理系统来提高管理水平和提升企业在同行业的竞争力。

假设你所在的软件公司以60万元价格成功中标该项目,公司委派你作为该项目的项目经理。请制订可行性计划报告,并且用PPT给客户高层展示可行性方案。

3. 某公司接到一个项目,经项目经理和项目团队讨论后,确认了6项基本活动,如表3-6所示。根据任务分解结构,绘制网络图,并给出关键路径。

表 3-6 任务分解结构

序　号	活动名称	活动时间	前置任务
1	A	2	
2	B	6	
3	C	4	A
4	D	5	B

续表

序　号	活 动 名 称	活 动 时 间	前 置 任 务
5	E	2	B,C
6	F	4	D,E

4. 作为一名项目经理,在新系统的实施阶段要指导用户培训的任务。需要为下列任务制定详细的时间进度表(任务持续时间显示在圆括号中)。

(1) 发送 E-mail 给所有部门的经理通知培训(1 天)。

(2) 发送 E-mail 后,两个任务可以同时开始:制定培训教材(5 天)和落实培训所需的设施(3 天)。

(3) 培训教材一完成,就可以一次进行两个任务:安排打印教材(3 天)和制作所需的 PPT(4 天)。

(4) PPT 准备好时,和辅助培训人员一起指导一个实践项目(1 天)。

(5) 当实践项目结束时,分发的教材已准备好并且所用设备已落实,可以指导用户的培训项目。

画出关键路径,利用甘特图做出进度计划。

5. 某项目经理正在进行一个信息系统项目的估算,他采用 Delphi 的成本估算方法,邀请 3 个专家估算,第一个专家给出 2 万、5 万、8 万的估算值,第二个专家给出 2 万、4 万、6 万的估算值,第三个专家给出 3 万、6 万、9 万的估算值,计算这个项目成本的估算值。

6. 简述公选课管理系统(GXKS)软件过程所涉及的各项软件开发活动,并做一个软件开发小组的组织管理计划。

第4章 软件需求工程

4.1 软件需求工程概述

软件需求工程是对系统理解、表达的过程，是一种软件工程的活动。理解就是对问题及环境的理解、分析与综合，逐步建立目标系统的模型；表达是产生软件规格说明书等相关文档，把分析的结果完整、精确地表达出来，为设计与实现奠定基础。

软件需求工程是软件生命周期中重要的一步，也是决定性的一步。随着软件系统规模的扩大，软件需求分析和定义活动不再仅限于软件开发的最初阶段，它贯穿于整个系统的生命周期。特别是需求管理已经成为软件开发的最佳活动。软件需求工程过程在软件生命周期中的地位越来越重要。

4.1.1 软件需求工程基础

"软件需求"的术语尚未有一个统一的定义，人们从不同的角度、不同的程度以及不同的要求，描述了软件需求层次的概念。

1. 软件需求的概念

软件需求是指用户对目标软件系统在功能、行为、性能、质量等方面的期望，以及对目标软件系统在运行环境、资源消耗等方面的约束。软件需求是后续的软件开发活动的重要依据，如果需求偏离了用户的期望和约束，任何优秀的设计和实现都无济于事，软件项目势必归于失败。

软件需求工程的目标是获取精确化、一致化、完全化的软件需求，即需求能够正确地、无歧义地反映用户的期望和约束，需求项之间不存在逻辑冲突，需求的表达毫无遗漏。

软件需求包括业务需求、用户需求、功能需求、非功能需求和系统需求等不同的层次。不同层次从不同角度与不同程度反映着细节问题。软件分析人员应该根据实际的用户需要综合、全面、细致、准确地分析软件的需求。

（1）业务需求（Business Requirement）。业务需求反映了组织或客户高层次的目标要求。业务需求通常来自项目的投资人、购买产品的客户、实际用户的管理者、市场营销部门或产品策划部门。业务需求描述了组织的愿景，即为什么要开发一个系统，以及业务范围、业务对象、客户、特性、价值和各种特性的优先级别等，通常它们记录在项目范围文档中。

（2）用户需求（User Requirement）。用户需求描述的是用户的目标，即描述用户要求系统必须完成的任务。用户需求通常只涉及系统的外部可见行为，不涉及系统的内部特性。它一般采用自然语言和直观图形相结合的方式描述。

（3）功能需求（Functional Requirement）。功能需求定义了开发者应提供的软件功能或服务和在特定条件下的行为，但不涉及这些功能或服务的实现。通过功能需求分析，划分出系统必须完成的所有功能，有时还需要特别说明不应该做什么。功能需求与软件所使用的环境、领域、类型以及用户都有密切关系。一般要求需求分析得到的所有用户提出的服务，不能有相互矛盾之处。

（4）非功能需求（Non-Functional Requirement）。非功能需求是对功能需求的补充，涉及对系统的各种限制和用户对系统的质量要求，包括软件系统的性能指标、对质量属性的描述以及其他非功能需求。

非功能需求主要体现在产品需求和过程需求两方面，其基本要求如表 4-1 所示。

表 4-1　非功能需求的描述

产品需求	性能	实时性；其他时间限制，包括响应时间、处理时间、包传送时间等；资源分配需求；处理精度；单位时间处理量；网络流通量；等等
	接口	相关硬件接口；软件接口；网络通信接口；人机接口
	可靠性	可用性；完整性；效率；健壮性
	安全性	系统一旦发生故障，降低损失防止严重危害的能力
	保密性	防止非法访问，保证信息不泄露的能力
	运行限制	使用频度；运行期限；控制方式；对操作员的需求
	物理限制	对系统的规模等限制
过程需求	开发类型	开发类型
	工作量	开发工作量估计
	资源	对资源、开发时间及交付的安排
	开发方法	遵循的规范和标准；里程碑和评审；质量控制标准及验收标准
	质量需求	建立可理解性、可修改性、可移植性、可测试性、效率等质量需求；可维护性

【例 4-1】　开发一个基于图像采集卡的视频处理软件系统，软件工程师需要对图像采集卡与计算机系统之间的硬件接口需求展开分析，包括图像采集卡与计算机主板之间的接口需求、图像采集卡与摄像头之间的接口需求、图像采集卡与其他视频存储设备之间的接口需求等。

（5）系统需求（System Requirement）。系统需求来自系统分析和结构设计，用于描述包含多个子系统的产品的综合需求。系统可以只包含软件系统，也可以既包含软件又包含硬件子系统，人也可以是系统的一部分。因此，系统需求包含了运行的隐含需求。如系统包含了许多业务规则，这些业务规则与企业方针、政府条例、会计准则、计算方法相关，本身并非软件需求。运行过程中本身的特性也包括系统需求，如安装运行需求，即目标软件在安装、正常运行过程中所需要的基本软硬件环境（包括计算机的最低硬件配置、操作系统类型及其版本、数据库管理系统、通信协议等）；出错处理需求，即当目标软件发现系统犯下了一个错误时所采取的行动。

图 4-1 给出了软件需求各组成部分之间的关系,以理解需求的整体概念。图中的椭圆代表各类需求信息,矩形代表存储这些信息的载体(如文档、图形或数据库)。

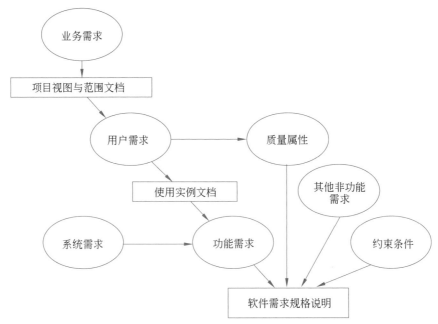

图 4-1 软件需求各组成部分之间的关系

所有的用户需求必须与业务需求一致。分析员可以从用户需求中总结出功能需求,以满足用户对产品的要求,从而完成其任务,而开发者则根据功能需求来设计软件以实现必需的功能。功能需求充分描述了软件系统应具有的外部行为。非功能需求作为功能需求的补充,包括产品必须遵从的标准、规范和合约,外部接口的具体细节,性能要求,设计或实现的约束条件及质量属性。质量属性通过多种角度对产品的特点进行描述,从而反映产品功能,多角度描述产品对用户和开发者都极为重要。所有的软件需求都集中体现在软件需求规格说明书(Software Requirement Specification,SRS)中。

软件需求不包括(除已知约束外的)设计和实现的细节、项目的计划信息,以及测试信息。把这些内容与需求分开,就可以把需求活动的注意力集中到了解开发小组需要开发的产品特性上。项目中通常还包括其他类型的需求,如开发环境需求,进度或预算限制,帮助新用户跟上进度的培训需求,或者发布产品使其转入支持环境的需求。这些都属于项目需求而不是产品需求,因此不属于软件需求的讨论范围。

【例 4-2】 一个字处理软件的不同类型需求。

业务需求可能是用户能有效地纠正文档中的拼写错误,该产品的包装盒封面上可能会标明这是个满足业务需求的拼写检查器。而对应的用户需求可能是找出文档中的拼写错误,并通过一个提供的替换项列表来供选择替换拼错的词。同时,该拼写检查器还有许多功能需求,如找到并高亮度提示错词的操作;显示提供替换词的对话框以及实现整个文档范围的替换。

2. 软件需求不确定的因素

尽管学术界和产业界对软件需求工程领域开展了大量研究,但遗憾的是,软件需求获取、分析的方法和技术仍然还不成熟,需要分析师必须直面诸多不确定因素甚至风险因素。造成此种软件需求工程困局的主要因素有以下 5 方面。

(1)沟通障碍。用户可能对业务领域非常熟悉,但对计算机软件不甚了解;软件工程师可能对软件技术如数家珍,但对目标软件系统所处的业务领域的理解仅止于皮毛。二者在知识背景和关注点方面的差异导致其交流困难,误解丛生。此外,用户往往认为软件需求获取工作不属于其职责范围,或者由于业务繁忙而忽视软件需求的获取和评审工作,这种由于用户配合不好而导致的虚假需求、残缺需求加剧了需求工程师的困境。

(2)深藏不露。不能奢望用户能够完整地表达所有需求。屡见不鲜的是在目标软件系统完成后,用户还在要求添加或更改需求。如何挖掘潜在的、有价值的用户需求是需求工程师面临的主要挑战之一。

(3)各有所好。不同层面、不同岗位的用户对目标软件系统的视角不同,期望自然也不一样。不同用户甚至同一用户在不同时期提出的需求可能出现逻辑冲突,如何从大量的需求条目中发现冲突,消除冲突,也是比较困难的。

(4)边界含糊。某条用户需求是否由软件系统来实现,取决于诸多因素,包括人与计算机之间的合理分工以及软件项目的成本、时间约束、合同条款等。因此,如何确定目标软件系统的边界,同样是一个必须面对的棘手问题。

(5)变更频繁。在软件交付使用之前,用户往往无须为其提出的需求变更付出代价,因此,无论在需求的获取、分析阶段,还是后续的软件设计、实现、测试阶段,都必须由软件开发人员处理需求变更导致的一系列难题,如影响范围的分析、需求质量属性(精确性、一致性、完全性等)的保持、软件配置项的更新等。

有望能够减轻和摆脱上述困局的主要方法:遵循软件需求过程的方法、技术,严格管理需求工程过程所有活动,为软件系统质量提供保证。

3. 软件工程师需求建模原则

在软件工程实践中,研究人员研究了需求工程中的问题及其出现的原因,也开发出各式各样的建模表达方法以及相关启发性解决方法。虽然每种分析方法都有其独立的观点,但所有的分析方法都具有共同的操作原则,通过应用这些原则,软件工程师可以系统地解决问题。

(1)必须描述并理解问题的信息域。信息域包括流入系统的数据(从最终用户、其他系统或者外部设备)、流出系统的数据(通过用户接口、网络接口、报告、图形以及其他方式)以及那些收集和组织永久性数据对象的数据存储(如永久存储的数据)。

(2)必须确定软件所要实现的功能。软件功能直接为最终用户服务,并且为用户可见的特征提供内部支持。一些功能对流入系统的数据进行转换。在其他情况下,有些功能在某种程度上影响着对软件内部过程或外部系统元素的控制。功能可以从对目标的笼统陈述到对必不可少的过程细节的不同的抽象层次描述。

（3）必须描述软件的行为。软件的行为作为外部事件的结果，受到与外部环境交互的驱动。最终用户提供的输入，由外部系统提供的控制数据，或者通过网络收集的监控数据都会引起软件的特定行为。

（4）以能揭示分层细节的方式进行分解。描述信息、功能和行为的模型必须以一种能揭示分层细节的方式进行分解。需求建模是解决软件工程问题的第一步。它能使开发者更好地理解问题并且为确定解决方案（设计）准备条件。复杂的问题很难完全解决，基于这样的原因，可以使用"分而治之"的战略。把大的复杂问题划分成很多易于理解的子问题，即"分解"的概念，这也是分析建模的关键策略。

（5）分析任务应该从本质信息转向实现细节。需求建模从最终用户角度描述问题开始，在没有考虑解决方案的前提下描述问题的"本质"。例如，一个视频游戏需要玩家在他所扮演角色进入一个危险的迷宫时控制其角色行动的方向，这就是问题的本质。实现细节指出问题的本质将如何实现。

4.1.2 软件需求工程过程

20世纪80年代中期，形成了软件工程的子领域——需求工程（Requirements Engineering）。软件需求工程是系统分析人员通过细致的调研分析，准确地理解用户需求，将不规范的需求陈述转化为完整的需求定义，再将需求定义写成需求规约的过程。

1. 软件需求工程的步骤

软件需求工程必须采用合理的步骤，才能准确地获取软件的需求，产生符合要求的软件需求规格说明书。软件需求工程包括需求获取、需求分析、需求定义、需求验证、需求管理5个过程。

1）需求获取

需求获取通常从分析当前系统包含的数据开始。首先分析现实世界，进行现场调查研究，通过与用户的交流，理解当前系统是如何运行的，了解当前系统的结构、输入输出、资源利用情况和日常数据处理过程，并用一个具体模型反映分析人员对当前系统的理解。这就是当前系统物理模型的建立过程。这个模型应客观地反映现实世界的实际情况。

2）需求分析

分析建模的过程就是从当前系统的物理模型中抽象出当前系统的逻辑模型，再利用当前系统的逻辑模型，除去那些非本质的东西，抽象出目标系统逻辑模型的过程，即对目标系统的综合要求及数据要求的分析归纳过程，是需求分析过程中关键的一步。在理解当前系统"怎么做"的基础上，抽取其"做什么"的本质，从而从物理模型中抽象出当前系统的逻辑模型。在物理模型中有许多物理的因素，随着分析工作的深入，需要对物理模型进行分析，区分出本质和非本质的因素，去掉那些非本质的因素，得出反映系统本质的逻辑模型。

分析目标系统与当前系统在逻辑上的差别,从当前系统的逻辑模型导出目标系统的逻辑模型。从分析当前系统与目标系统变化范围的不同,决定目标系统与当前系统在逻辑上的差别;将变化的部分看作是新的处理步骤,并对数据流进行调整;由外向里对变化的部分进行分析,推断其结构,获取目标系统的逻辑模型。

为了使已经得出的模型能够对目标系统做完整的描述,还需要从目标系统的人机界面、尚未详细考虑的细节,以及诸如系统能够满足的性能和限制等其他方面对其加以补充。

3)需求定义

已经确定的目标系统的逻辑模型应当得到清晰准确的描述。描述目标系统的逻辑模型的文档称为软件需求规格说明书。软件需求规格说明书是软件需求分析阶段最主要的文档。同时,为了准确表达用户对软件的输入输出要求,还需要制订数据要求说明书及编写初步的手册,以及目标系统对人机界面和用户使用的具体要求。此外,依据在需求分析阶段对目标系统的进一步分析,可以更准确地估计被开发项目的成本与进度,从而修改、完善并确定软件开发实施计划。

4)需求验证

虽然分析员提供的软件需求规格说明书的初稿看起来可能是正确的,但在实现的过程中却会出现各种各样的问题,如需求不一致问题、二义性问题等。这些都必须通过需求分析的验证、复审来发现,确保软件需求规格说明书可作为软件设计和最终系统验收的依据。这个环节的参与者有用户、管理部门、软件设计人员、编码人员和测试人员等。验证的结果可能会引起修改,必要时要修改软件计划来反映环境的变化。需求验证是软件需求分析任务完成的标志。

5)需求管理

需求管理的目的就是要控制和维持需求事先约定,保证项目开发过程的一致性,使用户得到他们最终想要的产品。需求管理的任务是分析变更影响并控制变更过程,主要包括需求变更控制、需求文档版本控制、需求跟踪和需求风险管理等活动。

2. 软件需求工程的注意事项

分析人员在软件需求工程过程中应当注意如下 7 个事项。

(1)了解用户的业务及目标。通过与用户交流来获取用户需求,分析人员才能更好地了解业务任务,了解如何才能使产品更好地满足用户的需要。要观察用户是怎样工作的。如果新开发系统是用来替代已有的系统,应了解目前的系统,明白目前系统的工作流程以及可供改进之处。使用符合客户语言习惯的表达,需求讨论应集中于业务需要和任务,要使用业务术语。

(2)要尊重用户的意见。如果与用户之间不能相互理解,关于需求的讨论将会有障碍。参与需求开发过程的客户有权要求开发人员尊重他们并珍惜他们为项目成功所付出的时间。同样,客户也应对开发人员为项目成功这个共同目标所做出的努力表示尊重与感激。

(3)对需求及产品实施提供建议。通常,客户所说的"需求"已是一种实际可能的实施解决方案,分析人员将尽力从这些解决方法中了解真正的业务及其需求,同时还应找出已有系统不适合当前业务之处,以确保产品不会无效或低效。在彻底弄清业务领域内的事情后,要能提出改进方法。有经验且富有创造力的分析人员能提出增加一些用户并未发现的、很有价值的系统特性。

(4)描述产品易使用的特性。在实现功能需求的同时还要注重软件的易用性,这些易用特性或质量属性能使用户更准确、高效地完成任务。例如,用户有时要求产品要"友好"、"健壮"或"高效",但这对开发人员并无实用价值。分析人员应通过询问和调查了解客户所要的友好、健壮、高效所包含的具体特性。

(5)重用已有的软件组件。分析人员可能发现已有的某个软件组件与用户描述的需求很相符,在这种情况下,应提供一些修改需求的选择以便能够在新系统开发中重用一些已有的软件。如果有可重用的机会出现,同时又能调整需求,就能降低成本和节省时间,而不必严格按原有的需求说明开发。

(6)获得满足客户功能和质量要求的系统。每个人都希望项目获得成功。但这不仅要求用户能清晰地说明系统"做什么"所需要的所有信息,而且还要求开发人员能通过交流了解清楚取舍与限制。要想办法了解用户的假设和潜在的期望。

(7)编写软件需求规格说明书。分析人员要对从用户那里获得的所有信息进行整理,以区分业务需求及规范、功能需求、质量目标、解决方法和其他信息。通过分析就能得到一份软件需求规格说明书,即在开发人员和用户之间针对要开发的产品内容达成了协议。软件需求规格说明书要用易于翻阅和理解的方式组织编写,向用户解释说明其中图表的作用或其他需求开发工作结果和符号的意义,确保它们准确而完整地表达了用户的需求。

4.2　需求开发与管理

软件需求工程主要包括需求开发和需求管理两方面。需求开发与需求管理是相辅相成的两类活动,它们共同构成完整的需求工程。

4.2.1　需求获取

对于所建议的软件产品,需求获取(Requirement Elicitation)是一个确定和理解不同用户类的需要和限制的过程。需求获取按照确定的计划获取并理解业务领域中的相关概念、事实及用户的需求,在必要时还要说明将这些用户需求作为待建目标软件系统的候选需求的理由。

1. 需求获取的准备

软件需求获取的准备工作包括确定需求参与者、了解需求的来源以及需求内容分析。

(1)确定需求参与者。软件需求活动的参与者包括来自软件开发方的需求分析师、来自委托方或投资方的客户,以及来自使用方的用户。用户与客户是软件需求的主要来源,需求获取的主要工作就是通过与用户的交流和沟通建立初步的需求工程过程模型。

(2) 了解需求的来源。软件需求的内容可以来自方方面面,这取决于所开发产品的性质和开发环境。其典型来源如下:访问并与有潜力的用户探讨,对目前的或竞争产品的描述,系统需求规格说明被分配到每个软件子系统中系统需求的子集,当前系统的问题报告和增强要求,市场调查和用户问卷调查,对正在工作的用户的观察,用户任务的内容分析等。

(3) 需求内容分析。软件需求的参考内容及说明如表 4-2 所示。

表 4-2 软件需求的参考内容及说明

参 考 内 容	说 明
功能需求	系统做什么、何时做,以及何时及如何修改或升级
性能需求	技术性指标,如存储容量限制;执行速度、响应时间、吞吐量
环境需求	硬件设备,如机型、外部设备、接口、地点、分布、温度、湿度、磁场干扰等;软件操作系统;网络;数据库
界面需求	是否有来自其他系统的输入和输出;对数据格式是否有规定;对数据存储介质是否有规定
用户的因素	用户类型;各种用户的熟练程度;需受的训练;用户理解、使用系统的难度;用户错误操作系统的可能性
文档需求	需要的文档;文档针对的读者
数据需求	输入输出数据的格式;接收、发送数据的频率;数据的准确性和精度;数据流量;数据需保持的时间
资源需求	软件运行时所需的数据、软件;内存空间等资源;软件开发、维护所需的人力、支撑软件、开发设备等
安全保密要求	是否需对访问系统或系统信息加以控制;隔离用户之间的数据的方法;用户程序与其他程序和操作系统隔离的方法;系统备份要求
软件成本消耗与开发进度需求	开发有无规定的时间表;软硬件投资有无限制
质量保证	系统的可靠性要求;系统是否必须监测和隔离错误;规定系统平均出错时间;出错后,重启系统允许的时间;系统变化反映到设计中的方法;维护是否包括对系统的改进;系统的可移植性

2. 需求获取方法

需求获取可能是软件开发中最困难、最关键、最易出错及最需要交流的方面。需求获取只有通过有效的客户、开发者的合作才能成功。

沟通获取
需求

一般软件开发项目有产品项目和工程项目两种类型。产品项目一般是根据软件公司战略和市场需求研发的旨在进行批量出售或推广的项目,一般都会有充足的时间进行细致的需求调研和分析;工程项目一般是根据与用户签订的合同研发的旨在满足特定用户需求的项目,往往受诸多因素的影响,需要花相当大的精力在需求获取和需求确认上。

需求获取的方法很多,下面介绍几种常用的方法。

1) 面谈法

面谈法是一种重要、直接、简单的发现和获取需求的方法,而且可以随时使用。面谈的主要对象是用户和领域专家,与用户面谈主要了解和提取需求,需要反复进行;与领域专家面谈,是一个对领域知识学习和转换的过程,开发人员没有足够的领域知识,是不可能成功开发软件的。

面谈前的准备要充分,应拟订谈话提纲,列出需要面谈的问题。面谈后要注意认真分析总结,在对面谈内容进行整理的基础上,提出初步需求并评估,根据用户的意见不断进行修改。注意掌握面谈的人际交流技能,这是面谈能否成功的重要因素,在交谈过程中既要注意耐心认真倾听面谈对象叙述,又要有效控制面谈主题和节奏。

【例 4-3】 面谈的准备可以参考如下内容。用户或客户的情况表;当前存在和需要解决的问题;了解主要用户群体的环境,包括教育背景、计算机应用和使用的水平、用户多少;用户对可靠性、性能有何需求;对安全性有无特殊的要求;对服务和支持有何要求。

2) 问卷调查法

问卷调查法是指开发方就用户需求中的一些个性化的、需要进一步明确的需求(或问题),通过采用向用户发问卷调查表的方式,彻底弄清项目需求的一种需求获取方法。这种方法适合开发方和用户方都清楚项目需求的情况。因为开发方和用户方都清楚项目的需求,则需要双方进一步沟通的需求(或问题)就比较少,通过采用这种简单的问卷调查方法就能使问题得到较好的解决。

问卷调查法比较简单,侧重点明确,能大大缩短需求获取的时间,减少需求获取的成本,提高工作效率。

3) 会议讨论法

会议讨论法是指开发方和用户方召开若干次需求讨论会议,彻底弄清项目需求的一种需求获取方法。这种方法适合开发方不清楚项目需求(一般开发方是刚开始做这种业务类型的工程项目),但用户方清楚项目需求的情况。因为用户清楚项目的需求,则用户能准确地表达出他们的需求,而开发方有专业的软件开发经验,对用户提出的需求一般都能准确地描述和把握。

由于开发方不清楚项目需求,因此需要花较多的时间和精力进行需求调研和需求整理工作。

4) 界面原型法

界面原型法是指开发方根据自己所了解的用户需求,描画出应用系统的功能界面后与用户进行交流和沟通,通过"界面原型"这一载体,使双方逐步明确项目需求的一种需求获取的方法。这种方法比较适合开发方和用户方都不清楚项目需求的情况。因为开发方和用户方都不清楚项目需求,需求获取工作将会比较困难,可能导致的风险也比较大,因此就更需要借助于一定的"载体"来加快对需求的挖掘和双方对需求的理解。在这种情况下,采用"可视化"的界面原型法比较可取。该方法能加速项目需求的"浮现"和双方对需求的一致理解,从而减小由于需求问题可能给项目带来的风险。

5）可运行原型系统法

可运行原型系统法是指开发方根据合同中规定的基本需求,在以往类似项目应用系统的基础上进行少量修改得出一个可运行系统,通过"可运行原型系统"这一载体,彻底挖掘项目需求的一种需求获取的方法。这种方法比较适合开发方清楚项目需求但用户方不清楚项目需求的情况。这种类型的项目,开发方一般都有类似项目的建设经验,因此可以在以往项目的基础上,快速"构建"出一个可运行系统,然后借助于这一"载体"来加快对需求的挖掘和双方(特别是用户方)对需求的理解。在这种情况下,采用"所见即所得"的可运行原型系统法比较可取。

由于开发方清楚用户的需求(证明以前有类似项目的开发经验和产品积累),但用户方自己不清楚,因此此时开发一个"可运行原型系统",开发方的投入不会很大,却对用户理解和确认项目需求非常有利,因此针对这种类型的项目,可运行原型系统法是一种比较理想的需求获取方式。

应用可运行原型系统法,正式系统一般可以在该"可运行原型系统"的基础上演化而成,为后续开发工作降低了不少的工作量和成本。

3. 重视用户的作用

在软件需求获取过程中,应重视用户的作用,充分调动用户参与的积极性,启发与引导用户做好以下工作。

(1) 为分析人员讲解自己的业务。分析人员要依靠用户讲解的业务概念及术语,但分析人员不是该领域的专家,很可能并不知道那些对用户来说理所当然的"常识"。此时,要求用户真正讲清楚问题和目标。

(2) 抽出时间说明并完善需求。客户有义务抽出时间参与"头脑风暴"会议的讨论、接受采访或其他获取需求的活动。有时分析人员可能以为明白了用户的观点,而过后发现还需要进一步了解。这时,要求用户耐心对待需求和需求的精化工作过程中的反复。

(3) 准确而详细地说明需求。由于处理细节问题不但烦琐而且耗时,很容易留下模糊不清的需求。但是,在开发过程中,必须解决这种模糊性和不准确性。要求用户尽量将每项需求的内容阐述清楚,以便分析人员能准确地将其写入软件需求规格说明书中。如果一时不能准确表述,允许逐步获取准确信息。通常使用原型技术,通过建立开发原型,用户同开发人员一起反复修改,不断完善需求定义。

(4) 及时地做出决定。对于来自多个用户提出的处理方法或在质量特性冲突和信息准确度中选择折中方案等,分析人员会要求用户做出一些选择和决定。有权做出决定的用户必须积极地对待这一切,尽快做处理和决定。开发人员通常只有等用户做出了决定才能行动,而这种等待会延误项目的进展。

(5) 尊重开发人员的需求可行性及成本评估。所有的软件功能都有其成本价格,开发人员最适合预算这些成本。例如:用户所希望的某些产品特性可能在技术上行不通,或者实现它要付出极为高昂的代价,某些需求试图在操作环境中要求不可能达到的性能或试图得到一些根本得不到的数据。开发人员会对此做出负面的评价意见,用户应该尊重他们的意见。有时,用户可以重新给出一个在技术上可行、实现上便宜的需求,例如,要求某个行为在"瞬间"发生是不可行的，但换种更具体的时间需求说法，这就可以实现了。

（6）划分需求优先级别。大多数项目没有足够的时间或资源来实现功能性的每个细节。决定哪些特性是必要的，哪些是重要的，哪些是好的，是需求开发的主要部分。只能由用户来负责设定需求优先级。开发人员将为用户确定优先级提供有关每个需求的花费和风险的信息。在时间和资源限制下，关于所需特性能否完成或完成多少应该尊重开发人员的意见。业务决策有时不得不依据优先级来缩小项目范围或延长工期，或增加资源，或在质量上寻找折中。

（7）评审需求文档和原型。无论是正式的还是非正式的方式，对需求文档进行评审都会对软件质量提高有所帮助。让用户参与评审才能真正鉴别需求文档是否完整，正确说明期望的必要特性。评审也给用户提供一个机会，给需求分析人员带来反馈信息以改进他们的工作。如果用户认为编写的需求文档不够准确，应当尽早告诉分析人员并为改进提供建议。通过阅读需求规格说明书，很难想象实际的软件是什么样子的。较好的方法是先为产品开发一个原型，这样就能提供更有价值的信息给开发人员，更好地理解用户的需求。

（8）需求出现变更要马上联系。不断的需求变更会给在预定计划内完成高质量产品带来严重的负面影响。变更是不可避免的，但在软件开发周期中变更越在晚期出现，其影响越大。变更不仅会导致代价极高的返工，而且工期也会被迫延误，特别是在大体结构已完成后又需要增加新特性时。所以用户一旦发现需要变更需求，要立即通知分析人员。

（9）遵照开发人员处理需求变更的过程。为了将变更带来的负面影响减少到最低限度，所有的参与者必须遵照项目的变更控制过程。这要求不放弃所有提出的变更，对每项要求的变更进行分析、综合考虑，最后做出合适的决策以确定将某些变更引入项目中。

（10）尊重开发人员采用的需求工程过程。软件开发中最具挑战性的莫过于收集需求并确定其正确性。如果用户理解并支持分析人员为收集、编写需求文档和确保其质量所采用的技术，整个过程将会更为顺利。

系统分析人员在开发过程中可能会遇到这样的问题，一些用户不愿意积极参与需求过程，而缺少用户参与将很可能导致不理想的产品。故一定要确保需求开发中的主要参与者都了解并接受他们的义务。如果遇到分歧，通过协商以达成对各自义务的相互理解，这样能减少今后的摩擦。

4.2.2　需求分析

需求分析
原则

需求分析（Requirement Analysis）是软件计划阶段的重要活动，也是软件生命周期中的一个重要环节，该阶段是分析系统在功能上需要"实现什么"，而不是考虑"如何去实现"。

需求分析的目标是把用户对待开发软件提出的"要求"或"需要"进行分析与整理，确认后形成描述完整、清晰与规范的文档，确定软件需要实现哪些功能，完成哪些工作。此外，软件的一些非功能性需求（如软件性能、可靠性、响应时间、可扩展性等），软件设计的约束条件，运行时与其他软件的关系等也是软件需求分析的目标。

1. 需求分析的实现步骤

需求分析方法不同,描述形式也不同。图 4-2 描述了需求分析一般的实现步骤。

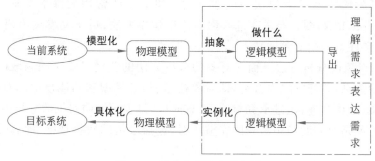

图 4-2 需求分析的实现步骤

（1）获得当前系统的物理模型。物理模型是对当前系统的真实写照,可能是一个由人工操作的过程,也可能是一个已有的但需要改进的计算机系统。首先要对现行系统进行分析、理解,了解它的组织情况、数据流向、输入输出,资源利用情况等,在分析的基础上进行模型化,从而获得当前系统的物理模型。

（2）抽象出当前系统的逻辑模型。逻辑模型是在物理模型的基础上,通过抽象去掉一些次要的因素,建立起反映系统本质的逻辑模型。

（3）导出目标系统的逻辑模型。分析目标系统与当前系统在逻辑上的区别,在理解需求的基础上,对目标系统进行补充完善,导出符合用户需求的目标系统的逻辑模型。

（4）建立目标系统的物理模型。针对目标系统的逻辑模型,在后续工作阶段对逻辑模型进行实例化,建立目标系统的物理模型,进而实现目标系统。

2. 需求分析方法

从开发过程及特点出发,软件开发一般采用软件生命周期的开发方法,有时采用开发原型以帮助了解用户需求。在软件分析与设计时,自上而下由全局出发全面规划分析,然后逐步设计实现。

从系统分析出发,可将需求分析方法分为功能分解方法、结构化分析方法、信息建模法和面向对象的分析方法。

（1）功能分解方法。功能分解方法是将新系统作为多功能模块的组合,各功能又可分解为若干子功能及接口,子功能再继续分解,便可得到系统的雏形,即功能分解——功能、子功能、功能接口。

（2）结构化分析方法。结构化分析方法是一种从问题空间到某种表示的映射方法,是结构化方法中重要且被普遍接受的表示系统,由数据流图和数据字典构成并表示。此分析方法也称数据流法,其基本策略是跟踪数据流,即研究问题域中数据流动方式及在各个环节上所进行的处理,从而发现数据流和加工。结构化分析可定义为数据流、数据处理或加工、数据存储、端点、处理说明和数据字典。

（3）信息建模方法。信息建模方法从数据角度对现实世界建立模型。大型软件较复杂,很难直接对其进行分析和设计,常借助模型。模型是开发中的常用工具,系统包括数据处理、事务管理和决策支持。实质上,也可看成由一系列有序模型构成,其有序模型通常为功能模型、信息模型、数据模型、控制模型和决策模型。有序是指这些模型是分别在系统的不同开发阶段及开发层次一同建立的。建立系统常用的基本工具是实体-联系(Entity-Relation,E-R)图。经过改进后称为信息建模方法,后来又发展为语义数据建模方法,并引入了许多面向对象的特点。

(4)面向对象的分析方法。面向对象的分析方法的关键是识别问题域内的对象,分析它们之间的关系,并建立三类模型,即对象模型、动态模型和功能模型。面向对象主要考虑类或对象、结构与连接、继承和封装、消息通信,只表示面向对象的分析中几项最重要特征。类的对象是对问题域中事物的完整映射,包括事物的数据特征(即属性)和行为特征(即服务)。

4.2.3 需求定义

需求定义就是在需求分析的基础上,客户和开发小组对将要开发的目标系统的逻辑模型进行清晰准确地描述,达成一致的协议,这一协议就是文档化的软件需求规格说明书。软件需求规格说明书的编制是为了使用户和软件开发者双方对软件的初始规定有一个共同的理解,使其成为整个软件开发工作的基础。

1. 软件需求规格说明书

软件需求规格说明书反映需要开发阶段调查与分析的全部情况,对前期工作做全面总结,是下一步软件设计与实现的纲领性文件。软件需求规格说明书的基本内容主要包括以下 4 部分。

(1)引言。说明编写目的、软件系统开发背景、相关定义、参考资料,以及项目开发过程中必须遵守的标准、条约和约定。

(2)任务概述。说明此软件开发项目的意图、应用目标、作用范围,软件最终用户的特点,以及软件开发工作的假定和约束,如经费限制、开发期限等。

(3)需求规定。说明对功能、性能的规定,输入输出要求,数据管理能力要求,故障处理要求,以及其他专门要求。

(4)运行环境规定。列出运行软件所需要的硬件设备,支持软件,软件与其他软件的接口、数据通信协议,控制软件运行的方法,等等。

2. 衡量软件需求的标准

为提高软件需求规格说明书的质量,可参考如下 8 个衡量软件需求的标准。

(1)正确性。软件需求规格说明书中的需求描述,首先必须是能正确代表用户提出的针对目标软件系统的合理要求,即需求与用户保持一致。

(2)无歧义性。对于需求表达,软件设计人员在保证数据流图、数据字典等正确的基础上还应使其没有任何歧义,即对软件工程术语的语义解释是唯一的、统一的。

（3）完整性。需求同样必须是完整的，不能遗漏任何用户的合理需求。它应该包括功能、性能、运行、出错处理、接口等各种需求。

（4）可验证性。可验证性是需求是否可行的表示，即在经济、技术、法律均可行的前提下，每条需求都可以得到验证和确认。

（5）一致性。需求描述在软件需求规格说明书中前后必须保持一致，各种命名应该统一。

（6）可理解性。软件需求规格说明书应该清晰、可读、便于理解。它是软件开发者与用户、软件分析人员与软件设计、软件测试人员联系的纽带，故对需求的描述不能太专业，应多使用图、表的直观形式来表达需求，提高软件需求的可理解性。

（7）可修改性。需求描述在软件需求规格说明书中的组织，应该保证对其进行修改所引起的软件需求规格说明书的变更最小。

（8）可追踪性。软件需求规格说明书必须将分析获取的需求与用户原始的需求准确地联系在一起，即每一项需求都有自己的源头。

4.2.4 需求验证

需求分析完成后必须对其结果进行验证和评估，以保证其正确性。需求验证的目标是，确保软件需求规格说明书真实、准确、全面地反映用户的所有需求。为达此目标，软件项目的利益者必须参与需求验证活动，通过文档评审活动检查需求描述的一致性、完全性、精确性、可行性、可测试性等质量属性，并在相关者之间就软件需求达成一致。

1. 需求验证的主要步骤

软件需求验证活动的输入是软件需求规格说明书。需求验证的主要步骤如下。

（1）需求评审。对需求文档进行正式审查是保证软件质量的有效方法。组织一个由不同代表（如分析人员、客户、设计人员、测试人员）组成的小组，对需求规格说明及相关模型进行仔细的检查。另外，在需求开发期间所做的非正式评审也是有所裨益的。

需求评审的主要关注点：需求的质量属性、需求项实现的风险评估、需求优先级设定的合理性以及是否存在无来源的需求项。

（2）问题整理与求解。记录需求评审过程中发现的问题（缺陷）并将其文档化，将此文档置于配置管理的控制下。针对每个问题安排责任人和改正时间，由责任人修改软件需求规格说明书。

（3）达成一致。所有软件利益相关者，尤其是用户（客户）与软件开发方之间，就是否通过修改后的软件需求规格说明书的评审达成一致。通过评审的软件需求规格说明书将成为用户与软件开发方之间协议的一部分。

（4）通过验证。将修改后的软件需求规格说明书置于配置管理控制下。通过评审的软件需求规格说明书是整个需求工作阶段的最终输出，将成为软件设计、实现和测试活动的主要依据。

【例4-4】 本例说明需求验证的重要性。如果在后续的开发或当系统投入使用时才发现需求文档中的错误,就会导致更大代价的返工。由于需求问题而对系统做变更的成本比修改设计或代码错误的成本要大得多。假设需求阶段引入1个错误的需求(假设纠正成本100元),设计时对这个需求需要5~10条设计实现(纠正成本为100元×10=1000元),1条设计需要5~10条程序(纠正成本为100元×10×10=10 000元),1条程序需要3~5种测试组合测试(纠正成本为100元×10×10×5=50 000元)。

2. 需求过程的评价标准

如何验证软件需求规格说明书,不同的软件工程规范都有自己的一套标准。美国国家航空和航天局软件工程实验室开发的常用国际软件工程规范对软件需求过程的评价标准是清晰、完整、一致性和可测试。

(1)清晰。目前大多数的需求分析采用的仍然是自然语言,自然语言对需求分析最大的弊病就是它的二义性,所以开发人员需要对需求分析中采用的语言做某些限制。例如,尽量采用"主语+动作"的简单表达方式。需求分析中的描述一定要简单,不要采用疑问句、修饰这些复杂的表达方式。除了语言的二义性之外,注意不要使用计算机术语。需求分析最重要的是与用户沟通,可是用户多半不是计算机的专业人士,如果在需求分析中使用了计算机术语,就会造成用户理解上的困难。

(2)完整。需求的完整性是非常重要的,如果遗漏需求,则不得不返工,在软件开发过程中,最糟糕的事情莫过于在软件开发接近完成时发现遗漏了一项需求。但实际情况是,需求的遗漏是常发生的事情,这不仅仅是开发人员的问题,更多情况下是用户的问题。要保证需求的完整性是很艰难的一件事情,它涉及需求分析过程的各方面,贯穿整个过程,从最初的需求计划制订到最后的需求评审。

(3)一致性。一致性是指用户需求必须和业务需求一致,功能需求必须和用户需求一致。在需求过程中,开发人员需要将一致性关系进行细化,例如,用户需求不能超出预先指定的范围。严格的遵守不同层次间的一致性关系,就可以保证最后开发出来的软件系统不会偏离最初的实现目标。

(4)可测试。一个项目的测试实际上是从需求分析过程就开始的,因为需求是测试计划的输入和参照。这就要求需求分析是可测试的,只有系统的所有需求都是可以被测试的,才能够保证软件始终围绕着用户的需要,保证软件系统是成功的。

【例 4-5】 以下描述哪些属于不精确的用户需求描述?如果不精确,应如何改正?

(1)系统应表现出良好的响应速度。

(2)系统必须用菜单驱动。

(3)在数据输入界面,应该有10个按钮。

(4)系统运行时占用的内存不得超过64GB。

(5)电梯应平稳运行。

(6)即使系统崩溃,也不能损坏用户数据。

答:(1)不精确,应指出具体项目和响应时间。

(2)不精确,因系统还可以用其他方式驱动。

(3)不精确,因过于细致,限制了设计的自由度。

（4）仅是一个约束条件。

（5）不精确,应指出加速、减速、运行速度的大小。

（6）不精确,因为这是一个难以保证的用户需求。

3. 需求评审

对工作产品的评审有两类方式：一类是正式技术评审,也称同行评审；另一类是非正式技术评审。对于任何重要的工作产品,都应该至少执行一次正式技术评审。在进行正式技术评审前,需要有人员对其进行评审的工作产品把关,确认其是否具备进入评审的初步条件。

需求评审的规程与其他重要工作产品(如系统设计文档、源代码)的评审规程非常相似,主要区别在于评审人员的组成不同。前者由开发方和用户方的代表共同组成,而后者通常来源于开发方内部。

如何做好需求评审工作,业内人士总结了一些经验,如分层次评审,正式评审与非正式评审相结合,分阶段评审,精心挑选评审人员,对评审人员进行培训,充分利用需求评审检查单,建立标准的评审流程,做好评审后的跟踪工作,充分准备评审。

【例 4-6】 某软件公司需求评审检查表如表 4-3 所示。

表 4-3 某软件公司需求评审检查表

编号	检 查 项
R01	需求是否列出清晰的业务需求
R02	用例图上所有角色是否都进行了定义；是否遗漏了重要角色；角色的划分是否正确
R03	系统的边界是否清晰；哪些处于系统内、哪些处于系统外是否明确
R04	每个角色对应的用例是否清晰,需要是否存在二义性
R05	用例的命名是否符合约定俗成,是否具有歧义；如果用例命名不容易理解,用例说明是否给予足够的描述
R06	用例是否进行了统一编号,是否确定了每个用例的优先级
R07	用例与业务需求的对应是否严格
R08	用例的典型事件流是否典型；有特别需要说明的可选事件流、异常事件流是否进行了描述
R09	是否存在过多的不需要特别说明描述的可选事件和异常事件
R10	是否对非功能需求进行了描述
R11	需求中是否涉及了过多的设计范畴的内容
R12	需求中是否包含了用户根本不需要的功能
R13	需求是否都可以实现
R14	需求的实现与客户和组织的资源、时间限制是否有冲突
R15	每个需求是否都可以得到测试或验证

续表

编号	检 查 项
R16	是否说明了项目的发起组织，以及该组织的结构和运行的主要业务简介
R17	是否说明了系统应用环境，包括人员的能力、硬件、软件、网络资源情况
R18	项目时间限制是否明确

4. 需求测试

在许多项目中，软件测试是一项后期的开发活动。与需求相关的问题总是依附在软件产品中，直到通过系统测试或经用户运行才可能最终发现它们。而事实上，软件测试应该从需求定义开始，如果在开发过程早期就开始制订测试计划和进行测试用例的设计，就可以在发生错误时立即检测到并纠正它。这样，就可以防止这些错误进一步"放大"，并且可以减少测试和维护费用。

实际上，需求开发阶段不可能有真正意义上的测试进行，因为还没有可执行的系统，需求测试仅仅是基于文本需求进行"概念"上的测试。然而，以功能需求为基础或者从用例派生出来的测试用例，可以使项目相关人员更清楚地了解行为。通常意义上，概念测试用例来源于用户需求。重点反映用例（或功能需求条目）的描述，完全独立于实现，仅仅是概念上的描述测试脚本。

对于系统的功能需求，也可以用快速实现工具建立界面原型，用户通过原型的操作来确定需求是否与期望相同。对于那些不合理的需求，测试人员要能够分辨出来，并与用户核对，以确定用户的真实需求。从此角度看，需求测试是由需求测试人员和用户共同来执行的。

4.2.5 需求管理

需求管理的目的就是要控制和维持需求事先的约定，保证项目开发过程的一致性，使用户得到他们最终想要的产品。需求管理的任务是分析变更影响并控制变更过程，主要包括需求变更控制、需求文档版本控制、需求跟踪等活动。

1. 需求变更控制

需求变更是因为需求发生变化，如果在软件需求规格说明书经过论证以后，需要在原有需求基础上追加和补充新的需求或对原有需求进行修改和削减，均属于需求变更。

需求变更的出现主要是因为在项目的需求确定阶段，用户往往不能确切地定义自己需要什么。用户常常以为自己清楚，但实际上他们提出的需求只是依据当前的工作所需，而采用的新设备、新技术通常会改变他们的工作方式；或者要开发的系统对用户也是个未知数，他们以前没有过相关使用经验。随着开发工作的不断进展，系统开始展现功能的雏形，用户对系统的了解也逐步深入。于是，他们可能会想到各种新的功能和特色，或对以前提出的要求进行改动。他们了解得越多,新的要求也就越多,需求变更因此不可避免地一次又一次出现。

这时,如果开发团队缺少明确的需求变更控制过程或采用的变更控制机制无效,抑或不按变更控制流程来管理需求变更,那么很可能造成项目进度拖延、成本不足、人力紧缺,甚至导致整个项目失败。当然,即使按照需求变更控制流程进行管理,由于受进度、成本等因素的制约,软件质量还是会受到不同程度的影响。但实施严格的软件需求管理会最大限度地控制需求变更给软件质量造成的负面影响,这也正是进行需求变更管理的目的所在。

【例 4-7】 软件项目需求的确在不断变化,但变化所产生的影响是根据变化提出的时间不同而不同的。需求变化对变更成本的影响如图 4-3 所示,图中的 x 表示成本的倍数。

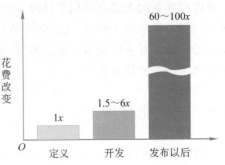

图 4-3　需求变化对变更成本的影响

实施需求变更管理需要遵循以下 5 个原则。

(1) 需求基线。需求基线是需求变更的依据。在开发过程中,需求确定并经过评审(用户参与评审)后,可以建立第一个需求基线。此后每次变更并经过评审后,都要重新确定新的需求基线。

(2) 变更控制流程。制定简单、有效的变更控制流程,并形成文档。在建立了需求基线后提出的所有变更都必须遵循这个控制流程进行控制。同时,这个流程具有一定的普遍性,对以后的项目开发和其他项目都有借鉴作用。

(3) 项目变更组织。成立项目变更控制委员会(Change Control Board,CCB)或相关职能的类似组织,负责裁定接受变更请求。项目变更控制委员会由项目所涉及的多方人员共同组成,应该包括用户方和开发方的决策人员。

(4) 需求变更过程。需求变更一定要先申请再评估,最后经过与变更大小相当级别的评审确认。需求变更后,受影响的软件计划、产品、活动都要进行相应的变更,以保持与更新的需求一致。

(5) 变更文档。妥善保存变更产生的相关文档。

2. 需求文档版本控制

需求文档版本混乱造成的灾害主要体现在资源的浪费上,很多软件团体中经常发生开发组花费时间改进了一项功能,却发现整项功能已经取消的现象,这是因为开发组没有拿到最新的需求文档。需求文档版本控制包括两方面:保证每个人得到的是最新的版本以及记录需求的历史版本。

版本控制的最简单方法是确保每个公布的需求文档的版本包括一个修正版本的历史情况,即已做变更的内容、变更日期、变更人的姓名以及变更的原因,并根据标准约定手工标记软件需求规格说明书的每次修改。

3. 需求跟踪

需求跟踪提供了一个表明与用户软件需求规格说明书、概要设计、详细设计一致的方法。需求跟踪可以改善产品质量,降低维护成本,而且很容易实现重用。

需求跟踪的一种通用的方法是采用需求跟踪矩阵。需求跟踪矩阵并没有规定的实现办法,每个团体注重的方面不同,所创建的需求跟踪矩阵也不同,只要能够保证需求链的一致性和状态的跟踪就达到了目的。它的前提条件是将在需求链中各个过程的元素加以编号,例如,需求的实例号、设计的实例号、编码的实例号、测试的实例号。它们的关系都是一对一和一对多的关系。通过编号,可以使用数据库进行管理,需求的变化能够立刻体现在整条需求链的变化上。

4.3 结构化分析

结构化分析(Structured Analysis,SA)方法是 20 世纪 70 年代由 E.尤登(E.Yourdon)等人提出的一种面向数据流的分析方法,适用于大型的数据处理系统。由于利用图形来表达需求会使文档清晰、简明、易于学习和掌握,结构化分析方法成为软件分析人员广泛使用的传统分析方法。

4.3.1 结构化分析概述

结构化分析方法是一种建模活动,采用数据流图(Data Flow Diagram,DFD)分层地来描述软件在不同抽象层次的逻辑表示,然后在软件设计中将软件划分为若干程序模块,并相互组织在一起完成所需要的软件功能。

1. 结构化分析策略

结构化分析方法总的指导思想是"自顶向下,逐步求精",它的两个基本原则是"抽象"和"分解",即按照功能分解的原则,对系统进行逐层分解,直到找到所有满足功能要求的可实现软件元素为止。

图 4-4 是系统分层示意图。顶层抽象地描述了整个系统,说明系统的边界,即系统的输入和输出数据流。底层具体画出了系统的每个细节,而中间层是从抽象到具体的过渡。

分解可以分层进行,即先考虑问题最本质的属性,暂时把细节略去,以后再逐层添加细节,直至涉及最详细的内容。

对于比较复杂的实际问题,在数据流图上常常出现十几个乃至几十个、上百个加工,这样的数据流图复杂而且难以理解。为了避免这种情况出现,可以采用数据流图的分层技术。分层技术的基本思想是,不在一个数据流图中一次引入太多的细节,而是有控制地逐步增加细节,实现从抽象到具体的逐步过渡。

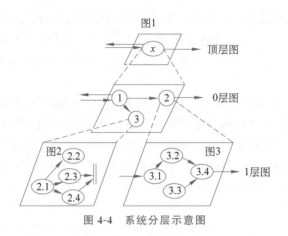

图 4-4　系统分层示意图

2. 结构化分析模型

模型是为了理解事物而对事物做出的一种抽象,是对事物的一种无歧义的书面描述。通常,模型由一组图形符号和组成图形的规则组成。根据结构化分析准则,需求分析过程需要建立 3 种模型,即数据模型、功能模型和行为模型。

(1) 数据模型。为了理解和表示问题的信息域,需要建立数据模型。数据模型包括 3 种互相关联的信息,即数据对象(实体)、描述数据对象的属性,以及描述数据对象间相互连接的关系。数据模型用实体-联系(Entity-Relationship,E-R)图来描述数据对象和它们之间的关系。

(2) 功能模型。功能模型定义软件的功能。功能模型用数据流图来描述数据在系统中移动时如何变换以及描绘变换数据流的功能和子功能。

(3) 行为模型。行为模型用来表示软件的行为,给出需求分析的所有操作原则。数据流图不描述时序关系,控制和事件流通过行为模型描述。通常用状态转换(State-Transform,S-T)图来描绘系统的各种行为模式(状态)和不同状态间的转换。

4.3.2　建立数据模型

为了将用户的数据要求清楚、准确地表达出来,系统分析人员通常建立一个概念性的数据模型(也称信息模型)。概念性数据模型是一种面向问题的数据模型,是按照用户的观点对数据建立的模型。它描述了从用户角度看到的数据,反映用户的现实环境,而且与软件系统中的实现方法无关。

1. 数据对象、属性与联系

数据建模包括 3 种互相关联的信息,即数据对象、描述对象的属性以及描述对象间相互连接的联系。

1) 数据对象

数据对象是现实世界中实体的数据侧面,或者说,数据对象是现实世界中省略了功能和行为的实体。数据对象可以是外部实体（如产生或使用信息的任何事物）、事物（如报表）、角色（如教师、学生）、行为（如一个电话呼叫）或事件（如响警报）、单位（如会计科）、地点（如仓库）或结构（如文件）等。总之，可以由一组属性来定义的实体都可以被认为是数据对象。

2）属性

数据对象的特征由其属性定义。通常，属性包括命名性属性、描述性属性和引用性属性。一般而言，现实世界中任何给定实体都具有许许多多的属性，分析人员只能考虑与应用问题相关的属性，应该根据对所要解决的问题的理解，来确定特定数据对象的一组合适的属性。在定义数据对象时，必须把一个或多个属性定义为标识符，即当人们希望找到数据的一个实例时，用标识符属性作为关键字。

3）联系

应用问题中的任何数据对象都不是孤立的，它们与其他数据对象一定存在各种形式的关联。数据对象彼此之间相互连接的方式称为联系，也称关系。联系可分为以下 3 种类型。

（1）一对一联系（1∶1）。例如，一个部门有一个经理，而每个经理只在一个部门任职，则部门与经理的联系是一对一的。

（2）一对多联系（1∶N）。例如，某校教师与课程之间存在一对多的联系"教"，即每位教师可以教多门课程，但是每门课程只能由一位教师来教。

（3）多对多联系（M∶N）。例如，学生与课程间的联系"学"是多对多的，即一个学生可以学多门课程，而每门课程可以有多个学生来学。

实体-联系图

2. 实体-联系图

实体-联系（E-R）图是表示数据对象及其关系的图形语言机制。数据对象及其联系可用 E-R 图表示。数据对象用长方形表示，联系用菱形表示，数据对象的属性用椭圆或圆角矩形表示。

【例 4-8】 图 4-5 为职工属性及职工聘任职称的实体-联系图，其中职工号、姓名、年龄、职称为职工的属性；职工、职称为数据对象（实体），聘任为职工与职称间的联系。

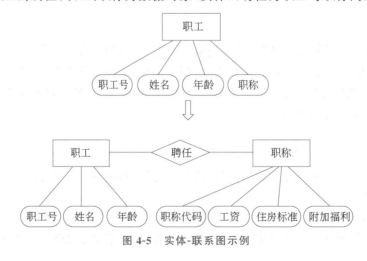

图 4-5　实体-联系图示例

3. 数据规范化

软件系统经常使用各种长期保存的信息,这些信息通常以一定方式组织并存储,为减少数据冗余,避免出现插入异常或删除异常,简化修改数据的过程,通常需要将数据结构化。

建立数据模型规范化规则,应确保一致性并消除冗余,其规则如表 4-4 所示。

表 4-4　数据模型规范化规则

编号	规 则 描 述
规则 1	数据对象的任何实例对每个属性必须有且仅有一个属性值
规则 2	属性是原子数据项,不能包含内部数据结构
规则 3	如果数据对象的关键属性多于一个,那么其他的非关键属性必须表示整个数据对象而不是部分关键属性的特征
规则 4	所有的非关键属性必须表示整个对象而不是部分属性的特征

【例 4-9】　在汽车销售管理问题中,汽车的属性可能有制造商、型号、标识码、车体类型、颜色和购车者。"制造商"与"汽车"之间存在"生产"关系,"购车者"与"汽车"之间存在"购买"关系。

在"汽车"数据对象中增加"经销商"属性并将其与标识码一起作为关键属性。如再添加"经销商地址"属性就违背了规则 3。因其仅仅是"经销商"的特征,它与汽车的"标识码"无关。在"汽车"数据对象中,增加"油漆名称"属性,就违背了规则 4,因为它仅仅与"颜色"有关,而不是整个"汽车"的特征。

4.3.3　建立功能模型

数据流图以图形的方式描绘数据在系统中流动和处理的过程,它只反映系统必须完成的逻辑功能,所以是一种功能模型。

数据流图的主要特征是其抽象性和概括性。在数据流图中具体的组织机构、工作场所、人员、物质流等都已去掉,只剩下数据的存储、流动、加工、使用的情况。这种抽象性能使我们总结出信息处理的内部规律性。数据流图把系统对各种业务的处理过程联系起来考虑,形成一个总体。业务流图只能孤立地分析各个业务,不能反映出各业务之间的数据关系。

1. 数据流图的基本成分

数据流图使用 4 种基本符号代表处理过程、数据流、数据存储和外部实体。数据流图所用的符号形状有不同的版本,可以选择使用。图 4-6 所示的是数据流图常用的两个版本。

1) 处理过程

处理过程(Process)是对数据进行变换操作,即把流向它的数据进行一定的变换处

(a) 版本1   (b) 版本2

图 4-6　数据流图常用的两个版本

理，产生出新的数据。处理过程的名称应适当反映该处理的含义，使其容易理解。每个处理过程的编号说明该处理过程在层次分解中的位置。

处理过程对数据的操作主要有两种：一种是变换数据的结构，如将数据的格式重新排列；另一种是在原有数据内容基础上产生新的数据内容，如对数据进行累计或求平均值等。

在数据流图中，处理过程好像一个暗箱，只显示过程的输入输出和总的功能，但隐藏了细节。处理功能必须有输入输出的数据流，可有若干输入输出的数据流。但不能只有输入数据流而没有输出数据流，或只有输出的数据流而没有输入数据流的处理过程。

2）数据流

数据流（Data Flow）是一束按特定的方向从源点流到终点的数据，它指明了数据及其流动方向。数据流是数据载体的表现形式，如信件、票据，也可以是电话等。数据流可以由某个外部实体产生，也可以由处理过程或数据存储产生。对每条数据流都要给予简单的描述，以便用户和系统设计人员能够理解它的含义。

数据流的种类很多，图 4-7 表示的是不同的数据流。数据流不能从外部实体到外部实体；不能从数据存储直接到外部实体或从外部实体直接到数据存储；也不能从数据存储到数据存储，中间必须经过数据处理。

3）数据存储

数据存储（Data Store）不是指数据保存的物理存储介质，而是指数据存储的逻辑描述。数据存储的命名要适当，以便用户理解。为区别与引用，除了名称外，数据存储可另加一个标识，一般用英文字母 D 和数字表示。为避免数据流线条的交叉，如果在一张图中出现同样的数据存储，可在重复出现的数据存储符号前再加一条竖线。

指向数据存储的箭头表示将数据存到数据存储中，从数据存储发出的箭头表示从数据存储中读取数据。数据存储可在系统中起“邮政信箱”的作用，为了避免处理之间有直接的箭头联系，可通过数据存储发生联系，这样可以提高每个处理功能的独立性，减少系

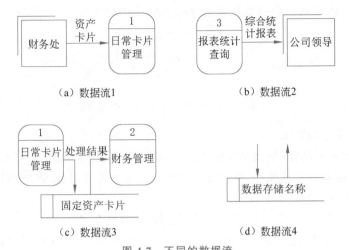

图 4-7　不同的数据流

统的重复性,图 4-7(c)中固定资产卡片就起着"邮政信箱"的作用。

4) 外部实体

外部实体(External Entity)是指在所研究系统外独立于系统而存在的,但又和系统有联系的实体,可以是某个人员、企业、某个信息系统或某种事物,是系统的数据来源或数据去向。确定系统的外部实体,实际上就是明确系统与外部环境之间的界限,从而确定系统的范围。

2. 建立分层数据流图

数据流图

最初的数据流图应该真实地描绘用户当前的数据处理情况,系统分析人员要将他在用户中所看到的、听到的事实如实画出来。用户目前正在使用的参数、图形、表格等资料就是数据流或数据存储;用户目前正在做的工作,如设计、图件的绘制等就是处理;其名称采用用户习惯使用的名字。在刚开始时只要将实际情况真实地反映出来,而不要急于考虑系统如何实现。

由于习惯不同,不同的系统分析人员往往采取不同的数据流图绘制方法,但是基本都遵循相同的原则,即同层次由外向里、不同层次自顶向下。

在绘制数据流图时,首先画出系统的输入数据流和输出数据流,即先决定系统的范围,再考虑系统的内部。同样,对每个处理,也是先画出它们的输入输出数据流,再考虑该处理的内部。建立分层数据流图基本步骤如下。

1) 确定与系统有交互关系的外部实体

确定与系统有交互关系的外部实体,这些外部实体即为系统的源点和终点,它们与系统的交互构成系统的输入输出。从而决定系统研究的内容和范围,向用户了解系统从外界接收什么信息和数据,系统向外界送出什么数据。

基于上述分析,画出顶层数据流图。顶层数据流图,界定了系统的边界。顶层数据流图描述了整个系统的作用范围,描述了系统与外部实体的交互,对系统的总体功能、输入输出进行了抽象,反映了系统和环境的关系。

【例 4-10】 固定资产管理系统顶层数据流图,如图 4-8 所示。

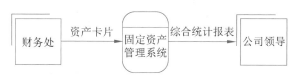

图 4-8 固定资产管理系统顶层数据流图

2) 分析系统的主要功能

分析系统的主要功能,细化顶层数据流图,建立第 1 层数据流图。第 1 层数据流图从输入端开始,根据业务工作流程,画出数据流流经的各个处理过程,逐步画到输出端,以反映数据的整个实际处理过程。

【例 4-11】 例 4-10 中,确定有 3 个处理过程"日常卡片管理""财务管理""报表统计查询"是系统的主要功能。图 4-8 的固定资产管理系统顶层数据流图可以细化分解为图 4-9 所示的第 1 层数据流图。

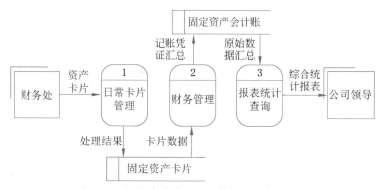

图 4-9 固定资产管理系统第 1 层数据流图

3) 细化每个处理过程

进一步展开数据流图,将得到许多中间层数据流图。中间层数据流图描述了某个处理过程的分解,而它的组成部分又要进一步被分解。中间层的展开应是化复杂为简单,但决不能失去原有的特性、功能和目标,而应始终保持系统的完整性和一致性。

如果展开的数据流图已经基本表达了系统所有的逻辑功能和必要的输入输出,处理过程已经足够简单,不必再分解,就得到了底层数据流图。底层数据流图所描述的都是无须分解的基本处理过程。

【例 4-12】 对图 4-9 所示的固定资产管理系统第 1 层数据流图进行进一步细化,如对处理过程 1 和处理过程 2 进行细化,形成第 2 层数据流图:日常卡片管理数据流图和财务管理数据流图,如图 4-10 和图 4-11 所示。

3. 绘制数据流图的注意事项

数据流图的建立过程必须遵循自顶向下、逐层分解的原则,这是控制系统复杂性的方法,也是细化分析的基础。逐层分解的方式不是一下子引入太多的细节,而是有控制地逐步增加细节,实现从抽象到具体的过渡,因而将有利于对问题的理解。

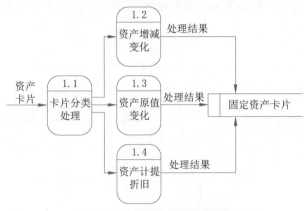

图 4-10 日常卡片管理数据流图

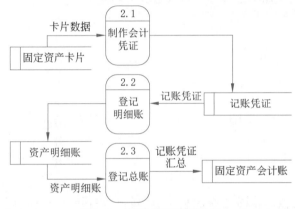

图 4-11 财务管理数据流图

1) 数据流图的层次

用自顶向下、逐层分解的原则来画数据流图,就得到了一套分层的数据流图,分层的数据流图由顶层、中间层和底层组成。建立分层的数据流图,应该注意编号、父图与子图的关系、局部数据存储以及分解的程度等问题。

(1) 编号。在绘制数据流图时,适当地给出编号,有利于更清晰地表达。处理过程的编号应逐层展开,反映处理过程的层次关系。每张数据流图的编号即为上层图中相应处理过程的编号,每个处理过程的编号则是本图的图号加上点号和处理过程在本图的编号。例如,第一层图中处理过程的编号为 1,2,…;第二层图中处理过程的编号应是 1.1,1.2,…,2.1,2.2,…;以此方法,逐层给处理过程加上层次的编号。

(2) 父图与子图的平衡。对任一层数据流图来说,称其上层图为其父图,其下层图为其子图。在层次数据流图中,父图与子图不平衡的现象极易发生。当子图进行修改时,一定要及时对父图进行相应的修改,以保持平衡。

父图与子图是否平衡,不能仅从形式上看,要考虑其真正的内容。如果父图中有一个输入,而子图中有多个输入,此时看起来似乎不平衡,但是假如父图中的这一输入的成分与子图中多个输入组成的成分相同,也认为是平衡的。

【例 4-13】 图 4-12 中,订货单＝审批报告＋订货清单＋付款单,就是平衡的。

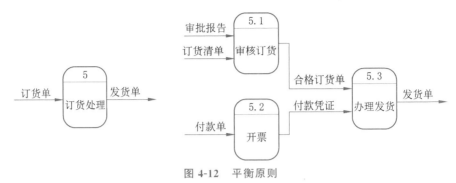

图 4-12 平衡原则

【例 4-14】 图 4-13 中的处理 3 被分解成子图中的三个子处理,所有子图中的输入数据流和输出数据流与父图中处理 3 的输入数据流和输出数据流完全一致。

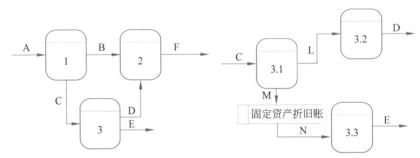

图 4-13 图的分解

(3) 局部数据存储。从图 4-13 可以发现,数据存储"固定资产折旧账"并没有在父图中出现。这是因为"固定资产折旧账"是完全局部于处理 3 的,它并不是父图中各处理之间的界面。根据"抽象"原则,在画父图时,只需画出父图中各个处理之间的联系,而不必画出各个处理内部的细节,所以"固定资产折旧账"不必画出。同理,数据流 L、M、N 等也不必画出。

画出一个数据存储可参考如下原则:当数据存储被用作数据流图中某个处理之间的界面时,该数据存储就必须画出,一旦数据存储作为数据流图中的一个独立成分画出来,它与其他成分之间的联系也应同时表达出来,即应画出每个处理是读还是写该数据存储。图 4-13 中,当处理 3 被分解成 3.1、3.2 和 3.3 三个子处理时,"固定资产折旧账"是处理 3.1 和 3.3 的界面,应该画出来。

2) 数据流图的改进

数据流图的改进可从简化处理间的联系、注意分解均匀及适当命名 3 方面着手。

(1) 简化处理过程之间的联系。合理分解是将一个问题分解成相对独立的几部分,每部分可以单独理解,一个复杂的问题就被几个比较简单的问题取代。在数据流图中,处理过程之间的数据流越少,各处理过程彼此之间就越相对独立。因此,应尽量减少处理过程之间输入数据流和输出数据流的数目。

(2) 注意分解均匀。理想的分解是将一个问题分解成层次相同的几部分。如果在一张数据流图中,某些处理过程已经是基本处理过程,而另一些处理过程还可以进行多层分解,这张数据流图会是难以理解的。因为数据流图中有的部分描述的是细节,而有的部分描述的还是较高层的抽象,此时应考虑对问题进行重新分解。

(3) 适当命名。数据流图中各成分的名称直接关系其易理解性,应该注意各成分名称的选取。对于数据流和数据存储的命名,应该尽量不用容易产生歧义的名称,以避免在系统设计、系统实施等阶段出现错误。如果难以为数据流图中某个成分取名,则通常意味着问题分解不当,可以考虑对问题重新进行分解。

4.3.4 建立行为模型

状态转换图(State Transition Diagram,STD)是一种描述系统对内部或外部事件响应的行为模型。它描述系统状态和事件,事件引发系统在状态间的转换,而不是描述系统中数据的流动。行为模型尤其适合用来描述由外部环境的激励而驱动的实时系统。

1. 状态转换图的成分

状态转换图主要由状态、转换和事件的图形符号构成。

(1) 状态。状态是任何可以被观察到的系统行为模式,一个状态代表系统的一种行为模式。状态规定了系统对事件的响应方式。系统对事件的响应,既可以是做一个(或一系列)动作,也可以是仅仅改变系统本身的状态,还可以是既改变状态又做动作。

在状态转换图中定义的状态主要有初态、终态和中间状态。在一张状态图中只能有一个初态;而终态则可以没有,也可以有多个。

(2) 转换。状态之间为状态转换,用箭头表示。箭头上的事件发生时,状态转换开始。

(3) 事件。事件是在某个特定时刻发生的事情,它是对引起系统做动作或从一个状态转换到另一个状态的外界事件的抽象。例如,观众使用电视遥控器,用户移动鼠标、单击鼠标等都是事件。简而言之,事件就是引起系统做动作或转换状态的控制信息。

状态变迁通常是由事件触发的,在这种情况下应在表示状态转换的箭头上标出触发转换的事件表达式。如果在箭头上未标明事件,则表示在源状态的内部活动执行完之后自动触发转换。

2. 状态转换图的绘制

分析实体的状态并画出状态转换图,是为了更正确地认识实体的行为,从而建立系统的行为模型,发现系统的功能,定义实体的操作。反过来,通过发现操作,可以逐步地完善状态转换图。

绘制状态转换图,首先要找出实体的所有状态,分析在不同状态下实体的行为规则有无差别,若无差别则应将它们合并为一种状态。然后,分析从一种状态可以转换到哪几种其他状态,实体的什么行为能引起这种转换,有无状态转换的限制条件。

在状态转换图中，初态用实心圆表示，箭头'→'表示从一种状态向另一种状态的迁移，终态用一对同心圆（内圆为实心圆）表示。状态转换图中使用的主要符号如图 4-14 所示。

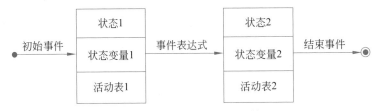

图 4-14　状态转换图的主要符号

【例 4-15】　图 4-15 为图书借还系统状态转换图。

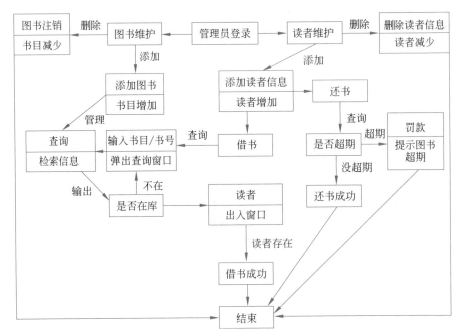

图 4-15　图书借还系统状态转换图

4.3.5　数据字典

数据字典（Data Dictionary，DD）以一种系统化的方式定义在分析模型中出现的数据对象及控制信息的特性，给出它们的准确定义和说明。数据字典是分析模型的辅助资料，对分析模型起注解作用。

1. 数据字典的作用与表示

数据字典定义了在数据建模、功能建模和行为建模过程中涉及的所有数据信息、控制信息。它是当前系统的软件词典，提供用户和软件人员的概念解释，也提供在系统开发过程中各种有关数据和控制的描述信息,使得系统所有的相关人员对信息有共同的、一致的理解。数据字典与分析模型的关系如图 4-16 所示。

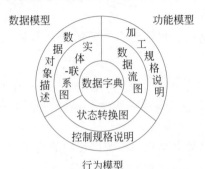

图 4-16 数据字典与分析模型的关系

为了准确、规范地描述各类条目,数据字典中采用如表 4-5 所示的符号。

表 4-5 数据字典中采用的符号

符　号	含　义	示例及说明
＝	被定义为	X＝a＋b 表示 X 被定义为 a＋b
＋	与	X＝a＋b 表示 X 由 a 和 b 组成
［|］	或	X＝[a|b] 表示 X 由 a 或 b 组成
{}	重复	X＝{a}表示 X 由 0 个或多个 a 组成
m{ }n	重复	X＝2{a}5 表示 X 中最少出现 2 次 a,最多出现 5 次 a
( )	可选	X＝(a)表示 a 可在 X 中出现,也可不出现
" "	数据元素	X＝"a" 表示 X 是取值为字符 a 的数据元素
…	连接符	X＝1…9 表示 X 可取 1～9 中任意一个值

　数据字典的建立,便于人们认识整个系统和随时查询系统中的信息,对于系统分析员、系统设计员或是用户均有好处,他们可以分别从数据字典中获得自己所需要的信息。

2. 数据字典的条目

　数据字典的条目描述详细说明了数据和控制信息在系统内的传播途径,它分为数据项、数据结构、数据流、数据存储和处理过程 5 个条目。其中,数据项是数据的最小组成单位,若干数据项可以组成一个数据结构。数据字典通过对数据项和数据结构的定义来描述数据流、数据存储的逻辑内容。

数据字典

　(1)数据项。数据项也称数据元素,是不可再分的数据单位,是数据流图中数据块的数据结构中的数据项说明。

　对数据项的描述通常包括如下内容:数据项描述＝{数据项名,数据项含义说明,数据类型,长度,取值范围,取值含义,与其他数据项的逻辑关系}。其中,"取值范围""与其他数据项的逻辑关系"定义了数据的完整性约束条件,是设计数据检验功能的依据。若干数据项可以组成一个数据结构。

（2）数据结构。数据结构反映了数据之间的组合关系,是数据流图中数据块的数据结构说明。

一个数据结构可以由若干数据项组成,也可以由若干数据结构组成,或由若干数据项和数据结构混合组成。对数据结构的描述通常包括如下内容:数据结构描述＝{数据结构名,含义说明,组成:{数据项或数据结构}}。

（3）数据流。数据流是数据结构在系统内传输的路径,是数据流图中数据流的说明。

对数据流的描述通常包括如下内容:数据流描述＝{数据流名,说明,数据流来源,数据流去向,组成:{数据结构},平均流量,高峰期流量}。其中,"数据流来源"是说明该数据流来自哪个过程,即数据的来源;"数据流去向"是说明该数据流将到哪个过程去,即数据的去向;"平均流量"是指在单位时间(每天、每周、每月等)里的传输次数;"高峰期流量"则是指在高峰时期的数据流量。

【例 4-16】 在固定资产管理系统的数据流图中,数据流记账凭证的数据字典内容如下。

名称：记账凭证
说明：根据资产卡片的变动情况,生成记账凭证
来源：固定资产卡片
去向：固定资产明细账、总账
组成：记账凭证＝凭证编号＋摘要＋科目名称＋借方金额＋贷方金额＋合计金额

对凭证编号数据项,数据字典设计内容如下：

名称：凭证编号
说明：唯一标识记一个记账凭证
定义：凭证编号＝8{字符}8

（4）数据存储。数据存储是数据流图中数据块的存储特性说明。

数据存储是数据结构停留或保存的地方,也是数据流的来源和去向之一。对数据存储的描述通常包括如下内容:数据存储描述＝{数据存储名,说明,编号,流入的数据流,流出的数据流,组成:{数据结构},数据量,存取方式}。其中,"数据量"是指每次存取多少数据,每天(或每小时、每周等)存取几次信息;"存取方法"包括是批处理还是联机处理,是检索还是更新,是顺序检索还是随机检索等;"流入的数据流"要指出其来源;"流出的数据流"要指出其去向。

（5）处理过程。对数据流图中功能块的说明。

数据字典中只需要描述处理过程的说明性信息,通常包括如下内容:处理过程描述

=｛处理过程名,说明,输入：｛数据流｝,输出：｛数据流｝,处理：｛简要说明｝｝。其中,"简要说明"中主要说明该处理过程的功能及处理要求。功能是指该处理过程用来做什么(而不是怎么做);处理要求包括处理频度要求,如单位时间里处理多少事务、多少数据量、响应时间要求等,这些处理要求是物理设计的输入及性能评价的标准。

【例 4-17】 固定资产管理系统的处理过程"日常卡片管理"的数据字典如下。

名称：日常卡片管理

说明：系统的主要操作部分,是下面工作的基础

输入：资产卡片的增减信息,资产原值的变动情况,每月计提折旧金额

输出：变动后的资产卡片

处理：1. 根据资产的增减情况、原值的变动信息,将增减、变动数据写入资产卡片,使资产卡片实时变动;

      2. 对每月进行计提折旧计算,并变动资产卡片上的相关数据。

上述 5 类条目构成了数据字典的全部内容,在实际应用中,数据项、数据结构和数据流必须列入数据字典中加以详细说明,而常常将数据存储和处理过程的描述另立报告,而不在数据字典中描述。

4.3.6 加工规格说明

加工规格说明用来说明数据流图中的数据加工的细节。加工规格说明描述了数据加工的输入、实现加工的算法以及产生的输出。另外,加工规格说明指明了加工(功能)的约束和限制与加工相关的性能要求,以及影响加工的实现方式的设计约束。写加工规格说明的主要目的是要表达"做什么",而不是"怎样做",因此它应描述数据加工实现加工的策略而不是实现加工的细节。

可以用于写加工规格说明的工具有结构化语言、判定表和判定树。

1. 结构化语言

结构化语言(Structured Language)是专门用来描述功能单元逻辑功能的一种规范化语言,它不同于自然语言,也区别于任何一种程序设计语言。结构化语言与自然语言的最大不同是它只使用极其有限的词汇和语句,以便简洁而明确地表达功能单元的逻辑功能。

结构化语言的词汇表由英语命令动词、数据字典中定义的名字、有限的自定义词、逻辑关系词(如 IF_THEN_ELSE、CASE_OF、WHILE_DO、REPEAT_UNTIL)等组成,是一种介于自然语言和形式化语言之间的语言。

【例 4-18】 某物品销售系统,优惠处理规则是,订单额大于 1000 元,且支付信誉良好;或者虽然支付信誉不好,但是 20 年以上老客户。

结构化语言表达如下。

```
if 订单额不大于 1000 then
    正常处理
else (订单额大于 1000)
    if 支付信誉良好 then
      优惠处理
    else (支付信誉不好)
      if 20 年以上老客户 then
        优惠处理
            else (不是 20 年以上老客户)
        正常处理
```

其中，语言的正文用基本控制结构进行分割，加工中的操作用自然语言短语来表示。

2. 判定表

判定表（Decision Table）是一个二维表，它能清楚地表示复杂的条件组合与应做动作之间的对应关系，常用于存在多个条件复杂组合的判断问题。判定表能将在什么条件下系统应做什么动作准确无误地表示出来，但不能描述循环的处理特性，循环的处理特性还需要结构化语言描述。

生成判定表可采取的步骤：提取问题中的条件，标出条件的取值，计算所有条件的组合数，提取可能采取的动作或措施，制作判定表，以及完善判定表。

【例 4-19】 根据例 4-18 的需求，共有 3 个判定条件，有 8 种可能的组合情况。其中，Y 表示满足条件，N 表示不满足条件，√ 表示选中判定的结论。其判定表如表 4-6 所示，化简后的判定表如表 4-7 所示。

表 4-6　判定表

决 策 规 则		1	2	3	4	5	6	7	8
条件	订单额＞1000	Y	Y	Y	Y	N	N	N	N
	信誉良好	Y	Y	N	N	Y	Y	N	N
	≥20 年	Y	N	Y	N	Y	N	Y	N
动作	优惠处理	√	√	√					
	正常处理				√	√	√	√	√

表 4-7　化简后的判定表

决 策 规 则		1	2	3	4
条件	订单额＞1000	Y	Y	Y	N
	信誉良好	Y	N	N	—
	≥20 年	—	Y	N	—

续表

决 策 规 则	1	2	3	4
行 动 优惠处理	√	√		
正常处理			√	√

3. 判定树

判定树(Decision Tree)是判定表的变形,一般比判定表更直观、易于理解。判定树代表的意义是,左边是树根,是决策序列的起点;右边是各个分支,即每个条件的取值状态;最右侧为应该采取的策略。从树根开始,从左至右沿着某一分支,能够做出一系列的决策。

【例 4-20】 例 4-18 需求所对应的判定树如图 4-17 所示。

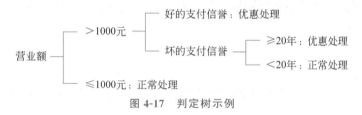

图 4-17　判定树示例

4.4 面向对象分析

面向对象分析(Object-Oriented Analysis,OOA)是以类和对象为基础,以面向对象方法学为指导,分析用户需求,并最终建立问题域模型的过程。和结构化需求分析一样,面向对象分析也从问题定义入手,获取用户需求。将用自然语言描述的用户需求转换为功能模型、静态模型和动态模型共同刻画的系统结构、功能定义和性能描述。

4.4.1　面向对象方法概述

面向对象方法是软件方法学的主要方向,也是目前最有效、最实用和最流行的软件开发方法之一。面向对象方法是在汲取结构化思想和优点的基础上发展起来的,是对结构化方法的进一步发展和扩充。

1. 面向对象方法简介

面向对象方法与传统方法的不同之处在于,其目的是有效地描述和刻画问题领域的信息和行为,以全局的观点来考虑系统中各种对象的联系,考虑系统的完整性和一致性,是对问题域完整、直接的映射。

面向对象设计方法和传统方法一样,也分为面向对象分析和面向对象设计两个步骤,但分析和设计时所用的概念和表示法是相同的,它把两个步骤结合在一起,不强调分析与设计之间的严格区分，不同的阶段可以交错、回溯；不过，分析和设计仍然有不同的分工和侧重点。

在面向对象分析阶段考虑问题和系统责任，建立一个独立于系统实现的面向对象分析模型。在分析阶段通常建立3种模型，即对象模型、动态模型和功能模型。首先定义对象及其属性，建立对象模型。这里的对象和传统方法中的数据对象（实体）不同，需要根据问题域中的操作规则和内在性质定义对象的行为特征（服务），建立动态模型，用动态模型描述对象的生命周期。分析对象之间的关系采用封装、继承、消息通信等原则使问题域的复杂性得到控制。最后根据对象及其生命周期定义处理过程，建立功能模型。

在面向对象设计阶段考虑与实现有关的因素，对面向对象分析模型进行调整并补充与实现有关的部分，形成面向对象设计模型。

面向对象方法考虑问题的基本原则是，尽可能模拟人类习惯的思维方式。面向对象使描述问题的问题空间（也称问题域）与实现解法的解空间（也称求解域）在概念和表示方法上尽可能一致。

2. 面向对象方法的概念及要素

面向对象方法主要涉及的基本概念有对象、类和消息等，以及封装、继承及多态三大要素。

1）面向对象基本概念

面向对象方法认为客观世界是由各种对象组成的，任何事物都是对象，复杂对象由简单对象组成。把面向对象实体抽象为问题域中的对象，用对象分解取代了传统的功能分解。

把所有对象都划分成各种对象类，每个对象类都定义了一组数据和一组方法。其中，数据用于表示对象的静态属性，是对象的状态信息。方法是允许施加于该类对象上的操作，是该类所有对象共享的。

（1）对象（Object）。在应用领域中，有意义的、与所要解决的问题有关系的任何事物都可以作为对象，可以是具体的物理实体的抽象、人为的概念等。例如，一名学生、一个班级、借书、还书等。对象是封装了数据结构及可施加在这些数据结构上的操作的封装体，它有唯一的标识符，向外界提供一组服务（操作）。

属性（Attribute）是对象的数据，它是对客观世界实体所具有性质的抽象。每个对象都有自己特有的属性值。例如，在学生成绩管理系统中，可以定义"学生"类，并定义姓名、性别、学号等相同的属性。每位学生有自己特定的姓名、学号、性别、年龄等，这些就是学生类的属性。

方法（Method）是对象所能执行的操作。方法描述了对象执行操作的算法和响应消息的方法，方法的实现要给出代码。对象中的数据表示对象的状态，一个对象的状态只能由该对象的操作来改变。每当需要改变对象的状态时，只能由其他对象向该对象发送消息，对象响应消息时，按照消息模式找出与之匹配的方法，并执行该方法来改变对象的状态。例如，"学生"对象可以定义选课、补考、升级/留级等操作，每个对象实现具体的操作。有的学生成绩不好,需要通过补考来决定升级或留级,而成绩合格的学生可直接升级。

（2）类（Class）。类是对具有相同数据和相同操作的一组相似对象的定义。在定义类的属性和操作时,一定要与所解决的问题域有关。同类对象具有相同的属性和方法,但是,每个对象的属性值不同,执行方法的结果也不同。

例如,在学生成绩管理系统中,可以定义"学生"类,该类可定义姓名、学号、性别、年龄等相同的属性。类中的每位学生都有自己特定的姓名、学号、性别、年龄等,这些就是学生类的属性。可以定义学生类的操作:留级/升级,如果某个学生对象的不及格课程门数达到规定的数量,就要留级,而成绩合格的学生则升级。而在学校图书馆管理系统中,可以定义借书证号、姓名、性别等属性,可以定义借书/还书等操作。但是留级/升级与图书馆管理没有关系,就不必定义了。

实例（Instance）是由某个特定的类所描述的一个具体对象。例如,学生是一个类,某位学生"王伟"就是学生类的一个实例。一般地,实例的概念还有更广泛的用法,其他建模元素也有实例。

（3）消息（Message）。消息就是向对象发出的服务请求,是要求某个对象执行它所属的类中所定义的某个操作的规格说明。一个消息通常由 3 部分组成:接收消息的对象（提供服务的对象的标识符）;消息标识符（也称消息名、服务标识）;输入信息和回答信息。

【例 4-21】　使用学生成绩管理系统时,通过单击"学生成绩管理系统"登录时,系统会提示要求在文本框输入操作人的工号及密码等信息。这里,"学生成绩管理系统"界面的登录按钮发送鼠标单击事件激活相应表单中的一个文本框消息;对象接收到消息后有所反应。

2）面向对象三大要素

面向对象的三大要素为封装、继承和多态。

（1）封装（Encapsulation）。封装就是把对象的状态和行为绑到一起的机制,它使对象形成一个独立的整体,并且尽可能地隐藏对象的内部细节。封装有两个含义:一是把对象的全部状态和行为结合在一起,形成一个不可分割的整体,对象的私有属性只能由对象的行为来修改和读取;二是尽可能隐蔽对象的内部细节,与外界的联系只能通过外部接口来实现。

封装可以保护对象,防止用户直接存取对象的内部细节,封装也保护了客户端,对象实现部分改变不会影响客户端。封装的信息屏蔽作用反映了事物的相对独立性,人们可以只关心它对外所提供的接口,即能够提供什么样的服务,而不用去关注其内部的细节问题。如果需要更改对象内部的属性或状态,则需要通过公共访问控制器来进行。

（2）继承（Inheritance）。继承是一种连接类与类之间的层次模型,是父类和子类之间共享数据和方法的机制,这是类之间的一种关系。

在设计一个新类时,可以在一个已经存在的类的基础上进行,只需考虑新类与已存在类所不同的部分,新类可以直接继承这个已经存在类的属性和方法,将其作为自己的内容,并可以在新类中定义自己的属性和方法。已经存在的类称为超类、基类或父类,新的类称为子类或派生类。例如,新类 B 能使用类 A 中的属性和方法,则称类 A 是类 B 的父类,类 B 是类 A 的子类,也称类 B 继承了类 A。

继承性有两种类型:一个子类只有唯一的一个父类,这种继承称为单继承;一个子类也可以有多个父类,它可以从多个父类中继承特性,这种继承称为多继承。

在软件开发过程中,继承实现了软件模块的可重用性、独立性,缩短了开发的周期,提高了软件的开发效率,同时使软件易于维护和修改。继承是对客观世界的直接反映,通过类的继承,能够实现对问题深入抽象的描述,也反映人类认知问题的发展过程。

(3)多态(Polymorphism)。多态是指两个或多个属于不同类的对象对于同一个消息或方法调用所做出不同响应的能力。面向对象方法借鉴了客观世界的多态性,体现在不同的对象可以根据相同的消息产生各自不同的动作。

【例 4-22】 多边形的特殊类有正多边形、轴向矩形。在多边形绘图时,需要确定 n 个顶点的坐标;在正多边形绘图时,需要确定其边数、中心坐标、外接圆半径和一个顶点的坐标;而在轴向矩形绘图时,只需要确定与坐标原点相对的一个顶点的坐标。因此,多边形绘图时的算法具有多态性。

继承和多态的结合可以生成一系列虽类似但独一无二的对象。由于继承,这些对象共享许多相似的特征;由于多态,针对相同的消息,不同的对象可以有独特的表现方式,实现个性化的设计。

3. 面向对象建模

面向对象建模是面向对象分析的关键。面向对象分析的模型要表示出系统的数据、功能和行为 3 方面的基本特征,相应地需要建立对象模型、动态模型和功能模型 3 种模型。其中,对象模型用来描述系统包含的对象及对象之间关系;动态模型用来确定各个对象之间交互及整体的控制结构;功能模型用来描述系统要实现的功能。3 种模型的比较如表 4-8 所示。

表 4-8　3 种模型的比较

类别	对象模型	动态模型	功能模型
功能	对象的静态结构及相互关系	与时间和顺序有关的系统性质	与值的变化有关的系统性质
描述	描述系统的数据结构	描述系统的控制结构	描述系统的功能
解释	做事的主体	什么时候做	做什么

在 3 种模型中,针对每个类建立的动态模型,描述了类实例的生命周期或运行周期;状态转换驱使行为发生,这些行为在数据流图中被映射成处理,在用例图中被映射成用例,它们同时与类图中的服务相对应;功能模型中的处理(或用例)对应于对象模型中的类所提供的服务;数据流图中的数据存储,以及数据的源点与终点,通常是对象模型中的对象;数据流图中的数据流,往往是对象模型中对象的属性值,也可能是整个对象;用例图中的行为者,可能是对象模型中的对象;功能模型中的处理(或用例)可能产生动态模型中的事件;对象模型描述了数据流图中的数据流、数据存储以及数据源点与终点的结构。上述

现象也说明了 3 种模型之间的关系。

4.4.2 统一建模语言

统一建模语言(Unified Modeling Language,UML)是一种面向对象的可视化建模语言,它能够让系统构造者用标准的、易于理解的方式建立起能够表达他们设计思想的系统蓝图,并且提供一种机制,以便不同的人之间可以有效地共享和交流设计成果。

1. UML 的功能

UML 作为一种建模语言,主要用于系统开发人员之间、开发人员与用户之间的交流。其主要有以下功能。

(1) 为软件系统建立可视化模型。UML 符号具有良好的语义,不会引起歧义。为系统提供了图形化的可视模型,使系统的结构变得直观、易于理解。

(2) 规约和构造软件系统的产出。UML 定义了在开发软件系统过程中需要做的所有重要的分析、设计和实现决策的规格说明,使建立的模型准确、无歧义且完整。UML 的模型可以直接对应多种编程语言,例如可以由 UML 模型生成 Java、C ++等语言代码,甚至可以生成关系数据库中的表。

(3) 为软件系统的产出建立文档。UML 可以为系统的体系结构及其所有细节建立文档。

2. UML 的组成

UML 由视图、图、模型元素和通用机制 4 部分组成。

1) 视图

视图(View)是表达系统的某一方面特征的 UML 建模元素的子集,由多个图构成,是在某一个抽象层上对系统的抽象表示。视图并不是具体的图,它是由一个或者多个图组成的对系统某个角度的抽象。

UML 是用模型来描述系统的机构或静态特征,以及行为或动态特征。从不同的视角为系统构架建模,形成系统的不同视图。UML 包括 5 种视图,即用例视图(Use Case View)、逻辑视图(Logical View)、并发视图(Concurrent View)、组件视图(Component View)及部署视图(Deployment View),如表 4-9 所示。这 5 种视图分别描述系统的一方面,5 种视图组合构成 UML 完整模型。

表 4-9　UML 的 5 种视图

视　　图	功　　能
用例视图	强调从用户的角度看到的或需要的系统功能
逻辑视图	展现系统的静态或结构组成及特征
并发视图	体现系统的动态或行为特征

续表

视　图	功　　能
组件视图	体现系统实现的结构和行为特征
部署视图	体现系统实现环境的结构和行为特征

2）图

图（Diagram）是模型元素的图形表示，通常是由代表设施的顶点和代表关系的弧所构成的联通图，是最基本的元素。每种UML图都是由多个图组成的，每种图都是体系结构某个侧面的表示，所有的图在一起组成了系统的完整视图。UML中提供了9种基本图，即描述静态结构的类图（Class Diagram）和对象图（Object Diagram），描述动态行为的状态图（State Diagram）、时序图（Sequence Diagram）、协作图（Collaboration Diagram）和活动图（Activity Diagram），描述功能的用例图（Use Case Diagram），描述物理架构的构件图（Component Diagram）和部署图（Deployment Diagram），如表4-10所示。

表4-10　UML的图

图	描述对象	作　　用
类图	静态结构	描述系统的静态结构
对象图	静态结构	描述系统在某个时刻的静态结构
状态图	动态行为	描述系统元素的状态条件和响应
时序图	动态行为	按时间顺序描述系统元素间的交互
协作图	动态行为	按时间和空间顺序描述系统元素间的交互和它们之间的关系
活动图	动态行为	描述系统元素的活动
用例图	功能	描述系统功能
构件图	物理架构	描述实现系统的元素的组织
部署图	物理架构	描述环境元素的配置，并把实现系统的元素映射到配置上

3）模型元素

模型元素（Model Element）包括事物和事物之间的联系。事物描述了一半的面向对象的概念，如类、对象、接口、消息和组件等。事物之间的关系能够把事物联系在一起，组成有意义的结构模型。

事物是UML中重要的组成部分，是对模型中最有代表性的成分的抽象。UML事物有4种，分别是结构事物、行为事物、分组事物和注释事物。结构事物（Structural Thing）是UML模型中的静态部分，共有7种，即类、接口、协作、用例、活动类、组件和节点；行为事物（Behavioral Thing）是UML模型中的动态部分，有交互和状态机两种；分组事物（Grouping Thing）是UML模型中负责分组的部分，最主要的分组事物是包；注释事物（Annotational Thing）是UML模型的解释部分。

事物之间的关系能够把事物联系在一起，组成有意义的结构模型。常见的联系包括关联关系、依赖关系、泛化关系、实现关系和聚合关系。关联(Association)关系指一种对象和另一种对象有联系。给定关联的两个类,可以从其中的一个类的对象访问到另一个类的相关对象;依赖(Dependency)关系,对于两个对象 X、Y,如果对象 X 发生变化,可能会引起对另一对象 Y 的变化,则称 Y 依赖于 X;泛化(Generalization)关系定义了一般元素和特殊元素之间的分类关系;实现(Realization)关系将一种模型元素(如类)与另一种模型元素(如接口)连接起来,其中接口只是行为的说明而不是结构或者实现,真正地实现由前一个模型元素来完成。聚合(Associative)关系描述元素之间部分与整体的关系,即一个表示整体的模型元素可能由几个表示部分的模型元素聚合而成。

4)通用机制

通用机制(General Mechanism)用于表示其他信息,如注释、模型元素的语义等。另外,UML 还提供扩展机制,使 UML 能够适应一个特殊的方法(或过程),或扩充至一个组织或用户。

3. UML 使用准则

使用 UML 面向对象方法从建立模型开始,这些模型由 UML 图组成。开发者并不需要使用所有的图,也不需要建立每种模型,应只对关键事物建立模型,可根据软件系统的实际需要选择模型。

使用 UML 建立分析模型,应当注意如下准则。

(1)选择使用合适的 UML 图。应当优先选用简单的图形和符号。例如,最常用的概念为用例、类、关联、属性和继承等,应当首先用图描述这些内容。

(2)只对关键事物建立模型。要集中精力围绕问题的核心来建立模型。最好只画几张关键的图,经常使用并不断更新、修改这几张图。

(3)分层次地画模型图。软件分析的开始阶段通过分析对象实例建立系统的基本元素,即对象或构件;然后建立类、静态模型;分析用例、建立用例模型和动态模型;在设计阶段考虑系统功能的实现方案。

(4)模型应具有协调性。每个抽象层次内的模型、不同抽象层次的模型都必须协调一致。对同一事物从不同角度描述得到不同的模型、不同的视图后,要把它们合成一个整体。建立在不同层次上的模型之间的关系,用 UML 中的细化关系表示出来,以便追踪系统的工作状态。

(5)模型和模型的元素应大小适中。如果要建模的问题比较复杂,可以把问题分解成若干子问题,分别为每个子问题建模,降低模型的复杂性和建模的难度。

4.4.3　建立对象模型

面向对象
方法

面向对象的分析首要的工作是建立问题域的对象模型。对象模型是面向对象分析最关键的模型之一,主要描述了现实世界实体中对象及其相互之间关系的映射,表示了目标系统的静态数据结构。静态数据结构对应用细节依赖较少,比较容易确定;当用户的需求变化时,静态数据结构相对比较稳定。因此,用面向对象的方法开发绝大多数软件时,都首先建立对象模型,然后再建立另两个子模型。

1. 确定类与对象

系统分析的主要任务就是通过分析找出系统类与对象。确定类与对象是面向对象分析的一个难点,但又是建模的关键。

1)确定类的过程

确定类的一般过程(见图 4-18):首先在完成需求分析的基础上,选取相关名词作为类与对象的候选者,并根据领域知识或常识进一步把隐含的类与对象提取出来,作为暂定类。然后过滤不符合类,最终确定系统类。

图 4-18 确定类的一般过程

大多数客观事物可分为 5 类:可感知的物理实体,如飞机、汽车、书、房屋等;人或组织的角色,如医生、教师、雇主、雇员、计算机系、财务处等;应该记忆的事件,如飞行、演出、访问、交通事故等;两个或多个对象的相互作用,通常具有交易或接触的性质,如购买、纳税、结婚等;需要说明的概念,如政策、版权法等。

上述分析有助于我们找到一些候选的类与对象,接下来还需要对每个候选的类与对象进行严格审查,从中去掉不正确的或不必要的,仅保留确实应该记录其信息或需要其提供服务的。可以去掉的类和对象一般具有如下特征。

(1)冗余。对于多个表达相同信息的类和对象,应只保留那些在问题域中最富有描述力的名称。例如,在公选课信息管理系统中,新生和学生表达了相同的信息,可以去掉新生,只保留学生。

(2)无关和模糊。把一些与问题无关的对象和需求陈述中的一些含义比较模糊的名词筛选出去。例如,在公选课信息管理系统中,大学、系统、网络、基本信息、名单等是一些与解决问题无关或比较笼统的候选类对象,可以将它们去掉。

(3)属性。属性用来描述对象,若有些名词只是其他对象的属性描述,则应该把这些名词从候选类对象中删除。当然,如果某个性质具有很强的独立性,则应把它作为类而不是作为属性。例如,在公选课信息管理系统中,姓名、性别、身份证号、学号、院系都属于学生的特征,作为学生的属性即可;教师号、职称都属于教师的特征,作为教师的属性即可。

(4)操作。在需求陈述中,有时可能使用一些既可作为名词又可作为动词的词,此时应根据它们在本问题中的含义决定它们是作为类还是作为类中定义的操作。例如,通常把电话"拨号"当作动词,当构造电话模型时,确实应该把它作为一个操作,而不是一个类。但是,在开发电话的自动记账系统时,把"拨号"作为重要的一个类,因此,它有自己的日期、时间等属性。总之,当一个操作具有属性而需要独立存在时,应该作为类对象而不是作为类的操作。

(5)实现。在分析阶段不应该过早地考虑怎样实现目标系统。因此,应该去掉仅与实现有关的候选的类与对象。在设计和实现阶段,这些类与对象可能是重要的,但在分析阶段过早地考虑它们反而会分散我们的注意力。

2）对象模型的描述

在 UML 中,用类图和对象图描述系统的对象模型。

(1) 类图。类图描述类与类之间的静态关系,表示系统或领域中的实体以及实体之间的关联,由表示类的类框和表示类之间如何关联的连线组成。

类的图标是一个矩形框,分成 3 部分,从上至下分别是类名、属性和操作。类名应当含义明确、无歧义;属性描述该类对象的共同特性,其值应能描述并区分该类的每个对象;操作用于修改、检索类的属性或执行某些动作。类与类之间的关系用连线表示,不同的关系用不同的连线和连线端点处的修饰符来区别,类与类之间通常有关联、泛化、细化和依赖 4 种关系,如图 4-19 所示。

图 4-19 类的图形符号和关系的连线

(2) 对象图。对象是类的实例,对象图描述系统中的对象,有以下 3 种表示方式:

对象名：类名 （对象名与类名之间用冒号(：)连接,一起加下画线)

对象名 （可以只写对象名并加下画线,将冒号及类名省略)

：类名 （如果只有类名没有对象名,在表示对象时,类名前一定要加冒号,冒号和类名要同时加下画线)

【例 4-23】 公选课信息管理系统中的类对象。首先在用户需求中分拣出候选的类和对象,可能作为候选类和对象的有大学、系统、用户、账号、系统管理员、新生、基本信息、姓名、性别、身份证号、学号、专业、班级、籍贯、住址、电话、密码、学生、教师、教师号、职称、公选课、课程编号、课程名称、开课学期、学时、学分、任课教师、网络、人数、名单、成绩。

然后,对候选类与对象进行筛选。筛选的候选类与对象包括学生、教师、账号、公选课、专业、班级,如图 4-20 所示。

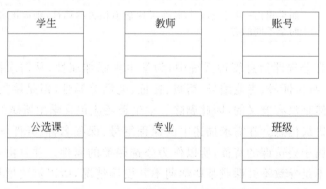

图 4-20 公选课信息管理系统类图

2. 确定属性

属性是个体对象的性质，通常用修饰性的名词词组来表示。形容词常表示具体的可枚举的属性值，属性不可能在问题陈述中完全表述出来，必须借助应用域的知识及客观世界的知识才可以找到。

在分析过程中，只考虑与具体应用直接相关的属性，而不考虑超出问题范围的属性。应当首先找出重要属性，避免只用于实现的属性，并为各个属性命名有意义的名字。

确定对象应当具有的属性，可以参考的角度：按照一般常识，对象应该具有哪些属性；在当前问题域中，对象应具有哪些属性；根据系统责任的要求，对象应具有哪些属性；建立该对象是为了保存和管理哪些信息；为了在服务中实现其功能，对象需要增设哪些属性；是否需要增设属性来区别对象的不同状态；用什么属性来表示对象的整体-部分联系和实例连接。

认真考察经初步分析而确定下来的属性，从中删除不正确的或不必要的属性。确定属性常见情况如表 4-11 所示。

表 4-11 确定属性常见情况

问 题 类 型	处 理 说 明
把对象当成属性	在毕业生信息调研中，"学校"是一个属性，而在全国高校汇总中却应该把"学校"当成对象
把关联类的属性当成一般对象的属性	如果某个性质依赖于某个关联类的存在，则该性质是关联类的属性，在分析阶段不应该把它作为一般对象的属性
把限定当成属性	如果把某个属性值固定下来以后能减少关联的重数，则应该考虑把这个属性重新表述成一个限定词
把内部状态当成属性	如果某个性质是对象的非公开的内部状态，则应该从对象模型中删除这个属性
过分细化	在分析阶段应该忽略那些对大多数操作都没有影响的属性。如学生类中的住址属性，对公选课信息管理没有作用，可以删除
存在不一致的属性	如果得出一些看起来与其他属性毫不相关的属性，则应该考虑把该类分解成两个不同的类

【例 4-24】 在公选课信息管理系统中，为学生类添加属性，从需求描述中能够获得姓名、学号、性别、身份证号、专业编号、籍贯、住址、电话等属性，但是籍贯、住址属性对于选课系统来说显然是没有意义的，因此删除。学生类还应包含学生所属的班级编号，用于记录学生所在的班级信息。在需求描述中的课程编号、课程名称、开课学期、学时、学分、任课教师编号都属于公选课的特征，所以作为公选课类的属性。并且由于部分公选课可能因为选课人数不足导致不开课或某些学期不开设等情况，所以需要增加开课状态这一属性。学生类和公选课类的属性如图 4-21 所示。

3. 确定关联

关联是指两个或多个类之间的相互依赖。关联常用描述性动词或动词词组来表示，

图 4-21　学生类和公选课类的属性

其中有物理位置的表示、传导的动作、通信、所有者关系、条件的满足等。

系统中所有可能的关联,大多数是直接抽取问题中的动词词组而得到的。此外,还有一些关联与客观世界或人的假设有关,必须同用户一起核实这种关联,因为这种关联在问题陈述中找不到。

如果在建立关联的过程中增加了新的对象类,应当把这些新增的类补充到类图中,并建立它们的类描述模板。

【例 4-25】　在公选课信息管理系统中,学生与公选课之间的关系为选课关系,选课信息类就是学生类与公选课类之间的关联关系,用于描述和映射二者之间的选修关系。通过选课信息类,将学生类与公选课类多对多的关联关系转换为一对一的关联关系。关联类通过一条虚线与关联连接,如图 4-22 所示。

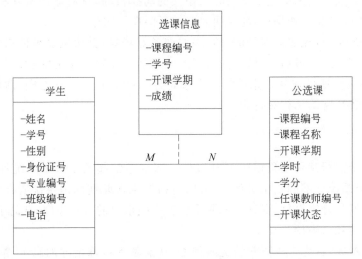

图 4-22　学生类与公选课类的关联关系

4. 识别继承关系

确定了类中的属性之后,就可以利用继承机制共享公共性质。继承是父类和子类之间共享数据结构和方法的一种机制,是以现存的定义内容为基础,建立新定义内容的技术,是类之间的一种关系。

可以使用自底向上或自顶向下两种方式建立继承关系。自底向上通过把现有类的共同性质一般化为父类,寻找具有相似属性、关系或操作的类来发现继承。例如,"图书"和"理科图书"是类似的。这些一般化结果常常是基于客观世界边界的现有分类,应尽量使用现有概念。自顶向下将现有的类细化为更具体的子类。例如,按钮可以有普通按钮、单选按钮、复选框等,这就可以把按钮类细化为各种具体按钮的子类。

当同一关联名出现多次且意义也相同时,应尽量具体化为相关联的类。在类层次中,可以为具体的类分配属性和关联。

5. 完善对象模型

对象建模不可能一次就能保证模型是完全正确的,软件开发的整个过程是一个不断完善的过程。模型的不同组成部分多数是在不同的阶段完成的,如果发现模型的缺陷,就必须返回到前期阶段修改,有些细化工作是在动态模型和功能模型完成之后才开始进行的。

4.4.4 建立动态模型

面向对象分析确定的对象和关系都具有生命周期。生命周期由许多阶段组成,每个阶段都有一系列的运行规律和规则,用来调节和管理对象的行为。对象和关系的生命周期用动态模型来描述。

动态模型表示瞬时的、行为化的系统的控制性质,它规定了对象模型中的对象的合法变化序列。动态模型用来描述系统与时间相关的动态行为,从对象的事件和状态的角度出发,表现对象经过相互作用后,随时间改变的不同操作顺序。

建立动态模型,首先要为典型的交互序列准备好场景;其次构建事件追踪图、绘制事件流程图、建立状态图;最后,检验不同状态图中共享事件的一致性和完整性。

为了能够很好地描述软件系统中的动态特性,UML提供了状态图、活动图、时序图和协作图来描述系统的结构和行为。

1. 编写脚本

脚本是系统执行某个功能的一系列事件。脚本通常起始于一个系统外部的输入事件,结束于一个系统外部的输出事件,它可以包括发生在此期间内系统所有的内部事件。编写脚本的目的是确定事件,保证不遗漏系统功能中重要的交互步骤,有助于确保整个交互过程的正确性和清晰性。

在编写脚本时,首先考虑正常情况的脚本,其次考虑特殊情况的脚本,最后考虑用户出错的脚本。如在登录系统时,可能出现多种情况:密码输入正确,登录后正常跳转到主页面;密码输入错误,系统提示密码错误,登录失败;密码中输入了非法字符,系统提示有非法字符。所有用户与系统交互的情况都要考虑到。

【例4-26】 表4-12和表4-13分别给出了教师查看选课学生名单的正常情况脚本和异常情况脚本。

表 4-12 教师查看选课学生名单的正常情况脚本

序 号	脚 本
1	系统要求用户输入账号、密码
2	用户输入账号、密码
3	系统查询数据库,该密码是否有效
4	系统确认密码有效
5	用户进入选课学生信息查询模块
6	系统要求用户输入公选课课程编号
7	用户输入要查询的课程编号
8	系统查询数据库,显示符合条件的记录
9	用户退出系统

表 4-13 教师查看选课学生名单的异常情况脚本

序 号	脚 本
1	系统要求用户输入账号、密码
2	用户输入账号、错误密码
3	系统查询数据库,该密码是否有效
4	系统显示"密码错误",并要求用户重新输入密码
5	用户输入正确的密码,系统查询数据库,验证通过
6	用户进入选课学生信息查询模块
7	系统要求用户输入公选课课程编号
8	用户放弃查询
9	用户退出系统

2. 设想用户界面

大多数交互行为都可以分为应用逻辑和用户界面两部分。通常,系统分析人员首先集中精力考虑系统的信息流和控制流,而不是首先考虑用户界面,先将系统的应用逻辑完善后再考虑用户界面是否美观、简洁、易用。事实上,采用不同界面(例如,命令行或图形用户界面)可以实现同样的程序逻辑。动态模型着重表示应用系统的控制逻辑。

但是用户对一个系统的第一印象往往是通过用户界面获得的,用户界面布局是否合理、操作是否简单易懂影响用户对系统的评价。用户界面的好坏对用户能否接受系统很重要。因此,软件开发人员应该快速地建立起用户界面的原型,供用户试用与评价,并根据用户意见对用户界面做出改进。

3. 事件跟踪

脚本奠定了建立动态模型的基础，但是脚本还不够简洁明了。为了有助于建立动态模型，可以借助事件跟踪图。构建事件跟踪图包括以下两个步骤。

（1）确定事件。仔细分析前期准备的每个脚本，从中提取出所有外部事件。事件包括系统与用户（或外部设备）交互的所有信号、输入输出、中断、动作等。从脚本中容易找出正常事件，但也不要遗漏了异常事件和出错条件。此外，还需要确定事件与对象的关系，即对于一个事件，哪个对象是事件的发送者，哪个对象是事件的接收者。

（2）画出事件跟踪图。从脚本中提取出各类事件并确定了每类事件的发送对象和接收对象之后，就可以用事件跟踪图把事件序列以及事件与对象的关系形象、清晰地表示出来。事件跟踪图实质上是扩充的脚本，可以认为事件跟踪图是简化的 UML 时序图。在事件跟踪图中，一条竖线代表一个对象，每个事件用一个箭头表示，箭头方向从事件的发送对象指向接收对象。时间从上向下递增，最上方的箭头代表最先发生的事件，最下方的箭头代表最晚发生的事件。

【例 4-27】 教师查询公选课选修学生名单的事件跟踪图如图 4-23 所示。

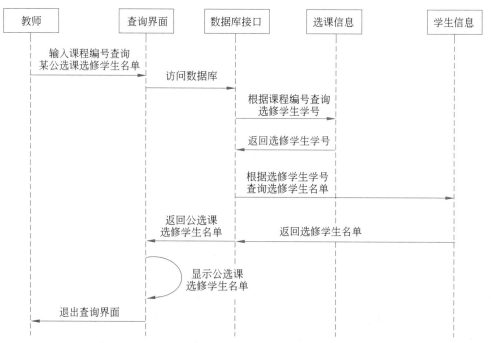

图 4-23 教师查询公选课选修学生名单的事件跟踪图

4. 状态转换分析

状态图描绘对象对外部事件做出响应的状态序列。当对象接受了一个事件以后，它的下个状态取决于当前状态及所接受的事件。由事件引起的状态改变称为转换。如果一个事件并不引起当前状态发生转换，则可忽略这个事件。

1）状态图

状态图用来描述状态的转换。状态转换是指两个状态之间的关系,它描述了对象从一个状态进入另一个状态的情况,并执行所包含的动作。画出状态图,才可正确地认识对象的行为并定义它的服务。并不是所有的类都需要画状态图。有明确意义的状态、在不同状态下行为有所不同的类才需要画状态图。

状态图的构造应覆盖所有脚本,并且包含影响某类对象状态的全部事件。完成状态图后可能会发现一些遗漏的情况,因此需要进一步的检查,设想各种可能出现的情况,多问几个“如果……,则……”的问题,发现遗漏后需要尽快补充和完善状态图。

【例 4-28】 图 4-24 描述了教师类的状态图。

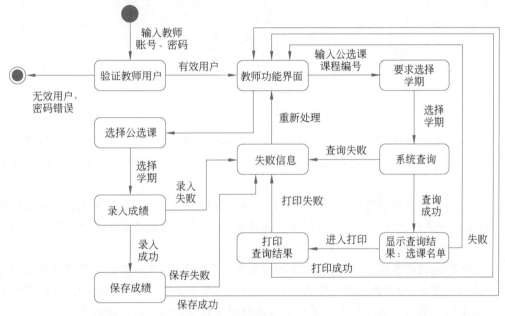

图 4-24 教师类的状态图

2）活动图

活动图是状态图的一种特殊情况。无须指明任何事件,只要动作被执行,活动图中的状态就自动开始转换。如果状态转换的触发事件是内部动作的完成,可用活动图描述;当状态转换的触发事件是外部事件时,常用状态图来表示。

在活动图中,用例和对象的行为中的各个活动之间通常具有时间顺序。活动图表达这种顺序,展示对象执行某种行为时或者在业务过程中所要经历的各个活动和判定点。每个活动用一个圆角矩形表示,判定点用菱形框表示。

【例 4-29】 用活动图描述还书登记过程,如图 4-25 所示。

3）时序图

时序图描述对象之间动态交互的情况,着重表示对象之间消息传递的时间顺序。时序图中的对象用矩形框表示,框内标有对象名。

时序图有以下两个方向,从上到下和水平方向。从表示对象的矩形框开始,从上到下

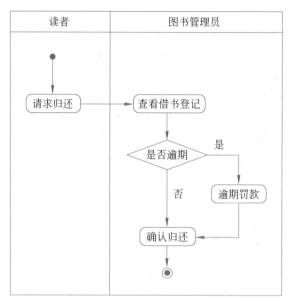

图 4-25 还书登记活动图

代表时间的先后顺序,并表示某段时间内该对象是存在的;横向箭头指示了不同对象之间传递消息的方向。浏览时序图的方法是,从上到下按时间的顺序查看对象之间交互的消息。

如果对象接收到消息后立即执行某个活动,称对象被激活了,激活用细长的矩形框表示,写在该对象的下方。消息可以带条件表达式,用来表示分支或决定是否发送。带分支的消息,某一时刻只发送分支中的一个消息。

时序图的构造步骤为,把参加交互的对象放在图的上方,横向排列。通常把发起交互的对象放在左边,较下级的对象依次放在右边;把这些对象发送和接收的消息纵向按时间顺序从上向下放置。这样就提供了控制流随时间推移的清晰的可视化轨迹。

【例 4-30】 图 4-26 是学生使用公选课信息管理系统进行选课的时序图。需要注意的是,只有大一到大二上学期能选课,因此首先需要验证学生能否选课,另外每个公选课可选人数有限,因此需要验证选课人数是否已选满。

4)协作图

协作图用于描述系统中相互协作的对象之间的交互关系和关联链接关系,它以对象图的形式来描述。协作图和时序图都是描述对象之间的交互关系,但它们的侧重点不同。时序图着重表示交互的时间顺序,协作图着重表示交互对象的静态链接关系。

协作图中的对象图示与时序图相同。对象之间的连线代表了对象之间的关联和消息传递,每个消息箭头都带一个消息标签。

【例 4-31】 图 4-27 是学生选修公选课的一个协作图。

5.审查动态模型

各个类的状态图通过共享事件合并,构成了系统的动态模型。在完成了每个具有重

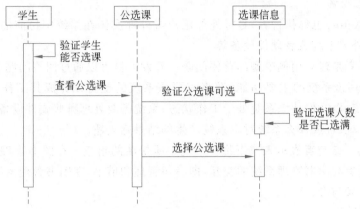

图 4-26 学生使用公选课信息管理系统进行选课的时序图

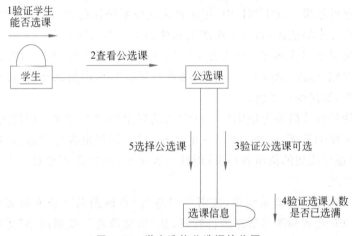

图 4-27 学生选修公选课协作图

要交互行为的类的状态图后,应该检查系统级的完整性和一致性。

对于没有前驱或没有后继的状态应该着重审查,如果这个状态既不是交互序列的起点也不是终点,则说明发现了一个错误。

4.4.5 建立功能模型

功能模型描述了系统"做什么",更直接、明确地反映了用户对目标系统的需求。建立功能模型有助于软件开发人员更深入地理解整个问题域,改进和完善自己的设计。通常在建立对象模型和动态模型之后再建立功能模型。

1. 用例模型

在 UML 中,可以由用例图描述系统的部分或全部功能模型,若干用例图构成了用例模型(功能模型)。建立用例模型的步骤主要有识别参与者、识别用例及建立用例间的关联,以及对用例进行描述。确认参与者和用例是建立用例模型的关键。

1）识别参与者

参与者(Actor)也称执行者,是指外部用户或外部实体在系统中扮演的角色,可以是一个人、一个外界系统或者硬件设备等。

识别参与者是建立用例模型的首要问题。开发人员可以通过回答问题寻找系统的参与者:谁将使用该系统的主要功能;谁将需要该系统的支持以完成其工作;谁将需要维护、管理该系统,以及保持该系统处于工作状态;系统需要处理哪些硬件设备;与该系统交互的是什么系统;谁或什么系统对本系统产生的结果感兴趣。

【例 4-32】 参与者表示人或事物在系统中所扮演的角色。在图书管理系统中,图书管理员和读者参与图书管理系统的交互,即参与管理和借书,在图书管理系统中读者和图书管理员都是参与者。

2）识别用例

用例(Use Case)是对一组动作序列的描述,系统通过执行这一组动作序列为参与者产生一个可观察的结果。在 UML 中,用例被定义成系统执行的一系列动作(功能),即用例是对系统用户需求的描述,表达了系统的功能和所提供的服务。

获取用例可考虑回答问题:参与者希望用户执行什么任务;参与者在系统中访问哪些信息(创建、存储、修改、删除等);需要将哪些外界信息提供给系统;需要将系统的什么事情告诉参与者;如何维护系统。

根据用例的特征分析确定用例是一种常用的确定用例的方法。用例的特征有,用例捕获某些用户可能的需求,实现一个具体的用户目标;用例由参与者激活,即用例总是由参与者启动,并提供确切的值给参与者;用例可大可小,但它必须是对一个具体的用户目标实现的完整描述。

【例 4-33】 在图书管理系统中,读者可以进行"查询图书""查询借阅记录"等操作;图书管理员可以对读者和图书信息进行管理,如"增加读者""新增图书"等操作。这些操作都是系统提供的服务(功能),都可以独立成一个用例。执行这些操作的都是读者与图书管理员(即参与者)。

3）建立用例间的关系

用例图从用户的角度描述系统功能,建立用例间的关系。

用例图的主要元素是用例、参与者和通信联系。用例代表某些用户可见的功能,实现一个具体用户目标。用例由参与者激活,并提供确切的值给参与者。参与者也称角色,用一个人形图案表示。参与者激活用例,并与用例交换信息。参与者与用例之间用线段连接,表示二者之间进行通信联系。这种联系通常有关联、包含、扩展及泛化等关系。包含和扩展是构造型元素,分别用≪include≫、≪extend≫表示,图形表示为虚线箭头。

【例 4-34】 图书管理系统的用例图如图 4-28 所示。

4）对用例进行描述

从软件开发的角度,用例就是需求的文字性描述,主要是说明系统如何工作的功能性或行为性需求。用例图简单地用图形的方式描述了系统,表示了参与者、用例和它们之间的关系,为了对系统有一个更加详细的了解,对于每个用例,还需要有详细的说明。

用例图的附加内容是对用例图的详细说明,主要包括用例图综述、参与者描述、用例

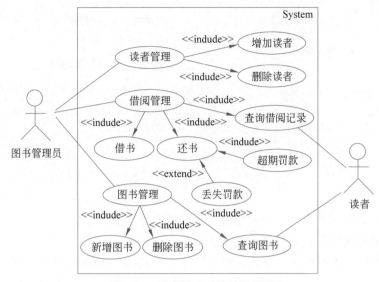

图 4-28　图书管理系统的用例图

行为描述、用例图中元素间的关系描述,以及其他与用例图相关的说明。对用例行为的描述可以通过事件流描述来说明。

用例图是系统的一个功能模型。在绘制用例图时,需要认真考虑它的粒度和抽象层次。按照抽象层次,用例图可以划分为系统层(最高层)、子系统层(可以再细分)和对象类层(最低层)。系统层用例图描述系统提供的全部功能与服务;子系统层用例图描述子系统提供的服务,它的外部交互者可以是其他子系统或高一层的参与者;对象类层用例图描述对象类提供的功能片或操作,它的外部交互者可以是其他对象类或高一层的参与者。

2. 数据流模型

数据流模型是以分析数据间的关系建立功能模型。建立数据流模型的主要步骤:确定输入输出值,用数据流图表示功能的依赖性,具体描述每个功能。

数据流图主要有 4 个基本元素,即数据流、数据处理、数据存储和外部实体。数据流表示在计算和数据处理中的中间数据值;数据处理是对数据进行处理的单元,是在对象类上操作方法的实现;数据存储由若干数据元素组成,用于表示处于静止状态的数据,如数据库文件;系统之外的实体称为外部实体,可以是人、物或其他软件系统。公选课信息管理系统中成绩管理数据流图如图 4-29 所示。

功能模型中所有的数据流图往往形成一个层次结构,一个数据流图中的过程可以由下一层的数据流图做进一步的说明。一般高层的过程代表作用于组合对象上的操作,而低层的过程则代表作用于一个简单对象上的操作。

3. 定义服务

在分析阶段可以认为,对每个对象和结构的增加、修改、删除、选择等服务有时是隐含

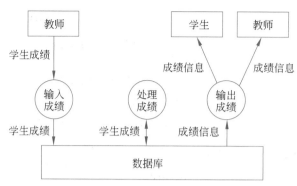

图 4-29　成绩管理数据流图

的,在图中不标出,但在存储类和对象有关信息的对象库中有定义。

其他服务则必须显式地在图中画出。

(1) 从事件导出的操作。在状态图中发往对象的事件是该对象接收到的消息,因此该对象必须有由消息选择符指定的操作,这个操作修改对象状态(即属性值)并启动相应的服务。

(2) 与数据流图中处理框对应的操作。数据流图中的每个处理框都与一个对象(也可能是若干对象)上的操作相对应。应该仔细对照状态图和数据流图,以便更正确地确定对象应该提供的服务。

(3) 利用继承减少冗余操作。利用继承机制以减少所需定义的服务数目。只要不违背领域知识和常识,就尽量抽取出相似类的公共属性和操作,以建立这些类的新父类,并在类等级的不同层次中正确地定义各个服务。

习题 4

小结

一、选择题

1. 需求工程的主要目的是(　　　)。
　　A. 确定系统开发的具体方案　　　　B. 进一步确定用户的需求
　　C. 解决系统是"做什么"的问题　　　D. 解决系统是"如何做"的问题
2. 需求分析阶段的任务是确定(　　　)。
　　A. 软件开发方法　　　　　　　　　B. 软件开发工具
　　C. 软件开发费用　　　　　　　　　D. 软件系统的功能
3. 以下不属于软件需求活动参与者的是(　　　)。
　　A. 来自软件开发方的需求分析师　　B. 来自软件开发方的编程人员
　　C. 来自委托或投资方的客户　　　　D. 来自使用方的用户
4. 对目标软件系统的响应时间需求属于(　　　)。
　　A. 功能需求　　　B. 业务需求　　　C. 非功能需求　　　D. 用户需求
5. 评审软件需求是为了确保软件的(　　　)。

A. 完整性、正确性、一致性、可行性

B. 可测性、可靠性、充分性、完整性

C. 完整性、正确性、可靠性、充分性

D. 完整性、正确性、可靠性、可行性

6. 现行系统详细调查的主要内容：企业组织结构与信息关联状况、系统的信息调查及（　　　）。

    A. 系统业务流程　　　　　　　　B. 系统数据存储

    C. 系统功能　　　　　　　　　　D. 系统输入输出

7. 下面对现行系统详细调查的描述中，不正确的是（　　　）。

    A. 对现行系统的目标、主要功能、组织结构、业务流程、数据流程的调查和分析

    B. 重点在于对系统内部详细的了解

    C. 目的是明确问题与系统开发要解决的主要问题和目标，论证系统开发的可行性

    D. 主要任务在于理解现有业务问题和信息需求

8. 结构化分析的主要描述手段有（　　　）。

    A. 系统流程图、模块图　　　　　B. 数据流图、数据字典、加工说明

    C. 软件结构图、加工说明　　　　D. 业务流程图、功能结构图、加工说明

9. 在 E-R 模型中，包含以下基本成分：（　　　）。

    A. 数据、对象、实体　　　　　　B. 控制、联系、对象

    C. 实体、联系、属性　　　　　　D. 实体、联系、数据

10. 在功能建模中，数据流图以图形的方式描绘数据在系统中流动和处理的过程，它只反映（　　　）。

    A. 系统的业务流程　　　　　　　B. 系统必须完成的逻辑功能

    C. 系统的数据存储过程　　　　　D. 用户操作使用方面的要求

11. 数据流图中的外部实体是指（　　　）。

    A. 与系统无关的单位和个人

    B. 与系统有数据传递关系但不属于系统本身的人或单位

    C. 系统的输入数据和输出数据

    D. 上级部门或外单位

12. 数据字典是用于定义和说明数据流图中的每个（　　　）。

    A. 成分　　　　B. 数据　　　　C. 数据项　　　　D. 数据结构

13. 以下（　　　）不是 UML 系统开发中的主要模型。

    A. 业务模型　　　B. 功能模型　　　C. 对象模型　　　D. 动态模型

14. 为了能够很好地描述软件系统中的动态特性，UML 提供了（　　　）来描述系统的结构和行为。

    A. 对象图、活动图、时序图和协作图

    B. 状态图、活动图、时序图和协作图

    C. 状态图、用例图、时序图和协作图

    D. 状态图、活动图、时序图和转换图

15. 软件需求规格说明书的内容不应该包括(　　　)。

A. 对重要功能的描述　　　　　　B. 对算法详细过程的描述

C. 对数据的要求　　　　　　　　D. 软件的性能

二、填空题

1. 软件需求工程必须采用合理的步骤,才能准确地获取软件的需求,产生符合要求的_____。

2. 需求分析的主要任务是尽可能弄清用户对软件的需求,规定新系统_____。

3. 软件_____的准备工作包括确定软件需求活动的参与者、了解需求的来源,以及需求内容分析。

4. 通过评审的软件需求说明书是_____阶段的最终输出,将成为软件设计、实现和测试活动的主要依据。

5. 需求管理的目的就是要控制和维持需求事先约定,保证_____的一致性,使用户得到他们最终想要的产品。

6. 业务流程图是描述一个组织_____的内容与工作流程,是进行需求调查使用的工具之一。

7. 结构化分析方法是一种从问题空间到某种表示的映射方法,由_____和数据字典构成并表示。

8. 实体-联系(E-R)图是表示_____的图形语言机制。

9. _____是需求分析使用的工具,一般由加工、外部实体、数据流和数据存储组成。

10. 数据流图描述了数据运动状况,其中的数据及其属性和关系需由_____来定义。

11. 判定表是一种二维表,它能清楚地表示复杂的条件组合与_____之间的对应关系。

12. 在面向对象分析的模型中,对象模型定义"对谁做",动态模型定义"何时做",_____定义"做什么"。

13. 面向对象方法中,系统中的所有资源都看作_____。

14. 对象是系统中用来描述_____的一个实体,由一组属性和对其进行操作的一组服务构成。

15. 在 UML 中,协作图描述了协作的对象之间的_____。

三、思考题

1. 什么是软件需求?软件需求包含哪些不同层次的需求?

2. 软件需求不确定的因素有哪些?

3. 需求工程阶段主要解决的问题是什么?该过程中需要经过哪些主要活动?

4. 需求获取有哪些常用的方法?

5. 需求分析的实现步骤有哪些?衡量软件需求的标准是什么?

6. 需求管理要做好哪些工作？

7. 什么是数据流图？它主要刻画了系统哪方面的特征？

8. 什么是数据字典？数据字典中如何表示数据的层次关系？

9. 什么是判定树？什么是判定表？它们有何用途？

10. 面向对象方法主要涉及哪些概念？

11. 面向对象分析建立哪几种模型？这些模型各表示了哪些基本特征？

12. 软件需求规格说明书在软件开发中的作用是什么？其主要内容有哪些？

四、实践题

1. 下列哪些用户需求不精确？对于不精确的需求，给出相应的需求分析对策。

（1）系统必须采用菜单来驱动。

（2）系统能够进行模糊查询。

（3）系统运行时所占用的内存空间不能超过 4GB。

（4）系统要有一定的安全保障措施。

（5）系统崩溃时不能破坏用户数据。

（6）系统响应速度要快。

2. 某学校学生工作处调研非计算机专业学生掌握信息技术的情况，请设计相应的调查分析过程。

3. 一个网上书店实施个性化信息服务系统，即根据客户购书和基本情况，向其提供即时的图书信息。系统包括客户基本信息，客户购书历史记录和书店图书目录。根据下列系统业务构造业务需求。

当客户登录书店网站时，对于老客户，只要输入客户号和密码；对于新客户，需填写基本情况信息，然后注册。

对于成功登录的老客户，系统根据其购书的历史记录，重新到图书目录中查找客户可能感兴趣的书目，并主动推荐给客户；允许老客户查询其他图书。

对于新客户，除了主动推荐新书外，也可查询整个图书目录。

4. 为方便旅客，某航空公司拟开发一个机票预订系统。旅行社把预订机票的旅客信息（姓名、性别、工作单位、身份证号码、旅行时间、旅行目的等）输入该系统，系统为旅客安排航班，印出取票通知和账单，旅客在飞机起飞的前一天凭取票通知和账单交款取票，系统校对无误即印出机票给旅客。

请用实体-联系图描绘系统中的数据对象，并用数据流图描绘本系统的功能。

5. 下列有关绘制数据流图的说明是否正确。

（1）数据流图中不能有无输入或无输出的处理过程。

（2）数据流图分解中，要保持各层成分的完整性和一致性。

（3）数据流必须通过处理过程。

（4）数据存储一般作为两个处理过程的界面来安排。

（5）处理过程的名称一般以"动词＋宾语"或"名词性定语＋动名词"为宜。

（6）进出数据存储的数据流，如内容和存储者的数据相同，可采用同一名称。

6. 图书馆管理平台需要开发一个图书查询系统。读者可在计算机终端通过国际书号(ISBN)、作者名、书名查出书的馆藏书号,管理员可通过 ISBN、馆藏书号查书的存放位置,当读者索要的书外借而无馆藏时,可以查到借阅者姓名及应还日期,必要时可催借阅者还书。

画出相应数据流图,并编写数据字典。

7. 某邮局的报刊订阅流程如下:订户根据所需报刊填写订单,邮局根据订单记入订报明细表,并给订户回执,订报期截止后,邮局每天要做下列工作。

(1) 产生本邮局各报刊订数统计表,交报刊分发中心。

(2) 产生投递分发表,交投递组。

(3) 部分数据存储和数据流说明如下。

报刊分类表:报刊号、报刊名。

订单:姓名、邮编、街道名、门牌号、报刊名、份数、起订日期、终止日期。

订报明细表:订户编号、订户姓名、邮编、街道名、门牌号、报刊名、份数、起订日期、终止日期。

订数统计表:报刊号、报刊名、数量。

投递分发表:姓名、邮编、街道名、门牌号、报刊名、份数。

数据流图如图 4-30 所示。

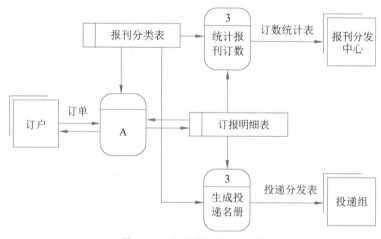

图 4-30　实践题 7 数据流图

回答下列问题:

(1) A 处进行哪些处理? 能发现什么错误?

(2) 如果同一个订户可能订阅多种报刊,为了减少冗余,可将订报明细表分成订户表和订报表,请设计这两张表的项目,并修改数据流图。

8. 某校学籍管理制度规定如下。

(1) 经补考仍有两门考试课不及格者留级。

(2) 经补考,考查课、考试课共计仍有三门不及格者留级。

(3) 经补考,仍有不及格课程但未达留级标准可升级,但不及格科目要重修。

用结构化语言、判定树、判定表分别表示上述规则。比较最有效的描述工具是哪一种？

9. 将表 4-14 所示的判定表改成判定树。

表 4-14　学生奖励处理的判定表

条　件	已修课程各门成绩比率	优≥70%	Y	Y	Y	Y	N	N	N	N	状态
		优≥50%	—	—	—	—	Y	Y	Y	Y	
		中以下≤15%	Y	Y	N	N	Y	Y	N	N	
		中以下≤20%	—	—	Y	Y	—	—	Y	Y	
	团结纪律得分	优、良	Y	N	Y	N	Y	N	Y	N	
		一般	N	Y	N	Y	N	Y	N	Y	
决策方案		一等奖	X								决策规则
		二等奖		X	X		X				
		三等奖				X		X	X		
		四等奖								X	

10. 银行计算机储蓄系统的工作过程大致如下：储户填写的存款单或取款单由业务员输入系统，如果是存款则系统记录存款人姓名、住址（或电话号码）、身份证号码、存款类型、存款日期、到期日期、利率及密码（可选）等信息，并印出存款收据给用户；如果是取款而且存款时留有密码，则系统首先核对储户密码，若密码正确或存款时未留密码，则系统计算利率并印利息清单给储户。

建立它的对象模型、动态模型和功能模型。

11. 分析公选课管理系统（GXKS）的业务目标、影响范围及业务价值。画出初步用例图。

第5章 软 件 设 计

5.1 软件设计基础

在软件需求确定后,就进入软件设计阶段。软件设计是软件工程的重要阶段。软件设计的基本目的就是回答"系统应该如何实现"这个问题。软件设计的任务,就是把软件需求规格说明书中规定的功能要素,考虑实际条件,转换为满足软件系统需求的技术方案,为下个阶段的软件实施工作奠定基础。

5.1.1 软件设计概述

软件设计是软件开发过程中决定软件产品质量的关键阶段。在软件设计阶段所做出的决策,将最终决定软件开发能否成功,更重要的是,这些设计决策将决定软件维护的难易程度。

软件设计活动是获取高质量、低耗费、易维护软件最重要的一个环节。其主要目的是绘制软件的蓝图,权衡和比较各种技术和实施方法的利弊,合理分配各种资源,构建软件系统的详细方案和相关模型,指导软件实施工作顺利开展。

软件设计是开发时期的起始阶段,关系到整个软件开发时期的质量。软件开发时期信息流描述了软件设计从软件需求到软件编码,起到承上启下的作用,如图 5-1 所示。

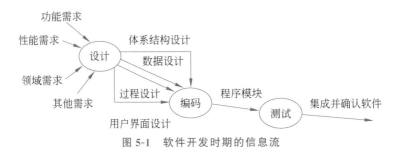

图 5-1　软件开发时期的信息流

1. 软件设计的任务

软件设计的任务是从软件需求说明书出发,根据需求分析阶段确定的功能设计软件系统的整体结构、划分功能模块、确定每个模块的实现算法,形成软件的具体设计方案。软件设计是一种在设计者计划中通过诸如软件如何满足客户的需要,如何才能容易地实现和如何才能方便地扩展功能以适应新的需求等不同角度考虑的创造性活动。

从软件工程的角度,一般将软件设计分为概要设计和详细设计两个阶段,如图 5-2 所示。根据软件项目的规模和复杂度,概要设计和详细设计既可以合并为软件设计阶段,也可以反复迭代，直至完全实现软件需求内容。

图 5-2 软件设计阶段的划分与任务

1）概要设计

概要设计也称总体设计，从需求分析阶段的工作结果出发，明确可选的技术方案，做好划分软件结构的前期工作，然后划分出组成系统的物理元素，并进行软件体系结构设计、数据设计和用户界面设计。

概要设计的主要参与者有软件分析人员、用户、软件项目管理人员以及相关的技术专家。软件分析人员完成对目标系统的物理方案和最终的软件结构设计；用户参与评价并最终审批系统的物理方案和最终的软件结构；软件项目管理人员参与评价软件分析人员设计的系统物理方案和软件结构，并对软件分析人员的设计工作进行指导；相关的技术专家则主要参与评价软件分析人员设计的系统物理方案以及软件结构。

概要设计的主要任务是完成体系结构设计、数据设计和用户界面设计。

（1）体系结构设计。确定各子系统模块间的数据传递和调用关系。在结构化设计中，体现为模块划分，并通过数据流图和数据字典进行转换。在面向对象设计中，体现为主题划分，主要确定类及类间关系。

（2）数据设计。数据设计包括数据库、数据文件和全局数据结构的定义。在结构化设计中，通过需求阶段的实体-联系图、数据字典建立数据模型。在面向对象设计中，通过类的抽象与实例化，以及类的永久存储设计，完成数据设计过程。

（3）用户界面设计。包括与系统交互的人机界面设计，以及模块间、系统与外部系统的接口关系。在结构化设计中，根据数据流条目，定义模块接口、全局的数据结构。在面向对象设计中，定义关联类、接口类、边界类等，既满足人机交互界面数据的统一，又完成类间数据的传递。

2）详细设计

详细设计的任务是在概要设计的基础上，具体实现各部分的细节，直至系统的所有内容都有足够详细的过程描述，使得编码的任务就是将详细设计的内容"翻译"成程序设计语言。确切地说，详细设计的任务是完成过程设计。

概要设计过程

过程设计包括确定软件各模块内部的具体实现过程及局部数据结构。在结构化设计中，模块独立性约束了数据结构与算法相分离的情况，使得二者在设计时务必有局部性，减少外部对二者的影响。在面向对象设计中，类的封装性较好地体现了算法和数据结构的内部性。类的继承性提供了多个类（类家族）共同实现过程设计的机制。

2. 软件设计的原则

随着软件开发技术不断进步，一些良好的设计原则不断被提出，并指导软件设计过程，确保软件质量。

（1）分而治之。分而治之是用于解决大型、复杂程度高的问题时所采用的策略。把大问题划分成若干小问题，把对一个大问题的求解转换为对若干小问题的解答，这样就极大地降低了问题的复杂度。模块化是软件设计实现分而治之思想的技术手段。在结构化设计中，模块可以是函数、过程，甚至是代码片段。在面向对象设计中，类是模块的主要形式。

（2）重用设计模式。重用是指同一事物不作修改或稍作改动就能多次使用的机制。由于概要设计完成的是系统软件结构，因而重用的内容是软件设计模式。软件设计模式针对一类软件设计的过程和模型，而不是面对一次具体的软件设计。通过重用设计模式，不仅使得软件设计质量得到保证，而且把资源集中于设计中的新流程、新方法中，并在设计时更进一步考虑新流程、新方法在将来的重用。

（3）可跟踪性。软件设计的任务之一就是确定软件各部分间的关系。因为设计系统结构就是要确定系统各部分、各模块间的相互调用或控制关系，以便在需要修改模块时，能掌握与修改模块有关的其他部分，并正确追溯问题根源。

（4）灵活性。设计的灵活性主要指设计具有易修改性。修改包括对已有设计的增加、删除、改动等活动。发生修改的原因主要有，用户需求发生变更，设计存在缺陷，设计需要进行优化，设计利用重用。

软件设计灵活性主要通过系统描述问题的抽象来体现。抽象是对事物相同属性或操作的统一描述，具有广泛性。因此，系统设计和设计模式的抽象程度越高，覆盖的范围就越大。如"鸟"对"麻雀"的抽象，既能体现麻雀能飞的特性，也覆盖了其他鸟类的说明。但抽象是一把"双刃剑"，过度的抽象反而会引起理解和设计上的困难。如用"生物"去抽象"麻雀"实体，则作为马的很多特征将难以在"生物"中定义。

（5）一致性。一致性在软件设计方法和过程中都得到体现。在软件设计中，界面视图的一致性保证了用户体验和对系统的忠诚度，如 Windows 操作系统的界面，虽历经多个版本的变更，但用户操作方式基本没有改变。用统一的规则和约束规范模块接口定义，确保编码阶段对接口和数据结构的统一操作，减少数据理解上的歧义，使得软件质量得到保证。

3. 软件设计说明书

软件设计说明书可分为概要设计说明书和详细设计说明书，软件设计说明书的完成标志着软件设计的完成，同时也为后续的软件编码提供指导和参考。

软件设计说明书主要包括如下内容。

（1）引言。说明编写设计说明书的目的，软件系统开发背景，用到的专业术语的定义和外文首字母组词的原词组，以及有关的参考资料。

（2）概要设计。说明系统主要输入输出项目、处理的功能及性能的要求；系统运行环境的要求,基本设计概念和处理流程,系统的元素标识符和功能,功能需求与程序的关系,以及尚未解决而应在系统完成之前必须解决的问题。

(3)接口设计。说明系统涉及的用户接口、外部接口、内部接口。

(4)运行设计。说明系统运行模块组合,运行控制方式与运行时间。

(5)系统数据结构设计。包括逻辑结构设计要点、物理结构设计要点、数据结构与程序的关系。

(6)系统出错处理设计。包括出错信息,故障出现后可能采取的变通措施,系统维护设计。

(7)程序系统的结构。列出系统内每个程序的名称、标识符和它们之间的层次结构关系。

(8)程序设计说明。逐个列出各个层次中的每个程序的设计思路,包括程序描述、功能、性能、输入项、输出项、算法、流程逻辑、接口、存储分配、注释设计、限制条件、测试计划,以及尚未解决应在软件完成之前应解决的问题。

5.1.2 软件设计基本原理

软件设计基本原理有软件的模块化、抽象与逐步求精、信息隐藏和局部化、模块独立性等。在软件工程中,模块化是大型软件设计的基本策略。

1. 模块化

模块(Module)是能够单独命名,由边界元素限定的程序元素的序列。在软件的体系结构中,模块能独立地完成一定的功能,是可以组合、分解和更换的单元。

模块化(Modularization)是指把系统分割成能完成独立功能的模块,明确规定各模块及其输入输出规格,使模块的界面不会产生任何混乱。模块化对复杂问题进行分割后,每个模块的信息量小,问题简单,便于对系统进行理解和处理。

假设函数 $C(x)$ 定义了问题 x 的复杂性,解决它所需的工作量函数为 $E(x)$。对于问题 P_1 和 P_2,如果 $C(P_1) > C(P_2)$,即 P_1 比 P_2 复杂,那么 $E(P_1) > E(P_2)$,即问题越复杂,所需要的工作量越大。

根据解决一般问题的经验,规律为

$$C(P_1 + P_2) > C(P_1) + C(P_2)$$

即一个问题由两个问题组合而成的复杂度大于分别考虑每个问题的复杂度之和。这样可以推出

$$E(P_1 + P_2) > E(P_1) + E(P_2)$$

由此可知,开发一个大而复杂的软件系统,将它进行适当的分解,不但可降低其复杂性,还可减少开发工作量,从而降低开发成本,提高软件生产率。但是模块划分越多,块内的工作量减少,模块之间接口的工作量增加了,如图 5-3 所示。因此在划分模块时,应减少接口的代价,提高模块的独立性。

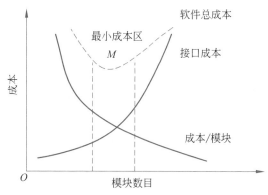

图 5-3　软件设计成本与模块数量关系图

2. 抽象与逐步求精

在现实世界中,事物、状态或过程之间存在共性。把这些共性集中和概括起来,忽略它们之间的差异,这就是抽象。抽象就是抽出事物的本质特性而暂时不考虑它们的细节。

当考虑对任何问题的模块化解法时,可以提出许多抽象的层次。在抽象的最高层次使用问题环境的语言,以概括的方式叙述问题的解法;在较低抽象层次采用更过程化的方法,把面向问题的术语和面向实现的术语结合起来叙述问题的解法;在最低的抽象层次用可以直接实现的方式叙述问题的解法。

软件工程过程的每步都是对软件解法的抽象层次的一次精化。在可行性研究阶段,软件作为系统的一个完整部件;在需求分析期间,软件解法是使用在问题环境内熟悉的方式描述的;当我们由总体设计向详细设计过渡时,抽象的程度也就随之减少了;当源程序写出来以后,也就达到了抽象的最底层。

逐步求精与抽象是紧密相关的,随着软件开发工程的进展,在软件结构每层中的模块,表示了对软件抽象层次的一次精化。层次结构的上一层是下一层的抽象,下一层是上一层的求精。事实上,软件结构顶层的模块,控制了系统的主要功能并且影响全局;在软件结构底层的模块,完成对数据的一个具体处理,用自顶向下、由抽象到具体的方式分配控制,简化了软件的设计和实现,提高了软件的可理解性和可测试性,并且使软件更容易维护。

3. 信息隐蔽和局部化

应用模块化原理时,将产生一个问题:为了得到一组模块,应该如何分解软件结构?信息隐蔽原理指出,每个模块的实现细节对于其他模块是隐蔽的,即模块中所包括的信息不允许其他不需要这些信息的模块调用。隐蔽表明有效的模块化可以通过定义一组独立的模块而实现,这些独立的模块间仅交换为完成系统功能而必须交换的信息。

模块间的通信仅使用对于实现软件功能的必要信息,通过抽象,可以确定组成软件的过程实体;而通过信息隐蔽,则可以定义和实施对模块的过程细节和局部数据结构的存取限制。局部化的概念和信息隐蔽概念密切相关,局部化是指把一些关系密切的软件元素物理地放得彼此靠近,在模块中使用局部数据元素就是局部化的一个例子。显然,局部化有助于实现信息隐蔽。

如果在测试期间和以后的软件维护期间需要修改软件,使用信息隐蔽原理作为模块化系统设计的标准就会带来极大好处。因为绝大多数数据和过程对于软件的其他部分是隐蔽的,也就是看不见的,在修改期间由于疏忽而引入的错误传播到软件的其他部分的机会就很少。

4. 模块独立性

为了降低软件系统的复杂性,提高可理解性、可维护性,必须把系统划分成为多个模块。模块不能任意划分,应尽量保持其独立性。模块独立性指每个模块只完成系统要求的独立的子功能,并且与其他模块的联系最少且接口简单。

如何衡量软件的独立性呢？根据模块的外部特征和内部特征,提出了两个度量标准——耦合和内聚。

1) 耦合

耦合是指软件系统结构中各个模块之间相互联系紧密程度的一种度量。模块之间联系越紧密,其耦合性就越强,模块的独立性则越差。模块间耦合高低取决于模块之间接口的复杂性、调用的方式及传递的信息。

模块之间的耦合性一般分为 7 种类型,如图 5-4 所示。

图 5-4　耦合的类型

非直接耦合指两个模块之间没有直接的关系,它们分别从属于不同模块的控制与调用,它们之间不传递任何信息;数据耦合指两个模块之间有调用关系,传递的是简单的数据值,相当于高级语言中的值传递;标记耦合指两个模块传递的是数据结构,例如,高级语言中的数组名、记录名、文件名等这些名字即为标记,其实传递的是这个数据结构的地址;控制耦合指一个模块调用另一个模块时,传递的是控制变量(如开关、标志等),被调模块通过该控制变量的值有选择地执行块内某些功能;外部耦合指一组模块都访问同一个全局简单变量而不是同一个全局数据结构,并且不通过参数表传递该全局变量的信息;公共耦合指通过一个公共数据环境相互作用的那些模块间的耦合;当一个模块直接使用另一个模块的内部数据,或通过非正常入口而转入另一个模块内部时,这种模块之间的耦合为内容耦合。

耦合性是影响软件复杂程度的一个重要因素,在设计中应该尽量使用数据耦合,少用控制耦合,限制公共耦合的范围,完全不用内容耦合。

2) 内聚

内聚是指模块的功能强度的度量。若一个模块内各元素(语句之间、程序段之间)联系得越紧密,则它的内聚性就越高。

模块之间的内聚性一般分为 7 种类型,如图 5-5 所示。

图 5-5　内聚的类型

模块内部所有元素都属于一个整体,它们组合在一起是为了完成某个独立的功能,则该模块的内聚是功能内聚;模块内部各部分彼此紧密联系,为实现某个功能结合在一起,并按照顺序方式执行,则该模块的内聚是顺序内聚;模块内部的所有元素都使用相同的输入数据或产生相同的输出结果,则该模块的内聚是通信内聚;模块内部的所有元素彼此相关,但必须遵循特定的过程次序执行,则该模块是过程内聚;模块内部的所有组成部分必须在同一段时间内执行完成(如所有的初始化或终止工作),则该模块是时间内聚;模块内部的各组成部分除了通过逻辑变量(也称控制参数)联系之外无任何联系,则该模块是逻辑内聚;组成模块的元素之间没有实质性的联系,则该模块是偶然内聚。

在设计时更应重视模块内聚,尽量追求功能内聚,少用逻辑内聚和偶然内聚,可以酌情使用顺序内聚和通信内聚。此外,没有必要精确定义内聚的级别,只要能够识别出低内聚的模块即可。

【例 5-1】　为实现一个堆栈,一个模块中含几个子程序,如 init_stack()、push() 和 pop();模块中同时还含有格式化报告数据和定义子程序中用到的所有全局数据和子程序。很难看出堆栈与报告子程序或全局数据部分有什么联系,因此模块的内聚性很差。这些子程序应该按照模块内聚的原则进行重新组织。

耦合性与内聚性是模块独立性的两个度量标准,将软件系统划分模块时,尽量做到高内聚、低耦合,提高模块的独立性,为设计高质量的软件结构奠定基础。

5. 软件设计原则

改进软件设计,提高软件质量需要遵循如下原则。

1) 模块高独立性

设计出软件的初步结构以后,应该进一步分解或合并模块,力求降低耦合并提高内聚。例如,多个模块公有的一个子功能可以独立定义一个模块,由这些模块调用;有时可以通过分解或合并模块以减少控制信息的传递及对全程数据的引用,并降低接口的复杂程度。

2) 模块规模适中

大的模块往往是由于分解不充分,但是进一步分解必须符合问题结构,一般分解后不应该降低模块独立性。过小的模块开销大于有效操作,而且模块数目过多将使系统接口复杂。因此过小的模块有时不值得单独存在,特别是只有一个模块调用它时,通常可以把它合并到上级模块中而不必单独存在。

3) 深度、宽度、扇出和扇入适当

深度表示软件结构中控制的层数,能够粗略地标志一个系统的大小和复杂程度,如

图 5-6 所示。它和程序长度之间应该有粗略的对应关系,当然这个对应关系是在一定范围内变化的。如果层数过多,则应该考虑是否有许多管理模块过于简单,需要适当合并。宽度是软件结构内同一个层次上的模块总数的最大值。一般宽度越大系统越复杂。对宽度影响最大的因素是模块的扇出。

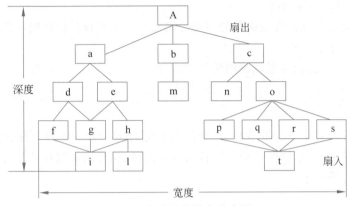

图 5-6　程序结构的有关术语

扇出是一个模块直接调用的模块数目,扇出过大意味着模块过于复杂,需要控制和协调过多的下级模块;扇出过小也不好。经验表明,一个设计得很好的典型系统的平均扇出通常是 3 或 4。扇出太大一般是因为缺乏中间层次,应该适当增加中间层次的控制模块。扇出太小时可以把下级模块进一步分解成若干子功能模块,或者合并到它的上级模块中去。当然,分解模块或合并模块必须符合问题结构,不能违背模块独立原理。

一个模块的扇入表明有多少个上级模块直接调用它,扇入越大则共享该模块的上级模块数目越多,这是有好处的,但是,不能违背模块独立原理而单纯追求高扇入。

观察大量软件系统后发现,设计得优秀的软件结构通常顶层扇出比较高,中层扇出较少,底层扇入公共的实用模块中。

4)模块的作用域应该在其控制域之内

模块的作用域定义为受该模块判定影响的所有模块的集合。模块的控制域是这个模块本身以及所有直接或间接从属于它的模块的集合。例如,在图 5-7 中,模块 A 的控制域是 A、B、C、D、E、F 模块的集合。

在一个设计得很好的软件系统中,所有受判定影响的模块应该都从属于做出判定的那个模块,最好局限于做出判定的那个模块本身及它的直属下级模块。例如,如果图 5-7 中模块 A 做出的判定只影响模块 B,符合这条规则。但是,如果模块 A 做出的判定同时还影响模块 G 中的处理过程,这样的结构使得软件难于理解。为了使 A 中的判定能影响 G 中的处理过程,通常需要在 A 中给一个标记设置状态以指示判定的结果,并且应该把这个标记传递给 A 和 G 的公共上级模块 M,再由 M 把它传给 G。这个标记是控制信息而不是数据,因此将使模块间出现控制耦合。

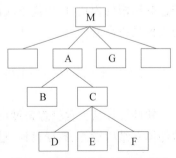

图 5-7　模块的作用域和控制域

可以通过修改软件结构使作用域是控制域的子集：一个方法是把做判定的点往上移，例如，把判定从模块 A 中移到模块 M 中；另一个方法是把那些在作用域内但不在控制域内的模块移到控制域内，例如，把模块 G 移到模块 A 的下面，使 G 成为 A 的直属下级模块。

5）模块接口的低复杂度

模块接口复杂是软件发生错误的主要原因之一。应该设计模块接口使得信息传递简单并且和模块的功能一致。

【例 5-2】 一元二次方程的根的模块定义为

```
QUAD_ROOT(TBL,X)
```

其中，用数组 TBL 表示方程的系数，用数组 X 回送求得的根。这种传递信息的方法不利于对这个模块的理解，不仅在维护期间容易引起混淆，在开发期间也可能发生错误。下面这种接口可能比较简单：

```
QUAD_ROOT(A,B,C,ROOT1,ROOT2)
```

其中，A、B、C 是方程的系数，ROOT1 和 ROOT2 是算出的两个根。

接口复杂或者不一致是高耦合或低内聚的原因所致，应该重新分析这个模块的独立性，力争降低模块接口的复杂程度。

6）单入口、单出口的模块

这条启发式规则表明，在设计软件结构时不要使模块间出现内容耦合。在结构上模块顶部有单入口，模块底部有单出口，这样的结构比较容易理解和维护。

7）模块功能应可预测

如果一个模块可以当作一个黑盒子，只要输入的数据相同就产生同样的输出，这个模块的功能就是可以预测的。带内部存储器的模块的功能可能是不可预测的，因为它的输出可能取决于内部存储器（例如，某个标记）的状态。由于内部存储器对于上级模块而言是不可见的，因此这样的模块不易理解，难于测试和维护。

如果一个模块只完成一个单独的子功能，则表现高内聚；但是，如果一个模块任意限制局部数据结构的大小，过分限制在控制流中可以做出的选择或者外部接口的模式，这种模块的功能就过分局限，使用范围也过于狭窄。在使用过程中将不可避免地需要修改功能过分局限的模块，以提高模块的灵活性，扩大它的使用范围；但是，在使用现场修改软件的代价是很高的。

设计相关
概念

5.2 软件设计技术过程

软件设计从工程管理角度可分为总体设计和详细设计两个步骤，从技术角度可分为软件体系结构设计、数据设计、过程设计和用户界面设计四大部分。

5.2.1 软件体系结构设计

软件体系结构为软件系统提供了一个结构、行为和属性的高级抽象,由构成系统的元素的描述、元素间的相互作用、指导元素集成的模式,以及这些模式的约束组成。软件体系结构不仅指定了系统的组织结构和拓扑结构,显示了系统需求和构成系统的元素之间的对应关系,而且提供了一些设计决策的基本原理。良好的体系结构是普遍适用的,它可以高效地处理各种各样的个体需求。

1. 软件体系结构设计过程

软件体系结构设计是软件设计的早期活动,侧重于建立系统的基本结构性框架,即系统的宏观结构,而不关心模块的内部算法。

一般的软件体系结构设计过程主要包括如下 3 项活动。

(1)系统结构(System Structure)设计。系统结构设计将系统划分为一些主要的独立子系统,确定子系统间的通信方式。

(2)控制建模(Control Modeling)。控制建模建立系统各部分之间的控制关系。

(3)模块分解(Modular Decomposition)。模块分解将子系统分解为模块。

上述活动通常不是按顺序而是交错进行的。在任何一个过程中,设计者都应当提供更多的细节以供决策,最终使设计满足系统的需求。软件体系结构设计的好坏将会直接影响系统的性能、健壮性、可分布性和可维护性。

在实际设计过程中,并不需要真正地去建立一个全新的体系结构模型,而是从典型、成熟的模型中选择,大型、复杂的系统可能会选择多种结构。有经验的设计者一定会在其中做出某些变通,以适应实际系统的需求。

2. 软件体系结构模型

随着计算机网络技术和软件技术的发展,软件体系结构和模式也在不断发生变化,下面介绍 3 种常见的软件体系结构模型。

1)仓库模型

仓库模型(Repository Model)是一种集中式模型。在这种结构模型中,应用系统用一个中央数据仓库来存储各个子系统共享的数据,其他子系统可以直接访问这些共享数据。当然,每个子系统可能会有自己的数据库。为了共享数据,所有的子系统都是围绕中央数据仓库紧密耦合的。

仓库模型以数据为中心,能独立提供数据服务的封闭式数据环境。它不单独集成到某一应用系统中,而是为具体的应用系统提供服务。这些服务既有通用的公共服务,也有专门设计的领域服务。

仓库模型中,数据统一存储和管理,确保了数据的实时性;对数据复杂性的统一封装,有利于数据共享;采用黑板模型,与某类数据有关的应用系统能及时获取数据;采用数据订阅推送模型,应用系统在有数据更新时,能自动获得数据,而不用采取询问方式,这就提高了数据管理效率。各应用系统间仅通过数据仓库完成数据交换,在功能上没有关联,增加、删除应用系统及其部分功能,将不会影响其他应用系统正确运行。

但集中式数据仓库也存在不足。为了对数据进行操作,不同应用系统的数据视图必须统一,否则难以达到数据共享的目的,但这不可避免地会降低各应用系统的效率。如果应用系统的数据结构发生改变,就需要单独设计数据适配器,以实现新的结构与数据仓库在数据上的匹配。这不仅增加应用系统设计的复杂度,而且有时甚至难以完成这样的数据匹配。随着网络技术的发展,数据共享带来的访问控制的复杂性、安全性、效率、备份、存储、恢复策略等一系列问题,影响了仓库模型的有效利用。

仓库模型的特点决定了它的应用范围,一般来说,银行系统、命令控制系统等常采用这种结构。

【例 5-3】 图 5-8 表示了集中式仓库模型的一个抽象。

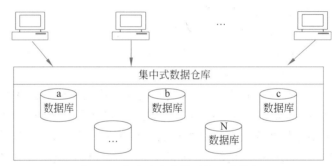

图 5-8 集中式仓库模型的一个抽象

2)客户机/服务器模型

客户机/服务器(Client/Server,C/S)软件体系结构模型(简称客户机/服务器模型)是基于资源不对等,且为实现共享而提出来的。客户机/服务器模型将应用分为两个组成部分,服务器(后台)负责数据管理,客户机(前台)完成与用户的交互任务。客户机/服务器模型具有强大的数据操作和事务处理能力,模型简单,易于人们理解和接受。

客户机/服务器模型的应用系统由多个负责不同任务的子系统构成,为降低子系统之间的耦合度,根据子系统的功能,将它们规约到 3 个相对独立的逻辑层中,即由表示层、功能层和数据层 3 部分构成的三层架构,如图 5-9 所示。

（1）表示层。表示层是应用用户的接口部分。它担负着用户与应用层间的对话功能,用于检查用户从键盘等输入的数据,显示应用输出的数据。为使用户能直观地进行操作,一般要使用图形用户接口,操作简单、易学易用。在变更用户接口时,只改写显示控制和数据检查程序,而不影响其他两层。检查的内容也只限于数据的形式和取值的范围,不包括有关业务本身的处理逻辑。

（2）功能层。功能层相当于应用的本体,它将具体的业务处理逻辑编入程序中。例如,在制作订购合同时要计算合同金额,按照定好的格式配置数据、打印订购合同,而处理所需的数据则要从表示层或数据层取得。表示层和功能层之间的数据交换要尽可能简洁。例如,用户检索数据时,要设法将有关检索要求的信息一次性地传送给功能层,而由功能层处理过的检索结果数据也一次性地传送给表示层。

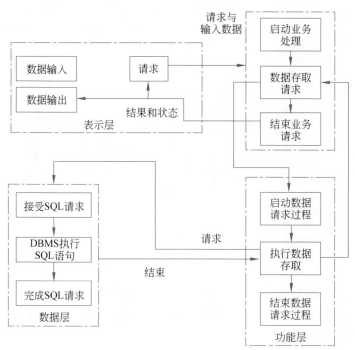

图 5-9　客户机/服务器模型

（3）数据层。数据层的构件就是数据库管理系统，负责管理对数据库数据的读写。数据库管理系统必须能迅速执行大量数据的更新和检索。因此，一般从功能层传送到数据层的要求大多使用 SQL 编写。

客户机/服务器模型的解决方案：对三层进行明确分割，并在逻辑上使其独立。原来的数据层作为数据库管理系统已经独立出来，所以关键是要将表示层和功能层分离成各自独立的程序，并且还要使这两层之间的接口简洁明了。

一般情况是只将表示层配置在客户机中，如果将功能层也放在客户机中，虽然可提高程序的可维护性，但其他问题并未得到解决。客户机的负荷太重，其业务处理所需的数据要从服务器传送给客户机，系统的性能会降低。

如果将功能层和数据层分别放在不同的服务器中，则服务器和服务器之间也要进行数据传送。由于在这种形态中客户机/服务器模型的三层架构是分别放在各自不同的硬件系统上的，因此灵活性很高，能够适应客户机数目的增加和处理负荷的变动。例如，在追加新业务处理时，可以相应增加装载功能层的服务器。因此，系统规模越大，这种形态的优点就越显著。

3）浏览器/服务器模型

浏览器/服务器（Browser/Server，B/S）模型是客户机/服务器模型的一种实现方式，由客户端浏览器、Web 服务器、数据库服务器构成，如图 5-10 所示。B/S 模型主要是利用成熟的 WWW 浏览器技术，结合浏览器的多种脚本语言，用通用浏览器来实现原来需要复杂的专用软件才能实现的强大功能，并节约了开发成本。

基于 B/S 模型的软件，系统安装、修改和维护全在服务器端解决；用户在使用系统

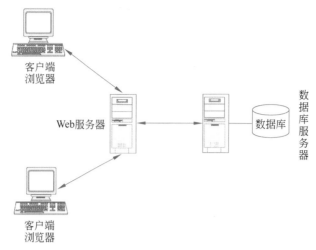

图 5-10　浏览器/服务器模型

时,仅需要一个浏览器就可运行全部的模块,真正实现了"零客户端"的功能,很容易在运行时自动升级;B/S模型还提供了异种机、异种网、异种应用服务的联机、联网、统一服务的最现实的开放性基础。

B/S模型缺乏对动态页面的支持能力,没有集成有效的数据库处理功能;B/S模型的系统扩展能力差,安全性难以控制;采用B/S模型的应用系统,在数据查询等响应速度上,要远远低于C/S模型;B/S模型的数据提交一般以页面为单位,数据的动态交互性不强,不利于在线事务处理应用。

3. 移动互联系统的体系结构

移动互联系统是指将互联网的技术、平台、商业模式及应用与移动通信技术结合并实践的活动的总称,它包括移动终端、移动网络和应用服务3个要素。移动终端是指可以在移动中使用的计算机设备,广义上包括手机、笔记本计算机、平板计算机甚至车载计算机等设备,但是大部分情况下是指具有多种应用功能的智能手机和平板计算机。移动网络现在常用WiFi和4G/5G网络,应用服务则非常多,在智能手机上用户自己下载使用的应用程序(Application,App)都是为用户提供服务的第三方软件。

移动互联系统所开发的软件都将应用在移动互联网上,与有线互联系统相比,在设计软件体系结构时,需要考虑一些特别的因素,如并发性、流量、安全、速度优化、兼容性、统计分析、测试环境模拟、需求变更频繁等。

(1) 并发性。相对于有线互联系统,移动互联系统的网速还处于窄带时期,大部分的网络访问都属于慢速连接。一个请求占用的网络连接的时间比有线互联网一个请求占用的网络连接的时间要长。在同等的服务器条件下,并发连接数比有线互联网模式要高。

(2) 流量。移动互联网用户基本都是按流量的应用模式,用户会首选耗用流量低的系统使用。例如,客户端程序最好使用压缩传输内容;Web网页内容尽量简洁;统一资源定位符(Uniform Resource Locator,URL)连接尽量压缩。

(3)安全。移动互联网通常是服务端通过应用程序接口(Application Programming Interface,API)进行支付,用户会觉得不安全。可以采用银行通过短信认证,缺点是万一手机丢失可能会造成被人恶意支付。在为移动互联软件设计系统架构时,要整体考虑软件的安全性。

(4)速度优化。移动网络的速度一般较慢,速度优化就更加需要得到重视。如 App 与服务器端的交互是否使用自定义的协议进行提速,网络操作失败如何处理等。移动互联系统架构需要在网络建设的基础上优化速度。

(5)兼容性。移动互联网的终端类型、屏幕分辨率、浏览器类型千变万化。同一个手机的同一个浏览器也有适应屏幕模式和缩放模式。如此多的种类给软件页面的兼容开发带来了很大的难度。移动互联系统架构也涉及有线互联网、移动网站、App 客户端的功能统一。

(6)统计分析。客户端软件的用户行为统计分析,可以定期向服务器发送。客户端先把用户的操作行为收集起来,进行分析后,再把结果定期压缩打包,发送给服务器。移动网站可以通过服务器端记录日志、JS(JavaScript)探针等综合的方式进行统计。

(7)测试环境模拟。移动互联系统需要在真实场景下进行模拟测试,这也是所有软件测试都需要面对的情况。

(8)需求变更频繁。由于移动互联系统的特点,需求变更的实时性要求更高。如何快速、高效地完成需求的变更,而又不影响系统性能,是对开发移动互联系统的挑战。

4. 控制模型

系统的结构性模型主要考虑将系统分解成若干子系统,但不包括控制信息。系统结构应当按照某种方式组织子系统,以控制子系统之间的工作流程。

常见的控制模型主要有集中控制和事件驱动控制两种。控制模型支持结构性模型,所有的结构性模型都会用到这两种控制模型。

1)集中控制模型

集中控制(Centralized Control)模型的一个子系统能够在总体上控制、启动、停止其他子系统。它也可以将控制移交给其他子系统,但必须能回收控制。根据子系统的执行情况,集中控制模型又分为以下两类。

(1)调用-返回模型(Call-Return Model)。调用-返回模型实际上是一种自顶向下的层次模型。上层子系统控制下层子系统的运行,如图 5-11 所示。其中的主程序扮演了系统控制器的角色。这种模型只适用于顺序执行系统。

(2)管理者模型(Manager Model)。管理者模型多由并行系统实现。一个系统组件被设计成系统的管理者(系统控制器),它控制系统中其他进程的启动、终止和协调工作。这里的进程是指能够与其他进程并行执行的子系统或者模块,如图 5-12 所示。

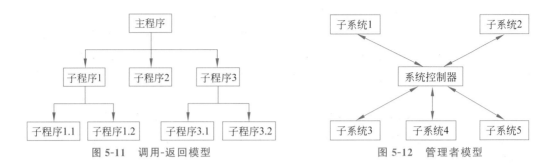

图 5-11 调用-返回模型   图 5-12 管理者模型

2)事件驱动控制模型

事件驱动控制(Event-Driven Control)模型由外部事件驱动。事件(Event)由系统的外部环境产生,如用户操作可以触发一个事件。事件与普通输入不同,普通输入在子系统的时间控制序列之内,事件则不受子系统的控制而来自外部。事件往往与一个消息(Message)相关联。这里的消息是指携带了有用信息的信号(Signal)。当一个事件被触发时,与此相关联的消息会被发送到应用系统,然后由应用系统决定是否处理这个事件/消息。此外,系统的各子系统也可以互相发送消息,但不会触发事件。典型的使用事件驱动控制模型的实例是窗口系统。

5.2.2 数据设计

数据设计最主要的任务是数据库设计,是指对于一个给定的应用环境,提供一个确定最佳数据模型与处理模式的逻辑设计,以及一个确定数据库合理存储结构与存取方法的物理设计,建立起既能反映现实世界信息和信息联系,满足各种用户需求(信息要求和处理要求),又能在某个数据库管理系统实现系统目标并有效存取数据的数据库。

1. 数据库设计的目标

数据库设计是硬件、软件和技术的集合体。数据库设计应与应用系统设计结合起来,设计过程应把结构(数据)设计和行为(处理)设计结合起来。数据库设计应满足以下目标。

(1)满足用户应用需求。用户最关心的是数据库能否满足信息要求和处理要求。在进行数据库设计时,设计者必须充分理解用户各方面要求与约束条件,准确定义系统需求,以便度量。定义系统需求时要注意经济效益。

(2)良好的数据库性能。数据库是存储器上合理存储的结构化的大宗数据的集合,具有数据独立性、共享性、最小冗余性、数据安全性、完整性、一致性、可靠性等特点。这些特点在数据库设计中要时刻考虑到,使设计出来的数据库确实具有这些特点。为了解决性能问题,应熟悉各级数据模型和存取方法,特别是物理模型和数据的组织与存取方法。

(3)对现实世界模拟的精确程度。数据库通过数据模型来模拟现实世界的信息类别与信息间的联系。数据库模拟的精确程度越高,就越能反映实际。这是设计的一个质量指标。

(4)能被某个现有数据库管理系统接受。数据库设计的最终结果是确定数据库管理系统支持下能运行的数据模型与处理模型,并建立起实用、有效的数据库。在设计中,必须透彻了解所选用数据库管理系统的特点、数据组织与存取方法、效率参数、安全性、合理性限制等,才能设计出充分发挥数据库管理系统优点的最优模型。

2. 数据库设计的成果

完成数据库设计的标志成果是编写数据库设计说明书。数据库设计说明书包括以下主要内容。

(1)引言。说明编写目的,以及软件系统开发背景。

(2)外部设计。说明标识数据库的代码、名称或标识符,将要使用或访问此数据库的所有应用程序,以及相关约定、专门指导、与数据库直接有关的支持软件。

(3)结构设计。包括概念结构设计、逻辑结构设计、物理结构设计及相应视图。

(4)运用设计。说明数据库设计中涉及的各种项目的标识符及有关信息,以及安全保密设计。

3. 数据库设计的层次

数据库设计包括概念数据库设计、逻辑数据库设计、物理数据库设计等不同层次。

1)概念数据库设计

概念数据库设计的任务是产生反映企业组织信息需求的数据库概念结构。概念结构是对现实世界的一种抽象,即对实际的人、事、物和概念进行人为处理,抽取人们关心的共同特性,忽略其本质的细节。概念结构不依赖于计算机系统和具体的数据库管理系统。

概念数据库设计的主要步骤:首先根据系统分析的结果(数据流图、数据字典等)对现实世界的数据进行抽象,设计各个局部视图,即局部实体-联系(E-R)图,然后将局部E-R图合并成全局E-R图。

(1)设计局部 E-R 图。

在系统分析阶段,对应用环境和要求进行了详尽的调查分析,并用多层数据流图和数据字典描述了整个系统。设计局部 E-R 图的第一步就是要根据系统的具体情况,在多层的数据流图中选择一个适当层次的数据流图,让这组图中每部分对应一个局部应用,从这一层次的数据流图出发,设计局部 E-R 图。由于高层的数据流图只能反映系统的概貌,而中层的数据流图能较好地反映系统中各局部应用的子系统组成。因此,往往以中层的数据流图作为设计局部 E-R 图的依据。

每个局部应用都对应了一组数据流图,局部应用涉及的数据都已经收集在数据字典中了,设计局部 E-R 图就是要将这些数据从数据字典中抽取出来,参照数据流图,标定局部应用中的实体和实体的属性,标识实体的码,确定实体之间的联系及其类型。

【例 5-4】 固定资产管理系统的 E-R 图示例如图 5-13 和图 5-14 所示。

(2)E-R 图的集成。

各个局部 E-R 图建好后,还必须进行合并,集成为一个整体的数据概念结构,即全局 E-R 图。E-R 图集成一般采用逐步累积的方式,即首先集成两个局部 E-R 图(通常是比较关键的两个局部 E-R 图),以后每次将一个新的局部 E-R 图集成进来。如果局部视图

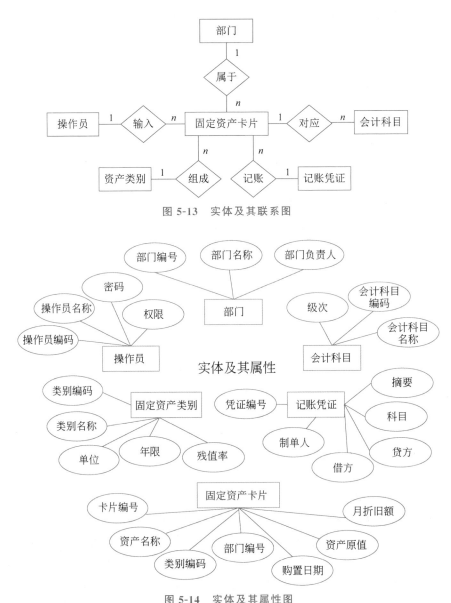

图 5-13　实体及其联系图

图 5-14　实体及其属性图

简单,也可以一次集成多个局部 E-R 图。

　　一般集成局部 E-R 图需要合并、修改和重构等步骤。合并局部 E-R 图不是简单将所有局部 E-R 图画到一起,而是要消除局部 E-R 图中的不一致,以形成一个能为全系统中所有用户共同理解和接受的统一的概念模型。合理消除各局部 E-R 图的冲突是合并局部 E-R 图的主要工作与关键所在。

　　局部 E-R 图经过合并生成的是初步 E-R 图,其中可能存在冗余的数据和冗余的实体之间的联系。冗余数据和冗余联系容易破坏数据库的完整性,给数据库维护增加困难。因此得到初步 E-R 图后,应当进一步检查 E-R 中是否存在冗余,如果存在则应设法予以消除。有时为了提高某些应用效率,不得不以冗余信息作为代价。在设计数据库概念结构时,需要根据用户的整体需求来确定哪些冗余的信息该消除。

视图集成后形成一个整体的数据库概念结构,对该整体概念结构还必须进行进一步验证,确保它能够满足:整体概念结构内部必须具有一致性,即不能存在互相矛盾的表达;整体概念结构能准确地反映原来的每个视图结构,包括属性、实体及实体之间的联系;整体概念结构能满足需求分析阶段所确定的所有要求。

2) 逻辑数据库设计

逻辑数据库设计的目的是从概念模型导出特定的数据库管理系统可以处理的数据库的逻辑结构,这些模式在功能、性能、完整性和一致性约束及数据库可扩充性等方面均应满足用户提出的要求。

关系数据库的逻辑设计过程如下。

(1) 导出初始关系模式。将 E-R 图按规则转换成关系模式。

(2) 规范化处理。消除异常,改善完整性、一致性和存储效率,一般达到第三范式(3NF)即可。规范化过程实际上就是单一化过程,即一个关系描述一个概念,若多于一个概念就把其分解出来。

(3) 模式评价。模式评价的目的是检查数据库模式是否满足用户的要求,包括功能评价和性能评价。

(4) 优化模式。如疏漏的要新增关系或属性,合并、分解性能不好的关系模式或用另外结构代替性能不好的关系模式等。对于具有相同关键字的关系模式,如它们的处理主要是查询操作,而且经常在一起使用,可将这类关系模式合并。对于虽已规范化但因某些属性过多时的关系模式,可以将其分解成两个或多个关系模式。其中,按照属性组分解的称为垂直分解,垂直分解要注意得到的每个关系都要包含主码。

【例 5-5】 根据图 5-13 和图 5-14 所示的 E-R 模型,设计逻辑模型如下。

部门(部门编号,部门名称,部门负责人)

操作员(操作员编码,操作员名称,密码,权限)

会计科目(会计科目编码,会计科目名称,级次)

记账凭证(凭证编号,摘要,科目,借方,贷方,制单人)

固定资产类别(类别编码,类别名称,单位,年限,残值率)

固定资产卡片(卡片编号,资产名称,类别编码,部门编号,购置日期,资产原值,月折旧额)

3) 物理数据库设计

物理数据库设计是对已确定的逻辑数据库结构,研制出一个有效、可实现的物理数据库结构的过程。物理数据库设计常常包括某些操作约束,如响应时间与存储要求等。

物理数据库设计的主要任务是对数据库中数据在物理设备上的存放结构和存取方法进行设计。数据库物理结构依赖于给定的计算机系统,而且与具体选用的数据库管理系统密切相关。物理数据库设计可以分为以下步骤。

(1) 存储记录的格式设计。存储记录的格式设计包括分析数据项类型特征,格式化记录,并确定数据压缩或代码化的方法等。此外,可以使用垂直分割方法,对含有较多属性的关系按照属性使用频率的不同进行分割;可以使用水平分割方法,对含有较多记录的关系按某些条件进行分割,并把分割后的关系定义在相同或不同类型的物理设备上,或者定义在相同设备的不同区域上,从而使访问数据库的代价最小,提高数据库的性能。

(2)存储方式设计。物理数据库设计中重要的一个考虑,是把存储记录在物理设备上的存储方式,常见的存储方式有顺序存储、散列存储、索引存储及聚簇存储等。

(3)访问方式设计。访问方式设计为存储在物理设备上的数据提供存储结构和访问路径,这与数据库管理系统有很大关系。

(4)完整性和安全性设计。根据逻辑数据库设计提供的对数据库的一致性约束条件以及所采用的数据库管理系统的性能、功能和硬件环境,设计数据库的完整性和安全性措施。

在物理数据库设计中,应充分注意物理数据的独立性,即对物理数据结构设计的修改不要引起对应用程序的修改。物理数据库设计的性能可以用用户获得及时、准确的数据和有效利用计算机资源的时间、空间及可能的费用来衡量。

4. 数据库访问方式设计

在网络环境下,客户端通过服务器访问数据库。开放数据库互连(Open Database Connectivity,ODBC)已成为广泛应用的数据库访问接口。在 B/S 结构下,由于所有的数据库信息都以 HTML 格式通过 Web 发布,因此建立 Web 服务器与数据库之间的连接尤为重要。

1) 公共网关接口技术

公共网关接口(Common Gateway Interface,CGI)技术是传统的 Web 与数据库连接技术,它规定了浏览器、Web 服务器及 CGI 程序之间的数据交换格式和标准,是在服务器端运行的程序。用户通过浏览器向 Web 服务器提出查询和修改数据请求,CGI 负责提取信息并将其组织成结构化查询语言(Structured Query Language,SQL)查询或修改数据语句,然后将它们发送到数据库服务器,在数据库管理系统对数据进行处理后将结果传回 Web 服务器,再传送到客户端浏览器。CGI 脚本程序可用多种编程语言实现,性能良好,但运行速度慢。

2) Java 数据库连接技术

Java 数据库连接(Java Database Connectivity,JDBC)技术是 Java 语言编写的访问数据库的接口,它具备 3 种连接数据库的途径:与数据库直接连接、通过 JDBC 驱动程序连接、与 ODBC 数据源直接连接。JDBC 的工作原理如图 5-15 所示,浏览器从服务器下载含有 JavaApplet 的 HTML 文档,然后浏览器直接与数据库建立连接,不需要通过服务器与数据库相连,因而减少了服务器的压力。

3) ASP 技术

ASP(Active Server Pages)技术可以将脚本语言集成到 HTML 页面,通过 ASP 可以结合 HTML 网页、ASP 指令和 ActiveX 元件建立动态的、交互式的 Web 服务器应用程序。ASP 是通过 ActiveX 数据对象(ActiveX Data Objects,ADO)实现数据库访问的。

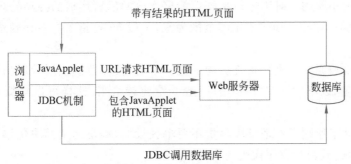

图 5-15　JDBC 的工作原理

当用户申请一个 ＊.asp 页面时，Web 服务器响应该 HTTP 请求，启动 ASP，读取 ＊.asp 页面内容，执行 ASP 脚本命令，利用 ADO 进行数据库访问，将所得结果生成 HTML 页面返回到浏览器。ASP 脚本不需要编译，易于编写，可以在服务器端直接执行，从而减轻了客户端浏览器的负担，大大提高了交互的速度，而且 ASP 脚本的源程序不会被下载到浏览器，保证了脚本的安全性。

ASP 的实现流程如图 5-16 所示。

图 5-16　ASP 的实现流程

5.2.3　过程设计

过程设计的任务是开发一个可以直接转换为程序的软件表示，即对系统中每个模块的内部过程进行设计和描述。

1. 过程设计的原则

系统的过程设计是分析如何将系统的输入数据转换为输出数据的过程，其任务是设计出所有模块和它们之间的相互关系（连接方式），并具体地设计出每个模块内部的功能和处理过程，为程序员提供详细的技术资料。过程设计应当遵循以下 7 个原则。

（1）层次分解原则。系统必须按其功能目标予以分解，将一个大系统按其设定的功能分解成较小的处理模块，使系统成为具有层次关系的结构。

（2）耦合力原则。进行系统功能的层次分解时，要使各处理模块与处理模块之间的关联性最小。各处理模块之间的关联性越小，就越能降低处理模块之间彼此的相互影响，有助于系统的调试。

（3）内聚力原则。进行系统功能的层次分解时，应尽量使每个处理模块都具有一个特定的功能目标，即模块内各指令的相关程度最高，以增加各处理模块的独立性。

（4）模块说明原则。对于系统分解后的各项处理功能，应该用有意义的文字加以标示。例如，对处理模块命名时，用足以表示处理模块功能的名称命名。

（5）适度大小原则。对于进行系统功能层次分解后所形成的各项处理功能,其内部指令行数以能够打印在一面报表纸的范围为宜,一般 50 行指令左右比较适当,这样有利于程序员阅读。

（6）控制范畴原则。进行系统功能层次分解时,要注意到上层处理功能所控制的下层处理模块数量,以不大于 7 个为宜,一般 5 个比较恰当,这样可以降低处理模块的复杂性。

（7）模块共享原则。处理模块尽量不要单独设立,而是运用模块化思想将其设计成可共享模块,以达到减少程序代码的目的。

过程设计
工具

2. 过程设计的描述工具

过程设计常用的描述工具有传统的程序流程图、盒图、问题分析图等。

1）程序流程图

程序流程图也称程序框图,它能比较直观和清晰地描述过程的控制流程,易于学习掌握。程序流程图的不足主要表现在,利用程序流程图使用的符号不够规范,使用的灵活性极大,程序员可以不受任何约束,随意转移控制。这些问题常常严重影响了程序质量。为了消除这些不足,应严格定义程序流程图所使用的符号,不允许随心所欲地画出各种不规范的程序流程图。

为使用程序流程图描述结构化程序,必须限制在程序流程图中只能使用下述的 5 种基本控制结构,即顺序结构、选择结构、多分支选择结构、先判定型循环结构和后判定型循环结构,如图 5-17 所示。

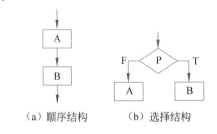

（a）顺序结构　　　（b）选择结构

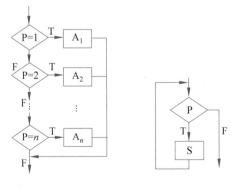

（c）多分支选择结构　　（d）先判定型循环结构　　（e）后判定型循环结构

图 5-17　程序流程图的基本结构

【例 5-6】 图 5-18 描述了一个求 N! 的程序流程图。

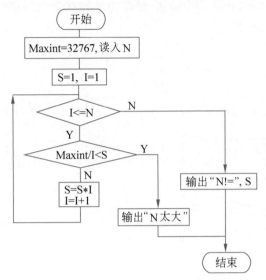

图 5-18　求 N！的程序流程图

2）盒图

那西(Nassi)和史奈德曼(Shneiderman)提出了一种符合结构化程序设计原则的图形描述工具,称为盒图,也称 N-S 图。在盒图中,为了表示 5 种基本控制结构,规定了 5 种图形构件。其基本图例如图 5-19 所示。

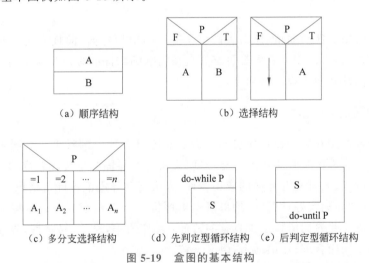

（a）顺序结构　　　　　（b）选择结构

（c）多分支选择结构　　（d）先判定型循环结构　（e）后判定型循环结构

图 5-19　盒图的基本结构

【例 5-7】 根据例 5-6 的程序流程图,Maxint/I<S 时,能跳出循环,可以设置一个标记值 A=1。在上述条件不符合时,标记值不变,循环正常进行,直至算出“N!”;满足该条件时,标记值变为 A=2,循环立即结束。该问题的 N-S 图如图 5-20 所示。

3）问题分析图

问题分析图(Problem Analysis Diagram,PAD),是一种基于结构化程序设计思想,用二维树状结构的图来表示程序的控制流及逻辑结构的图形描述工具。如图 5-21 所示，在问题分析图中，一条竖线代表一个层次，最左边的竖线是第一层控制结构，随着层次的加深，图形不断地向右展开。

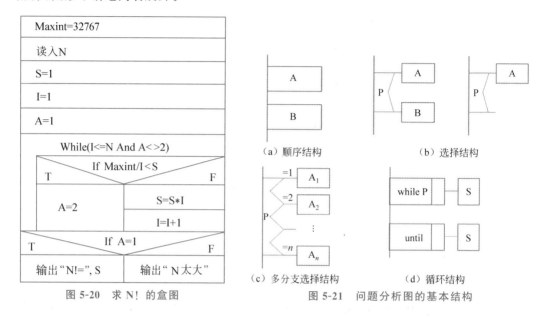

图 5-20　求 N! 的盒图　　　　图 5-21　问题分析图的基本结构

5.2.4　用户界面设计

随着各种应用软件的面市，作为人机交互接口的用户界面（简称人机交互界面）发挥越来越重要的作用，人机交互界面是否友好直接影响到软件的寿命与竞争力。因此，对人机交互界面的设计必须予以足够的重视。

1. 用户界面设计的基本要求

评价一个人机交互界面设计质量的优劣目前还没有统一的标准。一般来说，考虑的主要问题有用户对人机交互界面的满意程度、人机交互界面的标准化程度、人机交互界面的适应性和协调性、人机交互界面的应用条件、人机交互界面的性能价格比。

人们通常用"界面友好性"这一抽象概念来评价一个人机交互界面的好坏，一般认为一个友好的人机交互界面应该至少具备的特征：操作简单，易学，易掌握；界面美观，操作舒适；快速反应，响应合理；用语通俗，语义一致。

综上所述，人机交互界面设计应考虑 4 方面的问题：系统响应时间、用户帮助设施、出错信息处理和命令交互。

（1）系统响应时间。系统响应时间包括两方面：时间长度和时间的易变性。系统响应时间应该适中，系统响应时间过长，用户就会感到不安和沮丧；而系统响应时间过短，有时会造成用户加快操作节奏，从而导致错误。系统响应时间的易变性是指相对于平均响应时间的偏差。即使系统响应时间比较长，低的响应时间易变性也有助于用户建立稳定的节奏。

合理设计系统功能的算法,使系统响应时间不要过长;如果系统响应时间过短,要适当延时。总之,要根据用户的要求来调节系统响应时间。

(2)用户帮助设施。常用的用户帮助设施有集成和附加两种。集成帮助设施一开始就是设计在软件中的,它与语境有关,用户可以直接选择与所要执行操作相关的主题。通过集成帮助设施可以缩短用户获得帮助的时间,增加界面的友好性。附加帮助设施是在系统建好以后再加进去的,通常是一种查询能力比较弱的联机帮助。

设计必要的、简明的、合理有效的帮助信息,可以大幅提高用户界面的友好性,使软件受到用户的欢迎。

(3)出错信息处理。出错信息和警告信息是出现问题时给出的消息。有效的出错信息能提高交互系统的质量,减少用户的挫折感。

(4)命令交互。面向窗口图形界面减少了用户对命令执行的依赖。但还是有些用户偏爱用命令方式进行交互。在提供命令交互方式时,应考虑每个菜单项都应有对应的、控制序列、功能键或输入命令;考虑学习和记忆命令的难度,命令应当有提示;只输入宏命令的标识符就可以按顺序执行它所代表的全部命令;所有应用软件都有一致的命令使用方法。

2. 用户界面设计的原则

设计友好、高效的用户界面的基本原则是用户界面应当具有可靠性、简单性、易学习性和易使用性、立即反馈性,这些往往也是用户评价界面设计的标准。

(1)可靠性。用户界面应当提供可靠的、能有效减少用户出错的、容错性好的环境。一旦用户出错,应当能检测出错误、提供出错信息,给用户改正错误的机会。

(2)简单性。简单性能提高工作效率,用户界面的简单性包括输入输出的简单性,系统界面风格的一致性,命令关键词的含义、命令的格式、提示信息、输入输出格式等的一致性。

(3)易学习性和易使用性。用户界面应提供多种学习和使用方式,应能灵活地适用于所有的用户。

(4)立即反馈性。用户界面对用户的所有输入都应立即做出反馈。当用户有误操作时,程序应尽可能明确地告诉用户做错了什么,并向用户提出改正错误的建议。

3. 人机交互界面设计的步骤

人机交互界面设计的步骤简述如下。

(1)调查研究。开展用户调研,拟定需求,初步建立界面原型。

(2)需求分析。根据任务的复杂性、难易程度等,详细分解任务动作,进行合理分工,确定适合用户的交互方式。确定系统的软硬件支持环境及接口,向用户提供各类文档要求等。根据需求分析、任务分析、环境分析等,分析实现界面形式所要花费的成本/效益,以便选择合适的开发设计途径。

(3)确定界面设计。根据用户的自身特性,以及系统任务、环境、成本/效益,确定适合的界面类型,确定屏幕显示信息的内容和界面显示的次序,进行屏幕总体布局和显示结

人机交互
界面设计

构设计;然后,进行艺术设计完善,包括为吸引用户的注意所进行的增强显示的设计,例如,采取运动,改变形状、大小、颜色、亮度、环境等特征(如加线、加框、前景和背景设计等),还包括创新的设计以增加亮点,或者应用多媒体手段等。决定和安排帮助信息和出错信息的内容,组织查询方法,并进行出错信息、帮助信息的显示格式设计。

(4)原型设计。在经过初步系统需求分析后,开发出一个满足系统基本要求的、简单的、可运行系统给用户试用,让用户进行评价提出改进意见,进一步完善系统的需求规格和系统设计。

(5)综合测试与评估。这个阶段的关键任务是通过各类型的测试与评估,使系统达到预定的要求。它可以采取多种方法,如试验法、用户反馈、专家分析、软件测试等,对软件界面的诸多因素如功能性、可靠性、效率、美观性等进行评估,以获取用户对界面的满意度,便于尽早发现错误或者不满意的地方,以改进和完善系统设计。

(6)维护。通过各类必要的维护活动,使系统持久地满足用户的需要。

4. 人机交互界面的设计方式

人机交互界面也称用户界面,是人机对话的窗口,设计时应尽可能坚持友好、简便、实用、易于操作的原则,避免烦琐、花哨的界面。

人机交互界面设计包括菜单方式、会话方式、提示方式及操作权限管理方式等。

1)菜单方式

菜单是信息系统功能选择操作的最常用方式。特别是对于图形用户界面(Graphical User Interface,GUI),菜单集中了系统的各项功能,直观、易操作。菜单的形式可以是下拉式、弹出式或快捷菜单,也可以是按钮选择方式等。

菜单设计应和系统的划分结合起来,尽量将一组相关的菜单放在一起。同一层菜单中,功能应尽可能多,菜单设计的层次应尽可能少。一般功能选择性操作最好让用户一次就进入系统,避免让用户选择后再确定形式。对于一些重要操作,如执行删除操作、终止系统运行、执行退出操作时可以提示用户确定。菜单设计中在两个邻近的功能之间选择时,应使用高亮度或强烈的对比色,使它们的变化醒目。

2)会话方式

在系统运行过程中,当用户操作错误时,系统要向用户发出提示和警告性的信息;当系统执行用户操作指令遇到两种以上的可能时,系统提请用户进一步说明;系统定量分析的结果通过屏幕向用户发出控制性的信息等。通常是让系统开发人员根据实际系统操作过程将会话语句写在程序中。

在开发决策支持系统时也常常会遇到大量的具有一定因果逻辑关系的会话。对于这类会话,可以将会话设计成数据文件中的一条条记录,系统运行时,根据用户的会话回答内容,执行相应的判断,从而调出下一句会话,并显示出来。这种会话不需要更改程序,只需要对会话文件中的记录操作即可。但是它的分析判断过程复杂,一般只用于少数决策支持系统、专家系统或基于知识的分析推理系统中。

3)提示方式

为了方便用户使用,系统应能提供相应的操作提示信息和帮助。在操作界面上,常常将提示以小标签的形式显示在屏幕上,或者以文字显示在屏幕的旁边。还可以将系统操作说明输入系统文件,建立联机帮助。

4) 操作权限管理方式

为了保证系统的安全,可以控制用户对系统的访问。可以设置用户登录界面,通过用户名和口令及使用权限来控制对数据的访问。

5.3 结构化设计

结构化设计(Structured Design,SD)是在模块化、自顶向下细化、结构化程序设计等程序设计技术基础上发展起来的,由美国 IBM 公司 L.康斯坦丁(L. Constantine)和 E.尤顿(E. Yourdon)等人于 1974 年提出。结构化设计与结构化分析衔接,构成了完整的结构化方法,是使用广泛的软件设计方法之一。

5.3.1 结构化设计过程

结构化设计是以需求分析阶段建立的模型为基础,按一定的步骤映射成软件结构,其基本思想是将系统设计成由相对独立、功能单一的模块组成的结构。

1. 结构化设计的实施

进行结构化设计,必须依据结构化分析的结果,结构化设计与结构化分析的关系如图 5-22 所示。图的左边是用结构化分析所建立的模型,图的右边是用结构化设计所建立的设计模型。

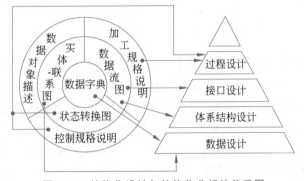

图 5-22 结构化设计与结构化分析的关系图

结构化设计主要包括过程设计、接口设计、体系结构设计及数据设计。过程设计主要指描述系统中每个模块的实现算法和细节,其依据是状态转换图、控制规格说明、加工规格说明;接口设计针对的是软件系统各模块之间的关系或通信方式,以及目标系统与外部系统之间的联系,依据为数据流图;体系结构设计描述目标系统的总体架构,以及每个模块的功能描述、数据接口描述及模块之间的调用关系,其依据为数据流图;数据设计是对各模块所用到的数据结构的进一步细化,其依据为数据字典、实体-联系图。

结构化设计方法实施的要点是,首先研究、分析和审查数据流图,从软件的需求说明中弄清数据流加工的过程,及时解决发现的问题;然后根据数据流图确定数据处理类型分别进行分析处理,由数据流图推导出系统的初始结构图;利用一些启发式原则和设计优化策略改进系统初始结构图,直到得到符合要求的结构图为止。

在结构化设计方法实施过程中,还需要修改和补充数据字典,并制订测试计划。

2. 表示软件结构的图形工具

表示软件结构的图形工具主要有层次图和 HIPO 图、结构图。

1) 层次图和 HIPO 图

通常使用层次图描绘软件的层次结构。在层次图中一个矩形框代表一个模块,框间的连线表示调用关系(位于上方的矩形框所代表的模块调用位于下方的矩形框所代表的模块)。每个矩形框可以带编号,像这样带编号的层次图称为 HIPO(Hierarchy plus Input-Process-Output)图,如图 5-23 所示。

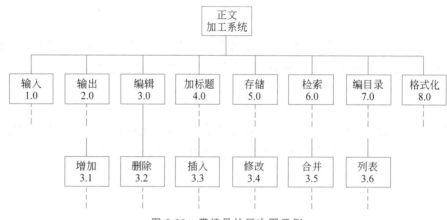

图 5-23　带编号的层次图示例

HIPO 图是美国 IBM 公司于 20 世纪 70 年代发展起来的表示软件系统结构的工具。它既可以描述软件总的模块层次结构——H 图(层次图),又可以描述每个模块输入输出数据、处理功能及模块调用的详细情况——IPO 图。HIPO 图是以模块分解的层次性,以及模块内部输入、处理、输出三大基本部分为基础建立的。

2) 结构图

结构图是描绘软件结构的图形工具,如图 5-24 所示。图中一个矩形框代表一个模块,框内注明模块的名字或主要功能;矩形框之间的箭头(或直线)表示模块的调用关系。在结构图中通常还用带注释的箭头表示模块调用过程中来回传递的信息。如果希望进一步标明传递的信息是数据还是控制信息,则可以利用注释箭头尾部的形状来区分:尾部是空心圆表示传递的是数据,尾部是实心圆表示传递的是控制信息。

3. 设计优化策略

初始结构图完成之后,要利用一些启发式原则和设计优化策略进行结构优化。设计

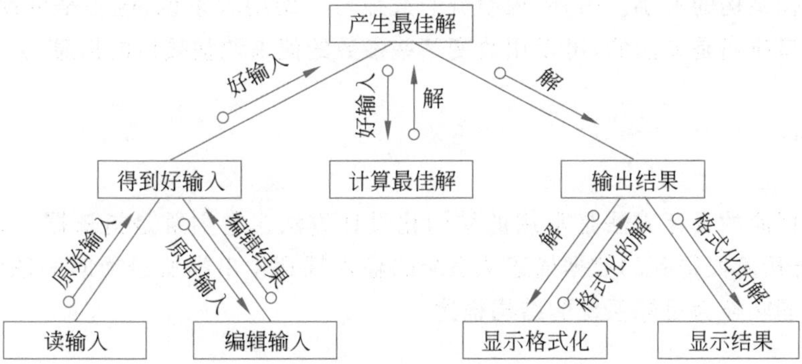

图 5-24　结构图示例

优化策略大致有以下 7 方面。

（1）模块功能的完善。功能模块不仅应能完成指定的功能，而且还应能告诉使用者完成任务的状态，以及不能完成的原因。一个完整的模块应当有执行规定的功能；进行出错处理，当模块不能完成规定的功能时，必须回送出错标志，出现例外情况的原因；如果需要返回数据给它的调用者，在完成数据加工或结束时，应当给它的调用者返回一个状态码。

（2）改善软件结构。消除重复功能以改善软件结构。在系统的控制结构图得出之后，应当审查分析这个结构图。如果发现几个模块的功能有相似之处，可以加以改进。例如，在结构上完全相似，可能只是在数据类型上不一致，可以采取完全合并的方法；如果局部相似，则找出其相同部分，分离出去，重新定义成一个独立的下一层模块。也可以与它的上级模块合并。

（3）模块的作用范围应在控制范围之内。模块的控制范围包括它本身及其所有的从属模块。模块的作用范围是指模块内一个判定的作用范围，凡是受这个判定影响的模块都属于这个判定的作用范围。如果一个判定的作用范围包含在这个判定所在模块的控制范围之内，则这种结构是简单的，否则是不简单的。

（4）尽可能减少高扇出结构。经验证明，一个设计得很好的软件模块结构，通常上层扇出比较高，中层扇出较少，底层扇入有高扇入的公用模块中。如果一个模块的扇出数过大，就意味着该模块过分复杂，需要协调和控制过多的下属模块，适当增加中间层次的控制模块。

（5）模块的大小要适中。限制模块的大小是减少复杂性的手段之一，因而要求把模块的大小限制在一定的范围之内。

（6）设计功能可预测的模块。一个功能可预测的模块，不论内部处理细节如何，对相同的输入数据，总能产生同样的结果。但是，如果模块内部蕴藏有一些特殊的鲜为人知的功能，这个模块就可能是不可预测的。对于这种模块，如果调用者不小心使用，其结果将不可预测。调用者无法控制这个模块的执行，或者不能预知将会引起什么后果，最终会造成混乱。

（7）适应未来的变更。为了能够适应未来的变更，软件模块中局部数据结构的大小应当是可控制的，调用者可以通过模块接口上的参数表或一些预定义外部参数来规定或改变局部数据结构的大小。另外，控制流的选择对于调用者来说，应当是可预测的；而且与外界的接口应当是灵活的，可以用改变某些参数的值来调整接口的信息。

5.3.2 面向数据流的设计

面向数据流的设计方法是常用的结构化设计方法。它主要是指依据一定的映射规则，将需求分析阶段得到的数据描述从系统的输入端到输出端所经历的一系列变换或处理的数据流图转换为目标系统的结构描述。

1. 面向数据流的设计过程

在数据流图中，数据流分为变换型数据流和事务型数据流两种。针对两种不同的数据流，可以采取不同的方法来导出系统结构图。

1）变换型数据流

变换型数据流的数据以"外部世界"的形式进入系统，经过变换后再以"外部世界"的形式离开系统，如图 5-25 所示。由变换型数据流构成的数据流图则为变换型数据流图。

变换型数据流处理问题的工作过程分为 3 步，即取得数据、变换数据和给出数据。变换数据是数据处理过程的核心工作，而取得数据只是为它做准备，给出数据则是对变换后的数据进行后期处理工作。

2）事务型数据流

若某个加工将它的输入流分离成许多发散的数据流，形成许多加工路径，并根据输入的值选择其中一条路径来执行，这种特征的数据流图称为事务型数据流图。这种事务型数据流如图 5-26 所示。其中，输入数据流在事务中心 T 处做出选择，激活某种事务处理加工。

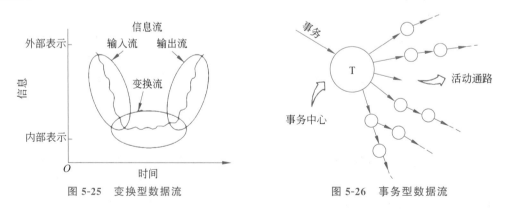

图 5-25　变换型数据流　　　　　图 5-26　事务型数据流

3）设计过程

面向数据流的设计过程如图 5-27 所示。首先，精化数据流图并确定数据流图的类型，若数据流图是变换型数据流图则逐一确定其输入部分、变换中心和输出部分；如果数据流图是事务型数据流图则逐一确定其输入通路、事务中心以及活动通路。然后，根据数据流图导出软件结构图的技术规则,得到一个最初的软件结构。最后,根据模块独立性原理和启发式规则,对最初的软件结构进行设计优化,得到最终的软件结构。

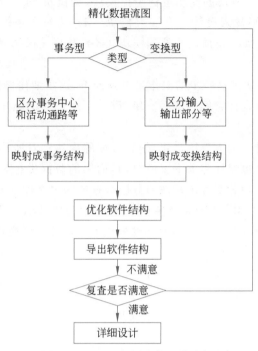

图 5-27 面向数据流的设计过程

2. 变换分析

变换型结构的数据流图是一种线性结构,可以明显地区分输入、处理和输出 3 部分。变换分析就是从变换型数据流图映射出模块结构图。变换分析技术的步骤如下,如图 5-28 所示。

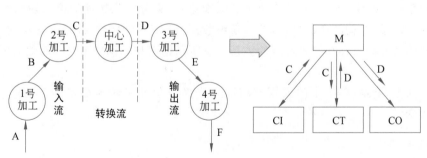

图 5-28 变换分析技术

（1）确定主加工及逻辑输入输出。主加工是指描述系统的主要功能、特征的加工。主加工往往不止一个,其特点是输入输出数据流较多。主加工的确定是变换分析技术的关键,不同的人所确定的主加工可能会有差异。逻辑输入输出数据流则是指输入输出主加工的数据流。通常又将物理输入转换为逻辑输入的数据流称为输入流,而将逻辑输出转换为物理输出的数据流称为输出流。

(2)设计上层模块。顶层的模块也称主控模块,如模块 M。一级分解是对顶层的模块进行分解;为每个逻辑输入设计一个输入模块(CI),为每个逻辑输出设计一个输出模块(CO),同时为每个主加工设计一个处理模块(CT),并标注模块名。用小箭头画出相应的数据流。

(3)设计中下层模块。这一步的工作是自顶向下,逐步细化,为第一层的每个输入模块、输出模块、处理模块设计它们的从属模块,设计下层模块的顺序一般从设计输入模块的下层开始。

通常为输入模块设计两类下层模块,接收数据的模块和对所接收的数据进行某种处理的模块。为输出模块也设计两类下层模块,对输出的数据进行处理的模块和输出数据的模块。处理模块的一种分解方法是按照分层数据流图中主加工的分解来进行。

【例 5-8】 在图 5-29 中,为输入模块 CI 设计下层模块"取 B"和"转换 B",为输出模块 CO 设计下层模块"转换 D"和"送 E",为处理模块 CT 设计下层模块"处理 C"等。中下层模块根据具体情况可以有多层。

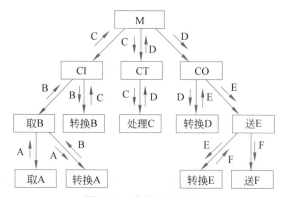

图 5-29 变换分析示例

(4)进一步细化。对中下层的模块继续细化,一直分解到物理的输入输出为止。需要特别注意的是,结构图中的模块,并非是由数据流图中的加工直接对应转换而来的,因此加工和模块之间不存在一一对应的关系。系统结构图与数据流图之间的数据流存在对应关系。

【例 5-9】 将图 4-11 中的数据流图通过变换分析技术转换而得的系统结构图,如图 5-30 所示。

3. 事务分析

在数据流图中,如果数据沿输入通道到达某个处理 T,处理 T 根据输入数据的类型在若干动作序列中选出一个来执行,则处理 T 就称为事务中心。变换时首先根据事务中心确定顶层主模块;数据接收和最终输出可直接映射为主模块的两个输入模块和输出模块,由主模块顺序调用;每个事务处理分支各映射为一个模块,由主模块选择调用;每个事

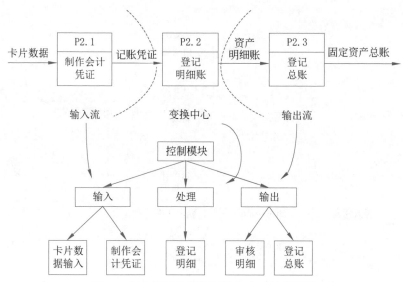

图 5-30　变换型数据流图转换为系统结构图

务分支的多个加工映射为下级的多个子模块。事务分析技术的步骤如下。

（1）确定事务中心及事务路径。首先从数据流图中确定事务中心，再找出输入流和加工路径。事务中心一般是很容易识别的。事务中心将一个输入数据流分解为多个输出数据流，即加工路径。在图 5-31 中，事务中心为 I，加工路径为加工 P1、加工 P2 和加工 P3。

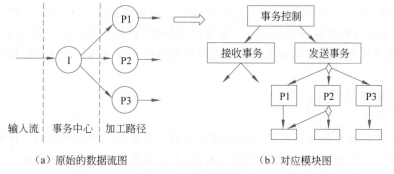

（a）原始的数据流图　　　　　　（b）对应模块图

图 5-31　事务分析技术

（2）设计顶层模块。对事务中心应设计"事物控制"模块，即顶层的"主控模块"。一级分解的任务是从数据流图中导出具有接收分支和发送分支的软件结构，也称事务结构。对输入流应设计"接收事务"模块；对加工路径应设计"发送事务"模块。

（3）设计中下层模块。对于接收分支，可用类似于变换型数据流图中设计输入部分的方法进行中下层设计。对于发送分支，在发送事务模块下为每条加工路径设计一个事务处理模块，这一层称为事务层。在事务层模块下，沿各事务路径进行进一步细化。细化的各层称为细化层。

【例 5-10】　从事务型结构的数据流图导出系统结构图，如图 5-32 所示。

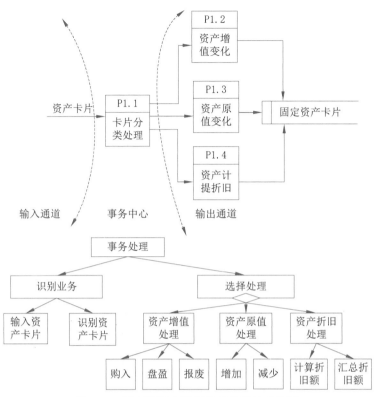

图 5-32　事务型数据流图转换为系统结构图

　　在实际应用中，数据流图往往是变换型或事务型共存互融的混合型，一般采用以变换分析为主、事务分析为辅的设计方法。先找出主加工，设计出控制结构图的上层模块，再根据数据流图各部分的结构特点灵活地运用变换分析或事务分析设计各级模块。

5.4　面向对象的设计

　　面向对象的设计是从面向对象分析到实现的一个桥梁。面向对象的分析是将用户需求经过分析后，建立问题域精确模型的过程；而面向对象的设计则是根据面向对象分析得到的需求模型，建立求解域模型的过程。也就是说，分析必须搞清楚系统"做什么"，而设计必须搞清楚系统"怎样做"。

5.4.1　面向对象的设计基础

　　面向对象方法学在概念和表示方法上的一致性，保证了各个开发阶段之间的平滑性。分析和设计活动是一个反复迭代的过程，分析的结果通过细化直接生成设计结果，在设计过程中逐步加深对需求的理解，从而进一步完善需求分析的结果。面向对象设计强调定义软件对象，并且使这些软件对象相互协作来满足用户需求。

1. 面向对象设计准则

面向对象设计与结构化设计的过程和方法完全不同,要设计出高质量的软件系统,必须注意:对接口进行设计;发现变化并且封装它;先考虑聚合后考虑继承。

在面向对象设计时,除了应遵循一般设计的模块化、抽象、信息隐藏等基本原理,还要考虑面向对象设计的特点,遵循面向对象设计的准则。

(1)层次性。注意面向对象设计的层次。确定系统的总体结构和风格,构造系统的物理模型,将系统划分成不同的子系统;进行中层设计,对每个用例进行设计,规划实现用例功能的关键类,确定类之间的关系;进行底层设计,对每个类进行详细设计,设计类的属性和操作,优化类之间的关系;补充实现非功能性需求所需要的类。

(2)强内聚。面向对象的内聚主要有服务内聚、类内聚和一般-特殊内聚 3 种。服务内聚即一个服务应该完成一个且仅完成一个功能;类内聚即一个类的属性和操作全部都是完成某个任务所必需的,其中不包括无用的属性和操作;一般-特殊内聚是对相应的领域知识的正确抽象,其深度应适当。

例如,设计一个平衡二叉树类,该类的目的就是要解决平衡二叉树的访问,其中所有的属性和操作都与解决这个问题相关,其他无关的属性和操作都应该清除。

(3)弱耦合。在面向对象设计中,耦合主要指不同对象之间相互关联的程度。如果一个对象过多地依赖于其他对象来完成自己的工作,则不仅使该对象的可理解性下降,而且还会增加测试、修改的难度,同时降低类的可重用性和可移植性。对象不可能是完全孤立的,当两个对象必须相互联系时,应该通过类的公共接口实现耦合,不应该依赖于类的具体实现细节。

对象之间的耦合主要有交互耦合和继承耦合两种。交互耦合是对象之间通过消息连接来实现,在设计时应该尽量减少对象之间发送的消息数和消息中的参数个数,降低消息连接的复杂程度;继承耦合是一般化类与特殊化类之间的一种关联形式,在设计时要特别认真分析一般化类与特殊化类之间的继承关系,如果抽象层次不合理,可能会造成对特殊化类的修改影响到一般化类,使得系统的稳定性降低。另外,在设计时特殊化类应该尽可能多地继承和使用一般化类的属性和服务,充分利用继承的优势。

(4)可重用性。软件重用是从设计阶段开始的,所有的设计工作都是为了使系统完成预期的任务,为了提高工作效率、减少错误、降低成本,要充分考虑软件元素的重用性。重用性有两方面的含义:尽量使用已有的类,包括开发环境提供的类库和已有的相似的类;如果确实需要创建新类,则在设计这些新类时考虑将来的可重用性。

设计一个可重用的软件比设计一个普通软件的代价要高,但是随着这些软件被重用次数的增加,分摊到它的设计和实现成本就会降低。

(5)框架。框架是一组可用于不同应用的类的集合。框架中的类通常是一些抽象类并且相互有联系,可以通过继承的方式使用这些类。

例如,Java API 就是一个成功的框架包,为众多的应用提供服务,但一个应用程序通常只需要其中的部分服务,可以采用继承或聚合的方式将应用包与框架包关联在一起获得需要的服务。

一般不会直接修改框架的类,而是通过继承或聚合为应用创建合适的 GUI 类。

2. 面向对象的设计过程

为完成从分析模型到设计模型的转换,设计人员必须处理好相关工作。首先,针对分析模型中的用例,设计用 UML 交互图表示的实现方案。其次,设计技术支撑方案和用户界面。在大型软件项目中,往往需要一些技术支撑方案来帮助业务需求层面的类或子系统完成其功能。最后,针对分析模型中的领域概念模型以及上述工作引进的新类,完整、精确地确定每个类的属性和操作,并完整地标示类之间的关系。此外,为了实现软件重用和强内聚、松耦合等软件设计原则,还可以对前面形成的类图进行各种微调,最终形成足以构成面向对象程序设计的基础和依据的详尽类图。

面向对象的设计过程如图 5-33 所示。

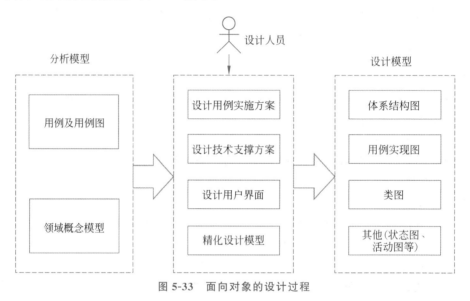

图 5-33　面向对象的设计过程

5.4.2　建立物理模型

面向对象设计建立的系统物理模型由 4 部分组成,包括问题空间(Problem Domain),人机交互(Human-Machine Interaction),任务管理(Task Management),数据管理(Data Management)。建立上述 4 部分是面向对象设计的主要设计活动。

1. 问题空间设计

问题空间也称问题域部分。面向对象方法中的一个主要目标是保持问题域组织框架的完整性、稳定性,这样可提高分析、设计到实现的追踪性。因为系统的总体框架都是建立在问题域基础上的,所以,在设计与实现过程中细节无论做怎样的修改,例如增加具体类、属性或服务等,都不会影响开发结果的稳定性。稳定性是在类似系统中重用分析、设计和编程结果的关键因素。为更好地支持系统的扩充,也同样需要稳定性。

问题空间可以直接引用面向对象分析所得出的问题域精确对象模型,该模型提供了完整的框架,为设计问题域子系统奠定了良好的基础,面向对象设计就应该保持该框架结构。只要可能,就应该保持面向对象分析所建立的问题域结构。通常,面向对象设计在分析模型的基础上,从实现角度对问题域模型做一些补充或修改,修改包括增添、合并或分解类和对象、属性及服务、调整继承关系等。如果问题域子系统相当复杂庞大,则应把它进一步分解成若干更小的子系统。

2. 人机交互设计

在大型软件系统中,人机交互对象(类)通常是窗口或报告。软件设计者至少要考虑以下 3 种窗口。

(1)安全/登录窗口。安全/登录窗口是用户访问系统的必经之路。

(2)设置窗口。设置窗口用来创建或初始化系统运行必需的对象(如创建、维护和删除持久对象的窗口)、系统管理功能(如添加和删除授权用户,修改用户使用系统的权限)、启动或关闭设备(如启动打印机)等。

(3)业务功能窗口。这种窗口用来帮助完成由系统和用户进行业务交互所必要的功能。例如,用于人机交互部件的登记和设置窗口。

报告是另一种常用的人机交互形式。报告对象(类)可以包括绝大多数用户需要的信息。

3. 任务管理设计

常见的任务有事件驱动型任务、时钟驱动型任务、优先任务、关键任务、协调任务等。设计任务管理子系统,包括确定各类任务,并把任务分配给适当的硬件或软件执行。

(1)确定事件驱动型任务。这类任务可能主要完成通信工作,如与设备、屏幕窗口、其他任务、子系统、另一个处理器或其他系统通信。例如,专门提供数据到达信号的任务,数据可能来自终端也可能来自缓冲区。

(2)确定时钟驱动型任务。某些任务每隔一定时间就被触发以执行某些处理。例如,某些设备需要周期性地获得数据;某些人机接口、子系统、任务、处理器或其他系统也可能需要周期性的通信。

(3)确定优先任务。优先任务可以满足高优先级或低优先级的处理需求。

(4)确定关键任务。关键任务是有关系统成功或失败的关键处理,这类处理通常都有严格的可靠性要求。

(5)确定协调任务。当系统中存在 3 个以上任务时,就应该增加一个任务,用它作为协调任务。

(6)审查每个任务。对任务的性质进行仔细审查,去掉人为的、不必要的任务,使系统中包含的任务数保持最少。

(7)确定资源需求。设计者在决定到底采用软件还是硬件时,必须综合权衡一致性、成本、性能等多种因素,还要考虑未来的可扩充性和可修改性。

（8）定义任务。说明任务的名称，描述任务的功能、优先级，包含此任务的服务、任务与其他任务的协同方式以及任务的通信方式。

4. 数据管理设计

数据管理子系统是系统存储或检索对象的基本设施，它建立在某种数据存储管理系统之上，并且隔离了数据存储管理模式（文件、关系数据库或面向对象数据库）的影响，但实现细节集中在数据管理子系统中。这样既有利于软件的扩充、移植和维护，又简化了软件设计、编码和测试的过程。

设计数据管理子系统，既需要设计数据格式又需要设计相应的服务。

5.4.3　对象设计及优化

对象设计是细化原有的分析对象，确定一些新的对象、对每个子系统接口和类进行准确详细的说明。系统的各项质量指标并不是同等重要的，设计人员必须确定各项质量指标的相对重要性（即确定优先级），以便在优化对象设计时制定折中方案。常见的对象优化设计方法有提高效率的技术和建立良好的继承结构。

面向对象分析得出的对象模型，通常并不详细描述类中的服务。面向对象设计则是扩充、完善和细化面向对象分析模型的过程，设计类中的服务、实现服务的算法是面向对象设计的重要任务，还要设计类的关联、接口形式以及设计优化。

1. 对象设计描述

对象设计以问题域的对象设计为核心，其结果是一个详细的对象模型。经过多次反复的分析和系统设计之后，设计者通常会发现有些内容没有考虑到。这些没有考虑到的内容，会在对象设计的过程中被发现。这个设计过程包括标识新的解决方案对象、调整购买到的商业化构件、精确说明每个子系统接口、详细说明类。

对象设计的内容：对象中对属性和操作的详细描述；对象之间发送消息的协议；类之间各种关系的定义；对象之间的动态交互行为；等等。

对象的设计描述可以采用以下两种形式。

（1）协议描述。协议描述是指通过定义对象可以接收的每个消息和当对象接收到消息后完成的相关操作来建立对象的接口，它是一组消息和对消息的注释。对有很多消息的大型系统，可能要创建消息的类别。

（2）实现描述。实现描述用于描述由传送给对象的消息所蕴含的每个操作的实现细节，包括对象名字的定义和类的引用、关于描述对象属性的数据结构的定义及操作过程的细节。

2. 设计类中的服务

需要综合考虑对象模型、动态模型和功能模型才能确定类中应有的服务。例如，状态图中对象对事件的响应、数据流图中的处理、输入流对象、输出流对象及存储对象等。

面向对象分析得出的对象模型,通常并不详细描述类中的服务。面向对象设计则是扩充、完善和细化面向对象分析模型的过程,所以,详细描述类中的服务是面向对象设计的重要任务。

(1) 确定类中应有的服务。从对象模型中引入服务,从动态模型中确定服务,从功能模型中确定服务。

(2) 设计实现服务的方法。设计实现服务的算法,选择数据结构,定义内部类和内部操作。

3. 设计类的关联

在对象模型中,关联是连接不同对象的纽带,它指定了对象相互间的访问路径。在面向对象设计过程中,设计人员必须确定实现关联的具体策略。既可以选定一个全局性的策略统一实现所有关联,也可以分别为每个关联选择具体的实现策略,以与它在应用系统中的使用方式相适应。

4. 对象设计优化

对象设计优化首先要确定优先级,然后从提高效率、调整继承关系等方面入手。

1) 确定优先级

系统的各项质量指标并不是同等重要的,设计人员必须确定各项质量指标的相对重要性(即确定优先级),以便在优化设计时制定折中方案。

2) 提高效率

提高效率的技术主要有以下 3 方面。

(1) 增加冗余关联。在面向对象分析过程中,应该避免在对象模型中存在冗余的关联,因为冗余关联不仅没有增加关于问题域的任何信息,反而会降低模型的清晰程度。但是,在面向对象设计过程中,当考虑用户的访问模式及不同类型访问之间彼此的依赖关系时,就会发现,分析阶段确定的关联可能并没有构成效率最高的访问路径。为了提高访问效率,需要适当地增加一些冗余关联。

(2) 调整查询次序。改进了对象模型的结构,从而优化了常用的遍历之后,接下来就应该优化算法。调整查询次序、尽量缩小查找范围是优化算法的一个途径。

(3) 保留派生属性。通过某种运算而从其他数据派生出来的数据,是一种冗余数据。通常把这类数据"存储"(或称为"隐藏")在计算它的表达式中。如果希望避免重复计算复杂表达式所带来的开销,可以把这类冗余数据作为派生属性保存起来。

3) 调整继承关系

在面向对象设计过程中,建立良好的继承关系是优化设计的一项重要内容。继承关系能够为一个类族定义一个协议,并能在类之间实现代码共享以减少冗余。一个基类和它的子孙类在一起称为一个类继承。在面向对象设计中,建立良好的类继承是非常重要的。利用类继承能够把若干类组织成一个逻辑结构。

5.4.4 建立实现模型

在 UML 建模中,实现模型包括构件图和部署图。构件图描述代码部件的物理结构及各部件之间的依赖关系,有助于分析和理解部件之间的相互影响程度;部署图定义系统中软硬件的物理体系结构。

1. 建立构件图

建立构件图的重要基础是构件,与系统有关的构件主要包括开发过程中产生的代码文件、系统中使用的其他构件,以及与系统有关的文档。

建立构件图的一般过程如下。

(1) 确定构件。构件存在于整个面向对象开发过程中,如面向对象分析的需求描述、数据字典定义等,面向对象设计的接口设计、界面结构设计、数据设计和过程设计的定义,面向对象编程编写源文件、生成链接库和可执行程序。这些都是确定构件的主要依据。

(2) 确定构件间的依赖关系。如可执行程序需要库文件的支持,面向对象编程(如C++语言)中 CPP 文件通常包含同名的.h 文件中的定义等结构,这些都形成构件间的依赖关系。

(3) 确定与构件相关的其他文档。

构件图(Component Diagram)描述软件构件之间的相互依赖关系。构件图的图示符号是左边带两个小矩形的大矩形,构件的名称写在大矩形内。构件的依赖关系用一条带箭头的虚线表示。箭头的形状表示消息的类型。

构件的接口,从代表构件的大矩形边框画出一条线,线的另一端为小空心圆,接口的名称写在空心圆附近。这里的接口可以是模块之间的接口,也可以是软件与设备之间的接口或人机交互界面。

图 5-34 表示某系统程序有外部接口,并调用数据库。由于在调用数据库时,必须等数据库中的信息返回后,程序才能进行判断、操作,因而是同步消息传送。

图 5-34 构件图示例

2. 建立部署图

部署图(Deployment Diagram)描述计算机系统硬件的物理拓扑结构及在此结构上执行的软件。使用部署图可以表示硬件设备的物理拓扑结构和通信路径、硬件上运行的软件构件、软件构件的逻辑单元等。部署图常用于帮助人们理解分布式系统。

建立部署图的一般过程:确定系统配置的拓扑结构,定义物理节点;确定构件图中的构件在拓扑结构中的位置,这是构件在硬件系统上的配置;确定物理节点间的关系,以及部署在同一节点上的构件间关系。

部署图包含节点及其连接、构件及其接口、对象等要素。

【例 5-11】 用部署图描述消费系统,如图 5-35 所示。

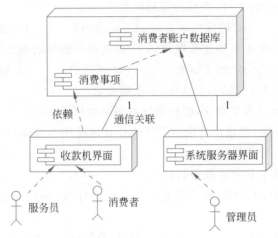

图 5-35 消费系统的部署图

习题 5

小结

一、选择题

1. 从工程管理的角度来看,软件设计分两步完成:( )。
   A. 系统分析、模块设计　　　　　　B. 概要体设计、详细设计
   C. 模块设计、算法设计　　　　　　D. 概要设计、数据设计

2. 概要设计的根本目的是( )。
   A. 建立文档　　　　　　　　　　　B. 编码
   C. 设计软件系统结构　　　　　　　D. 弄清数据流动

3. 详细设计阶段的主要任务不包括( )。
   A. 数据结构设计　　　　　　　　　B. 算法设计
   C. 模块之间的接口设计　　　　　　D. 数据库的物理设计

4. 模块化的目的是( )。
   A. 增加内聚性　　B. 降低复杂性　　C. 提高易读性　　D. 减少耦合性

5. 在软件设计阶段进行模块划分时,一个模块( )。
   A. 控制范围应该在其作用范围之内
   B. 作用范围应该在其控制范围之内
   C. 控制范围与作用范围互不包含
   D. 控制范围和作用范围不受任何限制

6. 一般来说,一个好的模块设计应该满足( )。
   A. 模块间耦合度高,模块内部组合度低

B. 模块间耦合度低,模块内部组合度高

C. 模块间耦合度与模块内部组合度均高

D. 模块间耦合度与模块内部组合度均低

7. 为了提高模块的独立性,模块内部最好是( )。

    A. 逻辑内聚   B. 时间内聚   C. 功能内聚   D. 通信内聚

8. 已知模块 A 给模块 B 传递数据结构 X,则这两个模块的耦合类型为( )。

    A. 数据耦合   B. 公共耦合   C. 外部耦合   D. 标记耦合

9. 以下关于软件设计原则的叙述中,不正确的是( )。

    A. 系统需要划分多个模块,模块的规模越小越好

    B. 考虑信息隐蔽,模块内部的数据不能让其他模块直接访问,模块独立性要好

    C. 尽可能高内聚和低耦合

    D. 采用过程抽象和数据抽象设计

10. 在软件设计中,上层模块只规定下层模块做什么,不规定怎么做。这种规则是( )。

    A. 分解-协调原则   B. 信息隐藏、抽象原则

    C. 自顶向下原则   D. 一致性原则

11. 软件设计的主要任务是设计软件的结构、过程和模块,其中软件结构设计的任务是要确定( )。

    A. 软件模块间的组成关系   B. 模块间的操作细节

    C. 模块的独立性度量   D. 模块的具体功能

12. 程序流程图中带箭头的线段表示的是( )。

    A. 图元关系   B. 数据流   C. 控制流   D. 调用关系

13. 以变换为中心的分析,首先应( )。

    A. 确定系统的物理输入输出

    B. 找出变换中心,确定主加工

    C. 确定模块结构的顶层

    D. 确定系统的逻辑输入输出

14. ( )描述了对象之间动态的交互关系,还描述了交互的对象之间的静态链接关系,即同时反映系统的动态和静态特征。

    A. 状态图   B. 序列图   C. 协作图   D. 活动图

15. 软件设计阶段成果是( )。

    A. 实施进度与计划说明书

    B. 选择和设计计算机硬件方案

    C. 处理过程设计方案

    D. 软件规格说明书

二、填空题

1. 软件设计的任务是在需求分析提出的逻辑模型的基础上,科学合理地进行

_____的设计。

2. 解决一个复杂的问题最有效的方法,是把问题_____,然后再分别解决。

3. 软件设计从工程管理角度可以分为_____两个阶段。

4. 详细设计的任务是确定每个模块的内部特性,根据概要设计提供的说明文档,确定每个模块的数据结构及具体的_____。

5. 软件设计以_____为输入,以产生满足功能需求和非功能需求的设计方案为输出。

6. 软件模块独立性的两个度量标准是_____。

7. 模块的独立性要求模块要_____。

8. C/S模型将应用功能分成_____三部分。

9. _____是人与计算机之间传递、交换信息的媒介和对话接口。

10. _____图用于表达系统功能模块层次的分解关系、调用关系、数据流和控制流。

11. HIPO图是以模块分解的层次性,以及模块内部_____三大基本部分为基础建立的。

12. 系统结构图的依据是在系统需求分析产生的_____。

13. 数据流图一般有两种典型的结构,分别是_____。

14. 时序图描述了一组对象之间的交互方式,它表示完成某项行为的对象之间传递消息的_____。

15. 在面向对象的系统设计中,系统结构通过它的_____的关系确定。

三、思考题

1. 软件设计的主要任务和内容是什么?

2. 软件设计的基本原理有哪些?

3. 如何衡量软件的独立性?

4. 软件设计有哪些原则?

5. 软件体系结构模型有哪几种?各有何特点?

6. 数据库设计的目标是什么?数据库设计包括哪些过程?

7. 过程设计应当遵循哪些原则?

8. 人机交互界面设计有哪些方式?

9. 数据流图导出控制结构图的方法有哪几类?

10. 面向对象设计建立的系统物理模型由哪几部分组成?

11. 如何建立实现模型?

12. 软件设计阶段的主要成果有哪些?

四、实践题

1. 图5-36是一个根据用户输入的编码修改账目的数据流图,导出系统结构图。

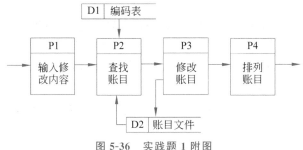

图 5-36　实践题 1 附图

2. 图 5-37 是银行储蓄数据流图,导出系统结构图。

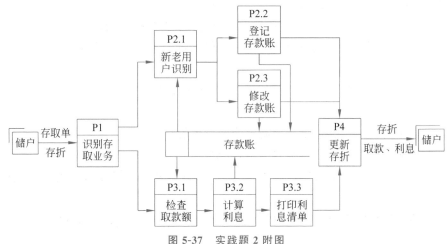

图 5-37　实践题 2 附图

3. 某公司是服务于客户与运输公司的货运代理公司,其网络系统的需求如下:与外地的分公司提供无断点、无瓶颈的信息通道,提供 Internet 信息服务,提供智能化电子邮件功能,提供全网统一的名字服务系统以方便网络的管理和使用,提供信息安全功能。

根据上述需求,提出局域网建设方案。

4. 假设要建立一个企业数据库。该企业各部门有许多职员,但一个职员仅属于一个部门;每个职员可在多项工程中做工或负责管理,每项工程可有多个职员做工,但只有一个负责管理;有若干供应商同时为各不同工程供应各种零件,一个零件又可由其他若干零件组装而成,或者用来组成其他多种零件。

完成如下设计或处理。

(1) 设计 E-R 图,适当给出各实体的属性。

(2) 将该 E-R 图转换为等价的关系模型方式,并简述所采用的具体转换方法。

5. 某商业数据管理系统业务规定如下:顾客有姓名、单位、电话号码;商品有商品信息编码、商品名称、单价。这些实体之间的联系为,每名顾客可能购买多种商品,且每种商品又可能被多名顾客购买;顾客每次购买商品涉及日期、数量、金额。

根据上述描述,解答下列问题。

（1）画出 E-R 图，并在 E-R 图中标注联系的类型。

（2）指出每个实体的主关键字。

（3）将 E-R 图转换成关系模型。

6. 某系统设计要求用户界面采用图形菜单、导航条、简单提问和弹出式选择等友好的对话元素，设计一个符合要求的用户界面。

7. 针对给定的用例，如何利用 UML 设计此用例的面向对象实现方案？举例说明。

8. 提出公选课管理系统(GXKS)的软件设计方案。

第6章 编程与测试

6.1 程序设计基础

程序是为实现特定目标或解决特定问题而用计算机语言编写的命令序列的集合。程序设计也称软件编码,俗称编程,是给出解决特定问题程序的过程,是软件构造活动中的重要组成部分。专业的程序设计人员常被称为程序员(Programmer)。

6.1.1 程序设计概述

程序设计的目的是指挥计算机按人的意志正确工作,即使用选定的程序设计语言,把模块过程描述(翻译)为用程序设计语言书写的源程序。

1. 程序设计规范

为了编写可读性好、易测试、易维护且可靠性高的程序,软件开发人员必须重视程序设计风格,在程序设计中注重设计规范化,具体要求体现在以下 4 方面。

1)源程序文档化

为提高源程序的可读性和可维护性,需要对源代码进行文档化,即在程序中加入说明性注释信息。程序中的注释一般可按其用途分为两类:序言性注释和功能性注释。序言性注释一般位于源程序模块首部,用于说明模块的相关信息;功能性注释位于源程序模块内部,用于对某些难以理解的语句段的功能或某些重要的标识符的用途等进行说明,在程序中加入恰当的功能性注释可以大大提高程序的可读性和可理解性。

2)标识符的命名及说明

编写程序必然要使用标识符,用于定义模块名、变量名、常量名、函数名、程序名、过程名、数据区名、缓冲区名等。正确做好标识符的命名及说明,便于阅读程序时对标识符作用进行正确的理解。

3)语句的构造及书写

语句是构成程序的基本单位,为了使程序中语句的功能更易于阅读和理解,语句应简单直接。对复杂的表达式应加上必要的括号使表达更加清晰,在条件表达式中尽量不使用否定的逻辑表示,保持结构化程序设计中结构的清晰,不要书写太复杂的条件,嵌套的重数也不宜过多,尽可能地使用编译系统提供的标准函数。对于程序中需要重复出现的代码段,将其定义成独立模块(函数或过程)实现。

4)输入输出

输入输出方式往往是用户衡量程序好坏的重要指标。输入方式应力求简单,尽可能减少用户的输入量,输入格式尽可能保持一致,并根据需要给出提示和用户确定,程序应对输入数据的合法性进行检查。输出数据的格式应清晰、美观,加以必要的提示信息。根据系统的特点和用户的习惯,设计令用户满意的输入输出方式。

2. 程序设计基本原则

编码

与程序设计相关的基本原则包括如下 4 方面。

(1)策略原则。在程序设计的实践中,恰当的策略有助于设计工作的开展。例如,自顶向下和自底向上策略,自顶向下是指将总体问题逐层分解为小问题解决的策略,自底向上是从细节到总体逐步构造的策略;向前和向后策略,向前即程序解决方案按照执行方向设计,向后即程序解决方案按照与执行相反的方向设计;广度优先和深度优先策略,广度优先是先解决完一个层面的所有问题,再解决低一个层面的问题,深度优先是将一个问题从上到下解决完成后再解决其他问题;过程式和声明式策略。若编程方案是规程控制则是过程式的,若编程方案用于声明静态属性(如对象、角色等)则是声明式的。

程序员在不同情境下会使用不同的策略,策略的触发情景包括编程语言的认知维度、编程环境特征、问题类型和程序员自身思维方式,程序员趋于选择自己熟悉和使用频率高的策略。

(2)准备原则。在编写每行代码之前,要确保理解所要解决的问题,理解基本的设计原则和概念;选择一种能够满足构建软件以及运行环境要求的编程语言,选择一种能提供工具以简化工作的编程环境;构件级编码完成后进行单元测试。

(3)编程原则。在开始编码时,必须注意的原则:遵循结构化编程方法来约束算法;考虑使用结对编程;选择能满足设计要求的数据结构;理解软件架构并开发与其相符的接口;尽可能保持条件逻辑简单;开发的嵌套循环应使其易于测试;选择有意义的变量名并符合相关编码标准;编写注释,使代码具有自说明性;增强代码的可读性(如缩进、空行)。

(4)测试原则。在完成第一阶段的编码之后,必须适当进行代码走查,进行单元测试并改正所发现的错误,重构代码。应设计一些能用最短时间、最少工作量系统地揭示不同类型错误的测试。如果测试成功,就会发现软件中的错误。但是测试并不能说明某些错误和缺陷不存在,它只能显示现存的错误和缺陷。

3. 提高程序效率

程序的“高效率”,即用尽可能短的时间及尽可能少的存储空间实现程序要求的所有功能,是程序设计追求的主要目标之一。讨论程序效率应遵循的准则:效率是一个性能要求,应当在需求分析阶段给出,软件效率以需求为准,不应以人力所及为准,好的设计可以提高效率;一定要遵循“先使程序正确,再使程序有效率;先使程序清晰,再使程序有效率”的准则,程序效率的高低应以能满足用户的需要为主要依据。

提高程序效率的问题主要集中在算法效率、存储效率及输入输出效率。

1)算法效率是提高程序效率的关键

源程序的效率与详细设计阶段确定的算法的效率直接相关,设计逻辑结构清晰、高效的算法是提高程序效率的关键。

在详细设计转换成源程序代码后,算法效率反映为程序的执行速度和存储容量的要求。转换过程中的指导原则：在编程前，尽可能化简有关的算术表达式和逻辑表达式；仔细检查算法中的嵌套循环，尽可能将一些语句或表达式移到循环外面；尽量避免使用多维数组；尽量避免使用指针和复杂的表；采用"快速"的算术运算；不要混淆数据类型，避免在表达式中出现类型混杂；尽量采用整数算术表达式和布尔表达式；选用等效的高效率算法。

许多编译程序具有"优化"功能，可以自动生成高效率的目标代码。它可剔除重复的表达式计算，采用循环求值法、快速的算术运算，以及采用一些能够提高目标代码运行效率的算法来提高效率。对于效率至上的应用来说，这样的编译程序是很有效的。

2) 存储效率对提高程序效率的影响

目前的计算机系统中，存储容量不再是影响设计效率需考虑的因素。由于处理器采用分页、分段的调度算法，且采用对内存空间的虚拟存储，因此在对文件进行处理时，要合理分页，使文件一次分析、处理的数据量是系统定义页的整数倍，以减少页面调度、内外存交换，特别是减少对外存的访问次数，提高存储效率。同样，对代码文件的导入导出也遵循同样的原理，源文件中对模块的划分，也兼顾考虑页的大小，对模块调用的效率也会产生影响。

3) 输入输出效率对程序效率的影响

输入输出是系统与外界交互的桥梁，是系统运行必不可少的过程。提供完整的信息，为系统运行提供及时的反馈，也是提高程序设计效率的有效途径。

系统输入输出的数据可以来自人(操作员)的操作，也可以来自外部系统的信息交换。对于大数据量的传递，应设计适当的数据缓冲区，如搜索引擎对高频或热点关键词检索结果的保存，就采用查询页面缓存技术；对外部数据只存取必要的信息，对数据库视图的设计和投影选择操作，都只分析有用的信息字段，不需要的信息隐藏起来，减少输入输出操作的数据量；对数据存取也应与系统页面调度算法相配合，以页为单位分配数据传递的单位。

4. 程序员的基本素质

程序设计的优劣与程序员密不可分。要成为一名合格的程序员，不仅要具备编程功底和动手能力，还需要具备以下基本素质。

(1) 团队精神和协作能力。随着软件规模的日益扩大，凭借个人力量开发大中型软件十分困难，甚至是不可能实现的。目前，无论何种软件开发都以团队为单位，个人只是团队的一个部分。团队精神和协作能力是程序员应具备的基本素质之一。

(2) 良好习惯。良好习惯包括代码编写习惯、文档编写习惯和测试习惯。

随着软件规模的扩大和复杂性的增加，人们逐渐认识到不遵循编码规范会在很大程度上制约软件的发展。程序员要养成良好的编码习惯，即规范化和标准化的代码编写习惯。

编写良好的文档是正规软件开发流程中非常重要的环节，具备良好和规范的文档编写习惯，同样是程序员应具备的基本素质之一。

作为一项工程，软件开发的一个很重要的特点就是问题发现得越早，解决问题的代价就越小。程序员在每段代码、每个子模块完成后进行认真测试,就可以尽早发现和解决潜在的问题,这样,整体系统建设的效率和可靠性就有了最大的保证。在实践中,程序员不需要对每段代码都进行完整测试,而是依据自己的代码在整个项目中的地位和各种性能需求,有针对性地进行相关测试,并尽早发现和解决问题。

(3)复用性设计和模块化思维能力。复用性设计和模块化思维就是要求程序员在完成任何一个功能模块或函数时,能多想一些,不要局限在完成当前任务的简单思路上。例如,思考该模块是否可以脱离这个系统存在,是否可以通过简单修改参数的方式在其他系统和应用环境中直接引用等,这样可以避免重复性的开发工作。如果一个软件研发单位和工作组能够在每次研发过程中考虑到这些问题,那么程序员就不会在重复性的工作中耽误太多时间,而可以将更多时间和精力投入创建新代码的工作中。

(4)学习和总结能力。程序员是一个知识更新相当快的职业。软件技术日新月异,许多技术还未完全推广使用,新的技术就可能已经被提出。总结也是学习能力的一种体现。每完成一个研发任务、一个模块,甚至一段代码,都应该有目的地跟踪其应用状况和用户反馈,随时总结,找到改进的方向。这也是程序员成长的必由之路。

6.1.2　程序设计语言

程序设计语言(Programming Language)也称程序语言或编程语言,是人和计算机通信的最基本的工具。程序设计语言的特性不可避免地会影响人的思维和解决问题的方式,会影响人和计算机通信的方式和质量,也会影响其他人阅读和理解程序的难易程度。因此,编程之前的一项重要工作就是选择一种适当的程序设计语言。

程序设计语言是软件开发人员在编码阶段所使用的基本工具。为了能够编写高效率、高质量的程序,根据具体问题和实际情况选择合适的程序设计语言是编程阶段一项非常重要的工作。

1. 程序设计语言概述

程序设计语言泛指一切用于书写计算机程序的语言,是人类编写出来的用以描述计算过程和进行计算过程的逻辑性语言,其本质是人工语言符号系统。相比于自然语言,程序设计语言有着更强的逻辑性、精确性和有限性,人们运用程序设计语言把所有的科学问题翻译成不同的解法,并将其中一种解法写入计算机中进行运算,最后得出结果。这样就可以代替人工进行大量的运算,完成人工不可能完成的工作量,不仅节省了人力物力成本,更大大提高了工作效率。

程序设计
语言

语言的基础是一组记号和一组规则。根据规则由记号构成的记号串的总体就是语言。在程序设计语言中,这些记号串就是程序。程序设计语言包含语法、语义和语用 3 方面:语法表示程序的结构或形式,即构成程序的各个记号之间的组合规则,但不涉及这些记号的特定含义,也不涉及使用者;语义表示程序的含义,即按照各种方法所表示的各个记号的特定含义,但也不涉及使用者;语用表示程序与使用者的关系。

程序设计语言的基本成分包括数据成分、运算成分、控制成分和传输成分。数据成分用于描述程序所涉及的数据;运算成分用于描述程序中所包含的运算;控制成分用于描述程序中所包含的控制;传输成分用于表达程序中数据的传输。

程序设计语言可以按照不同的理解方式进行分类。按照结构性质有结构化程序设计与非结构化程序设计之分,前者是指具有结构性的程序设计方法与过程,具有由基本结构构成复杂结构的层次性,后者反之;按照用户的要求有过程式程序设计与非过程式程序设计之分,前者是指使用过程式程序设计语言的程序设计,后者是指使用非过程式程序设计语言的程序设计;按照程序设计的成分性质有顺序程序设计、并发程序设计、并行程序设计、分布式程序设计之分;按照程序设计风格有逻辑式程序设计、函数式程序设计、对象式程序设计之分。

2. 程序设计语言的发展

自 20 世纪 60 年代以来,世界上公布的程序设计语言已经有上千种之多,但是只有很小一部分得到了广泛应用。按照软件工程的观点,语言的发展至今已经历了四代、三个阶段,如图 6-1 所示。

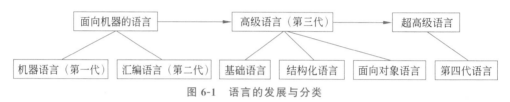

图 6-1　语言的发展与分类

1)第一代语言

第一代语言即机器语言(Machine Language)。自从有了计算机,就有了机器语言。机器语言由机器指令代码二进制 0、1 构成,不同 CPU 的计算机有不同的机器语言。用机器语言编写的程序占用内存少、执行效率高,其缺点是难编写、难修改、难维护和移植、编程效率低。

2)第二代语言

汇编语言(Assembly Language)是第二代语言,用助记符来代替机器语言中的二进制代码,比机器语言直观,容易理解。在执行时必须由特定的翻译程序转化为机器语言才能由计算机执行。与机器语言一样,汇编语言依赖计算机硬件结构,也是面向机器的低级语言。其优点是易于实现系统接口,执行效率高。

3)第三代语言

当程序设计语言发展到第三代时,就进入了"面向人类"的语言阶段。第三代语言也被人们称为高级语言(High Level Language)。高级语言是一种接近人们使用习惯的程序设计语言。它允许用英文写解题的计算程序,程序中所使用的运算符号和运算式子,都和日常用的数学式子相似。高级语言容易学习和掌握,一般人都能很快学会并使用其进行程序设计,完全不了解机器指令,也不懂计算机的内部结构和工作原理,就能编写出应用计算机进行科学计算和事务管理的程序。

高级语言主要相对于面向机器的语言而言,它并不是特指某一种具体的语言,而是包括很多编程语言,可分为传统的基础语言、结构化语言和面向对象语言 3 类。基础语言是为了摆脱语言对机器的依附提出的,通用性强,如 BASIC 语言;结构化语言是以过程或函数为基础的语言,这种语言对底层硬件、内存等操作比较方便,但是写代码和调试维护等会比较麻烦,如 C 语言;面向对象语言的一切操作都以对象为基础,它是由面向过程语言发展而来的,但正是这个特性使得面向对象语言对底层的操作不是很方便,如 Java 语言。

高级语言所编制的程序不能直接被计算机识别,必须经过转换才能被执行,按转换方式可将它们分为解释和编译两类。解释类语言执行方式类似于日常生活中的同声翻译,应用程序源代码一边由相应语言的解释器翻译成目标代码(机器语言),一边执行。BASIC 语言属于解释类语言。编译类语言是指在应用源程序执行之前,就将程序源代码翻译成目标代码(机器语言),因此其目标程序可以脱离其语言环境独立执行,使用比较方便、效率较高。现在大多数的编程语言都是编译型的,如 C 语言、Java 语言等属于编译类语言。

在高级语言发展历程中,出现诸多具有里程碑式的语言。例如,第一个高级语言FORTRAN,源于数学的计算机语言 LISP,第一个结构化程序设计语言 ALGOL,通用商务语言 COBOL,最简单的语言 BASIC,语法严谨、层次分明的语言 PASCAL,现代程序语言革命的起点 C 语言,普遍适用的软件平台语言 Java,高层次的脚本语言 Python 等。

4) 第四代语言

第四代语言(Fourth-Generation Language,4GL)也称超高级语言,这类语言由于具有面向问题、非过程化程度高等特点,可以成数量级地提高软件生产率,缩短软件开发周期,因此赢得了很多用户。

第四代语言以数据库管理系统所提供的功能为核心,进一步构造了开发高层软件系统的开发环境,如报表生成、多窗口表格设计、菜单生成系统、图形图像处理系统和决策支持系统。它提供了功能强大的非过程化问题定义手段,用户只需告知系统做什么,而无须说明怎么做。第四代语言提供一些常用的程序来完成文件的维护、屏幕管理、报表生成和查询等任务,从而有效地提高了软件生产率。

3. 程序设计语言的选择

程序设计语言的选择并非程序设计的关键问题,一般来说,任何程序设计语言都不是引起软件问题的原因,也不能用它来解决软件问题。但语言选择合适,会使编码困难减少,程序测试量减少,并且可以得到易读、易维护的软件。

在选择语言时要从问题入手,确定它的要求是什么,以及这些要求的相对重要性。由于一种语言不可能同时满足它的各种需求,因此要对各种要求进行权衡,比较各种可用语言的使用程度,最后选择较适合的语言。通常根据软件系统的应用特点、程序设计语言的内在特性等来进行选择。选择程序设计语言一般考虑以下 7 个因素。

(1) 应用领域。从应用领域角度考虑,各种语言都具有各自的特点和适合自己的应用领域。只有充分考虑软件的应用领域,并熟悉当前使用较为流行的语言的特点和功能,程序员才能更好地发挥语言各自的功能优势,选择出最有利的语言工具。

（2）系统用户的要求。由于用户是软件的使用者,因此软件开发者应充分考虑用户对开发工具的要求,特别是当用户要负责软件的维护工作时,用户理所应当地会要求采用他们熟悉的语言进行编程。

（3）工程的规模。语言系统的选择与工程的规模有直接的关系。特别是在工程的规模非常庞大,并且现有的语言都不能完全适用时,为了提高开发的效率和质量,就可以考虑为这个工程设计一种专用的程序设计语言。

（4）软件的运行环境。软件在提交给用户后,将在用户的机器上运行,在选择语言时应充分考虑用户运行软件的环境对语言的约束。此外,在运行目标系统的环境中可以提供的编译程序往往也限制了可以选用的语言的范围。

（5）可以得到的软件开发工具。由于开发经费的制约,往往使开发人员无法任意选择、购买合适的正版开发系统软件。此外,若能选用具有支持该语言程序开发的软件工具的程序设计语言,则将有利于目标系统的实现和验证。

（6）软件开发人员的知识。软件开发人员采用自己熟悉的语言进行开发,可以充分运用积累的经验使开发的目标程序具有更高的质量和运行效率,并可以大大缩短编码阶段的时间。为了能够根据具体问题选择更合适的语言,软件开发人员应拓宽自己的知识面,多掌握几种程序设计语言。

（7）软件的可移植性要求。要使开发出的软件能适应不同的软硬件环境,应选择具有较好通用性的、标准化程度高的语言。

在实际选择语言时,往往任何一种语言都无法同时满足项目的所有需求和各种选择的标准,这时就需要编程者对各种需求和标准进行权衡,分清主次,在所有可用的语言中选取最合适的一种进行编程。

6.1.3　程序设计方法

流行的程序设计方法有结构化程序设计(Structured Programming,SP)和面向对象程序设计(Object-Oriented Programming,OOP)。

结构化程序设计将系统视为一个大功能模块,常用"自顶向下、逐步求精"策略,将之分解为一系列的小模块、小程序,组装这些小程序,即可获得大系统。由于设计时需求难以确定,导致功能易变,建立在功能分解基础上的系统可维护性较差,重用性也不好。

面向对象程序设计认为软件系统就是对现实世界系统的模拟。它以对象为核心,系统的可维护性、重用性较好,核心成分变动小,系统也比较稳定。面向对象程序设计中的抽象、封装、继承、多态等核心机制对提高大程序的可维护性、可重用性十分有益。

1. 结构化程序设计

结构化程序设计一种较为流行的定义:"如果一个程序的代码块仅仅通过顺序、选择和循环这 3 种基本控制结构进行连接,并且每个代码块只有一个入口和一个出口,则称这个程序是结构化的。"

结构化程序设计"自顶向下、逐步求精"的设计方法符合抽象和分解的原则,是人们解决复杂问题常用的方法。采用这种先整体后局部、先抽象后具体的步骤开发的软件一般都具有较清晰的层次结构。结构化程序设计方法能提高程序的可读性、可维护性和可验证性,从而提高软件的生产率。大多数现代过程式语言都鼓励采用结构化程序设计。

结构化程序设计的要点:基本控制结构,"自上而下、逐步求精"的设计思想解决程序结构规范化问题;独立功能、单出口单入口的结构设计解决将大化小、将难化简的求解方法问题;主程序员组则解决软件开发的人员组织结构问题。

(1)基本控制结构。结构化程序设计主张使用顺序、选择、循环3种基本结构来嵌套连接具有复杂层次的结构化程序,严格控制 goto 语句的使用。程序以控制结构为单位,能够从上到下顺序地阅读程序文本。由于程序的静态描述与执行时的控制流程容易对应,能够方便、正确地理解程序的动作。

(2)自上而下、逐步求精。其出发点是从问题的总体目标开始,抽象低层的细节,先专心构造高层的结构,然后再一层一层地分解和细化。这使设计者能把握主题,避免一开始就陷入复杂的细节中,使复杂的设计过程变得简单明了,过程的结果也容易做到正确可靠。

(3)独立功能、单出口单入口。减少模块的相互联系使模块可作为插件或积木使用,降低程序的复杂性,提高可靠性。编写程序时,所有模块的功能通过相应的子程序(函数或过程)的代码来实现。程序的主体是子程序层次库,它与功能模块的抽象层次相对应,编码原则使得程序流程简洁、清晰,增强可读性。

(4)主程序员组。人员组织结构采用主程序员组方式,用经验多、技术好、能力强的程序员作为主程序员,同时利用人和计算机在事务性工作方面给主程序员提供充分支持。

在漫长的结构化程序开发中,逐步提出了一些指导设计的原则。表 6-1 列出一些结构化程序设计指导原则。

表 6-1　结构化程序设计指导原则

原　　则	说　　明
模块原则	使用简单的接口拼合简单的部件
清晰原则	清晰胜于技巧
组合原则	设计时考虑拼接组合
分离原则	策略同机制分离,接口同引擎分离
简洁原则	设计要简洁,复杂度能低则低;易懂、易维护,有文档注释
透明原则	设计要可见,以便审查和调试
健壮原则	健壮源于透明和简洁
优化原则	雕琢之前先要有原型,"跑之前先学会走",不要过早优化

续表

原　　则	说　　明
重构原则	通过调整程序代码而改善软件质量、性能
扩展原则	设计着眼于未来,未来总比预想快

2. 面向对象程序设计

面向对象是一种适用于直观模型化的设计方法,这意味着现实世界问题空间中的模型与程序设计者在计算机中建立的模型有近乎一对一的对应关系。这一思想非常利于实现大型的软件系统。

面向对象程序设计旨在创建软件重用代码,具备更好地模拟现实世界环境的能力,这使它被公认为是"自上而下"编程的最佳选择。它通过在程序中加入扩展语句,把函数"封装"进编程所必需的"对象"中。面向对象的编程语言使得复杂的工作条理清晰、编写容易。

1) 面向对象的核心概念

面向对象程序设计方法从诞生起就致力于解决软件生产过程中的可重用和可扩展的问题。为此,所有面向对象的程序设计语言都支持面向对象技术的 3 个核心概念:数据封装、继承和多态性。

(1) 数据封装。数据封装使用抽象原则描述客观事物。对于使用系统的人员,不会关心该系统的组成和工作的原理,他们所关心的是该系统具有什么样的功能,如何使用该系统(即系统提供什么样的接口让人们使用)。当然,对于该系统的实现人员,需要关心的是该系统的一切情况。

数据封装将一组数据和与这组数据有关的操作集合封装在一起,形成一个能动的实体,这类实体的内存映像称为对象。在使用时,用户不必知道对象行为的实现细节,只需根据对象提供的外部特性接口方法访问对象。

【例 6-1】 复数的 C 语言实现。C 语言程序员 A 使用直角坐标系中的(实部,虚部)模型来描述复数,其数据结构如下:

```
typedef struct
{
    float real, img;
} Complex, * PComplex;
```

再设计一系列接口函数来操作这个数据结构,例如:

```
Complex add(Complex cl, Complex c2);
Complex mul(Complex cl, Complex c2);
```

完成后,他将代码交付给程序员 B 使用。程序员 B 在了解 Complex 结构体的构造后,为了提高效率,在其程序中绕开了接口函数,而直接使用了 Complex 的成员。另外,程序员 A 了解到应用程序使用复数的乘除法多于加减法,因此,为了提高效率,他重新设计了数据结构,采用了利于复数乘除法的(模,幅角)模型表示法:

```
typedef struct
{
    float mod, theta;
}Complex, * PComplex;
```

接下来发生的情况可想而知,这种改变对程序员 B 来说是灾难性的,他不得不重写他的代码。

造成这种困境的根本原因是,C 语言虽然在一定程度上做到了数据封装,但没能完整地实现信息隐蔽。

面向对象技术试图通过建立一个合适的数据类型,将复数的内部数据(称为数据成员)和函数(称为成员函数)结合在一起,形成一个新的抽象数据类型,称为类(Class)类型。以下代码就是一个描述复数的 C++ 类,其他面向对象语言的类语法大同小异。

【例 6-2】 复数的 C++ 类实现。

```
class Complex
{
private;
    float real, imag;

public;
    Complex add(Complex c);
    Complex mul(Complex c);
};
```

在这样建立的类 Complex 中,能确保私有数据只能由类中的成员函数进行访问和处理。在任何时候,都可以自由地改变内部数据的组织形式,只需改变成员函数的实现细节。由于这些成员函数的接口不改变,系统其他部分的程序(及使用者)就不会由于改动而受到影响。

类的概念将数据和与这个数据有关的操作集合封装在一起,建立了一个定义良好的接口,人们只关心其使用,不关心其实现细节。这反映了抽象数据类型的思想。

(2)继承。继承是面向对象语言的另一个重要的概念,是软件可重用和可扩充的基石。要了解什么是继承,首先从对象的关系入手。在客观世界中,可以将对象之间的关系分为以下两种:整体和部分的关系,一般和特殊的关系。在这个意义上,继承实现了一般和特殊的关系。

有了类的层次结构和继承性,不同对象的共同性质只需定义一次。一个子类可以从它的父类那里继承所有的数据和操作而不必重复说明,并能扩充自己的特殊数据和操作。

(3)多态性。对于面向对象程序设计,多态性是指在两个或多个属于不同类的对象中,同一函数名对应多个具有相似功能的不同函数,可以使用相同的调用方式来调用这些具有不同功能的同名函数。多态性允许每个对象以适合自身的方式去响应共同的消息。多态性增强了软件的灵活性和重用性。

继承和多态性的结合可以生成一系列虽类似但独一无二的对象。由于继承性,这些对象共享许多相似的特征;由于多态性,针对相同的消息,不同的对象可以有独特的表现方式,实现个性化的设计。

2) 面向对象程序设计方法

在理解面向对象核心概念的基础上,可以对在设计阶段完成的对象/类进行编码。编码一定涉及某种程序设计语言。可以根据应用的需求和系统的类型,选定某种或某几种程序设计语言作为系统的编程语言。

实际上,从面向对象设计到面向对象程序设计的转换是很直观的。因为在面向对象设计阶段已经建立了完整的对象模型,将这些类模型映射到程序设计语言中的类是相当容易的事情。当然,在面向对象程序设计阶段,程序员可能因为系统的需要而有控制地修改已经设计好的类,以方便编码。

一般情况下,会选用某种建模工具来建立类模型,而这些工具往往提供了正向工程功能,即工具会根据模型,用选定的语言自动生成类框架源代码。这项有用的功能会极大地提高编码效率。

3) 面向对象程序设计风格

良好的程序设计风格不仅能够减少维护和扩充系统的开销,还有助于在新的项目中重用已有的程序代码,对保证软件质量起到至关重要的作用。良好的面向对象程序设计风格,既包括传统的程序设计风格,也包括为适应面向对象方法所特有的概念而必须遵循的一些特有准则。

(1) 提高可重用性。可重用性是指同一事物不加修改或稍加修改,就可以在不同环境多次重复使用。软件重用是提高软件开发生产率和目标系统质量的重要方法。提高可重用性的方法:提高方法的内聚;减小方法的规模;保持方法的一致性;把策略与实现分开;尽量不使用全局信息;使用继承机制。

(2) 提高可扩充性。用户的需求是容易发生变化的,时代也总在变化,设计实现手段也可能要变化升级,因此对于对象的理解、设计和实现有可能要进一步完善。系统提供和实现的相关部件必须具有良好的可扩充性,让这种修改和变化比较容易实现,从而更好地满足系统的要求。

有助于提高系统的可扩充性的准则:封装实现策略,把类的实现策略(包括描述属性的数据结构、修改属性的算法等)封装起来,对外只提供公有的接口;慎用公有方法,公有方法是向公众公布的接口,对这类方法的修改往往会涉及许多其他类,修改的代价比较高。而私有方法仅在类内使用,修改私有方法所涉及的类少,代价比较低;控制方法的规模,一种方法只包含对象模型中的有限内容;合理利用多态性机制,根据对象的当前类型自动决定应有的行为。

(3) 提高健壮性。对于任何一个软件来说,健壮性都是不可忽略的质量指标。以下操作有助于提高程序的健壮性:处理用户操作错误,任何一种接收用户输入数据的方法,对其接收的数据必须进行检查,即使发现了非常严重的错误,也应该给出适当的提示信息,并准备再次接收用户的输入;检查参数的合法性;不要预先确定限制条件;先测试后优化。

6.2　软件测试基础

所有的软件系统在投入运行前都要经过测试。通过软件测试,可以尽可能发现软件中潜伏的错误,从而提高软件产品的正确性、可靠性,进而可显著提高软件产品的质量。软件测试可以发现软件存在的缺陷,验证软件质量,是软件质量保证的重要手段之一。

6.2.1　软件测试概述

软件测试是伴随着软件的产生而产生的。从计算机问世以来,软件的编制与测试就同时摆在人们的面前。随着软件产业的日益发展和软件工程规范化要求的提出,测试成为最有效的消除和预防软件缺陷和软件故障的手段。

1. 软件测试的相关概念

软件测试是软件质量检查的重要手段,是软件开发过程中的关键活动。

1) 软件测试的定义

软件测试的定义可从正向和逆向两方面考虑。

正向思维的代表人物比尔·赫策尔(Bill Hetzel)博士指出,软件测试就是为程序能够按预期设想那样运行而建立足够的信心。"软件测试是以一系列活动评价一个程序或系统的特性或能力并确定是否达到预期的结果。"测试是为了验证软件是否符合用户需求,即验证软件产品是否能正常工作。这个定义说明,软件测试是评价一个程序或系统的特性或能力并确定是否达到预期的结果。

逆向思维的代表人物 G.J.梅尔斯(G.J.Myers)则明确指出,测试是为了证明程序有错误,而不是证明程序无错误。一个好的测试用例在于它能发现至今未发现的错误,一个成功的测试是发现了至今未发现的错误的测试。这个定义说明,软件测试是为发现错误而针对某个程序或系统的执行过程。

IEEE 软件测试的定义为,使用人工或自动手段运行或测定某个系统的过程,其目的在于检验它是否满足规定的需求或是弄清预期结果与实际结果之间的差别。明确提出软件测试以检验是否满足需求为目标。

一般认为,软件测试的目的是以最少的人力、物力、时间找出软件中潜在的各种错误和缺陷,全面评估以提高软件质量,以及揭示质量风险,控制项目风险;通过分析测试过程中发现的问题可以帮助发现当前开发工作所采用的软件过程的缺陷,以便进行软件过程改进;同时通过对测试结果的分析整理,可修正软件开发规则,并为软件可靠性分析提供相关依据。评价程序或系统的属性,对软件质量进行度量和评估,以验证软件的质量满足用户的需求,为用户选择、接受软件提供有力依据。

2) 软件缺陷

在软件开发的过程中,软件缺陷的产生是不可避免的。软件在使用过程中存在的任何问题都叫作软件缺陷,俗称 Bug。软件缺陷的存在会导致软件产品在某种程度上不能满足用户的需求。软件中存在的缺陷给人们带来的损失是巨大的,这也说明了软件测试的必要性和重要性。

IEEE 729—1983 对缺陷有一个标准的定义:从产品内部看,缺陷是软件产品开发或维护过程中存在的错误、毛病等各种问题;从产品外部看,缺陷是系统所需要实现某种功能失效或违背。

通常,判定软件缺陷的标准:软件未实现需求说明书中明确要求的功能(少功能);软件出现了需求说明书中指明不应该出现的错误(功能错误);软件实现的功能超出需求说明书指明的范围(多功能);软件未实现需求说明书中虽未明确指明但应该实现的要求(隐形功能错误);软件难以理解,不易使用,运行缓慢,用户体验不好(不易使用)。

【例 6-3】 2012 年春节全国火车订票系统崩溃事件。2012 年 1 月 9 日,正值春运时节,铁道部官方订票网站点击量超过 14 亿次,相当于所有中国人当天都点击了一次。由于访问量太大,网站无法顺畅登录,最终导致崩溃。究其原因,网站耗资数千万却未做过春运模拟演练。

3) 软件测试用例

软件测试用例(Test Case)是软件测试的核心。在软件测试实践中,人们总是在不断寻求更实用的方法解决软件测试用例的问题。

测试用例是指对一项特定的软件产品进行测试任务的描述,体现测试方案、方法、技术和策略。具体地说,测试用例是针对要测试的内容所确定的一组信息,是为达到最佳的测试效果或高效地揭露隐藏的缺陷而精心设计的少量测试数据。测试用例是整个软件产品测试中各项活动的主体,为了提高测试效率、降低测试成本,应该精心设计测试用例。

统一软件开发过程(Rational Unified Process,RUP)中认为测试用例是人们用来验证系统实际做了什么的方式,因此,测试用例必须可以按照要求来跟踪和维护。

IEEE Stand 610(1990)给出的定义:测试用例是一组测试输入、执行条件和预期结果的集合,目的是要满足一个特定的目标,如执行一条特定的程序路径或检验是否符合一个特定的需求。

测试用例的重要性主要体现在技术和管理两方面。就技术而言,测试用例有利于指导测试的实施,规划测试数据的准备,降低工作强度;从管理层面来看,使用测试用例便于团队交流,实现重复测试,跟踪测试进度,进行质量、缺陷评估。

2. 软件测试的关键问题

软件测试关注以下 5 方面的关键问题。

1) 谁来执行测试(Who)

一个软件产品的开发通常涉及开发者和测试者两种角色。开发者通过开发代码形成产品,如分析、设计、编码、调试或者文档编制等;测试者则通过测试来检测产品中是否存在缺陷,包括根据特定的目的设计测试用例、构造测试、执行测试以及评估测试结果等。

一般的做法是,开发成员负责他们自己代码的单元测试,而系统测试则由一些独立的测试人员或专门的测试机构进行。

2)测试什么(What)

很显然,程序中的缺陷并不一定是编码所引起的,有可能是由详细设计阶段、概要设计阶段,甚至是需求分析阶段的问题引起的。对源程序进行测试时所发现缺陷的根源可能存在于开发前期的各个阶段。所以,解决问题、排除缺陷也必须追溯到前期的工作。实际上,软件需求分析、设计和实施阶段是软件缺陷的主要来源,因此,从需求分析、概要设计、详细设计以及程序编码等各个阶段得到的文档,都应成为软件测试的对象。

3)什么时候测试(When)

测试是一个与开发并行的过程。实践表明,测试开始得越早,测试执行得越频繁,所带来的整个软件开发成本下降得就会越多。测试的另一个极端是每天都进行测试,一旦软件的模块开发出来就对它们进行测试,这样显然又会拖延早期开发的进度。不过,这能够大大降低将所有模块装配到项目中以后出现问题的可能性。

4)怎样进行测试(How)

软件"规范"说明了软件本身应该达到的目标,程序"实现"则是一种对应各种输入如何产生输出结果的算法。简而言之,软件"规范"说明了一个软件要做什么,而程序"实现"则规定了软件应该怎样做。对软件进行测试就是根据软件的功能规范说明和程序实现,利用各种测试方法,生成有效的测试用例,对软件进行测试。

5)测试停止的标准(End)

从现实和经济的角度来看,对软件进行完全测试是不可能的。因为无法判断当前查出的缺陷是否为最后一个缺陷,所以何时停止测试就很难确定。在传统标准中,测试完成的标准是分配的测试时间用完或完成了所有的测试而没有检测出缺陷,但这两个完成标准没有实用价值。

实用的测试停止标准应该基于的因素:成功地采用了具体的测试用例设计方法;每类覆盖的覆盖率达到预定的要求;缺陷检测率(即每个单元测试时间内检测出的缺陷数)低于指定的限度;检测出缺陷的具体数量(估计存在缺陷总量的比率)或消耗的具体时间等。

通过测试可以发现软件缺陷,对一个系统做的测试越多,就越能确保它的正确性。不言而喻,大量的软件测试将提高软件的质量。然而,软件测试通常不能保证系统百分之百运转正确。软件测试在确保质量方面的主要贡献在于它能发现那些在一开始就应该能够避免的错误。

3. 软件测试的原则

测试是一项非常复杂的、创造性的和需要高度智慧的挑战性工作。测试一个大型软件所要求的创造力,可能要超过设计这个软件所要求的创造力。软件测试中一些直观上看来显而易见的且至关重要的原则,往往容易被人们忽视。

软件测试

1)应尽早和不断地测试

由于软件的复杂性和抽象性,以及项目涉及人员之间沟通的不畅等原因,导致在软件生命周期各阶段都可能产生缺陷。因此，不应该将软件测试看成是程序写完之后才开始的一项工作。问题发现得越早，解决问题的代价越小；反之，缺陷发现得越晚，缺陷修复的成本越高。若缺陷遗留到用户手中，则可能带来极其严重的后果。

不断地测试应表现为一个反复的、递增的过程。在最初阶段，人们可能会采用一些简单的测试方法和模糊的测试过程，测试的效果也许会很差。但经过每次迭代的修正之后，部分测试将进入回归测试形式，下一次测试的开始将覆盖前几次测试的范围，从而逐步加大测试的覆盖面。另外，在多次迭代过程中，人们将逐渐加强对测试过程的认识，强化集成测试和系统测试，规范单元测试，最终可能会重新修正整个测试过程。

2）不可能穷尽测试

在理想的情况下，测试所有可能的输入，将提供程序行为最完全的信息，但这往往是不可能的。如果因为某些原因将一些测试输入删除，如认为测试条件不重要或者为了节省时间，那么测试就不是完全测试。在实际测试中，即使最简单的程序，完全测试也是不可行的。主要原因在于程序输入量太大，程序输出量太大，或软件实现途径太多。

【例 6-4】 程序 P 有两个整型输入量 X、Y，输出量为 Z，在 32 位机上运行。所有的测试数据组 (X_i, Y_i) 的数目为 $2^{32} \times 2^{32} = 2^{64}$。假设 1ms 测试一组数据，完成所有测试需 5 亿年。

3）良好的测试态度和方法

具有良好的测试态度和掌握正确的测试方法是成功测试的基础，主要体现在以下 4 方面。

（1）避免测试自己的程序。软件测试是为了尽可能多地发现错误，从某种意义上讲是对程序员工作的一种否定。因此，程序员检查自己的程序会存在一定的心理障碍。而软件测试工作需要严谨的作风、客观的态度和冷静的情绪。另外，由程序员对软件需求说明书理解的偏差而引入的错误则更难发现。如果由别人来测试程序员编写的程序，则会更客观、更有效，并且更容易取得成功。

（2）避免测试的随意性。软件测试是一项系统工程，是有组织、有计划、有步骤的活动。因此，测试应制订合理的测试计划。测试计划反映一个测试团队在正常情况下需完成的工作远景描述，一般包括测试需求、测试策略、资源、项目里程碑、可交付工作等关键内容。但通常情况下，将资源从测试计划中分离出来是一种更好的习惯。

（3）测试应有重点。在有限的时间和资源下如何有重点地进行测试是测试管理者需要充分考虑的事情。测试的重点选择需根据多方面考虑，包括测试对象的关键程度、可能的风险、质量要求等。这些考虑与经验有关，随着实践经验的增长，判断也会更准确。

（4）增量测试。应采用增量测试的方式，即测试范围应从小规模开始，逐步转向大规模。小规模是指测试的粒度，或某种程序的单元测试。进一步的测试将从单个单元测试逐步过渡到多个单元的组合测试，即集成测试，最终过渡到系统测试。随着从单元测试到集成测试再到系统测试，测试时间、可用资源和测试范围不断扩大。

4）有效进行软件缺陷管理

确保每个被发现的缺陷都能及时得到处理是测试工作的一项重要内容。为有效管理缺陷，要充分认识缺陷的特性。

（1）缺陷的群集现象。一般情况下,80%的软件缺陷集中在20%的模块中,即软件缺陷可能成群出现。程序员的情绪、疲劳或者习惯是造成群集现象的主要原因。

（2）缺陷有免疫力。鲍里斯·贝泽尔(Boris Beizer)曾描述了缺陷的"杀虫剂怪事"现象,即软件测试越多,缺陷的免疫力却越强的现象。因此,在测试中应使用不同的测试方法、针对程序的不同部分进行测试。一般每修复三四个缺陷,就会产生一个新缺陷,所以在回归测试中要充分注意缺陷的修复所产生的波及面,圈定合适的回归测试的范围。

（3）缺陷关联和依赖。某个缺陷因其他缺陷而出现或消失,关闭某个缺陷必须先关闭其父类缺陷,这类"缺陷关联"现象表明缺陷之间存在一定的依赖关系。只有经过回归测试才能确保缺陷被正确修复。

（4）回归测试。回归测试的目的是对修正缺陷后的应用程序进行测试,以确保缺陷被修复,并且没有引入新的软件缺陷。回归测试可分为完全回归测试和部分回归测试。完全回归测试是对所有修正的缺陷进行验证,执行全部的测试用例。但由于测试时间紧张,需要验证的缺陷数量巨大,可以对相关的测试用例进行部分回归测试。

5）重视测试结果的处理

对缺陷进行复查和确认,全面检查测试结果并对出错进行统计分析,是测试的重要环节。在测试结束后,还应妥善保存测试过程文档,以利于不断改进测试方案。

（1）对缺陷进行复查和确认。一般由测试员 A(也可以是开发人员和客户)测试出来的缺陷,一定要由项目经理 B(或开发人员、开发经理)来确认,严重的缺陷还应召开评审会议进行讨论和分析,从而防止无效的缺陷对资源的浪费。有的缺陷可能是由测试人员的失误造成的,有的缺陷可能是一个重复提交的缺陷,有的缺陷可能会被开发人员认为是符合设计的。这些都应该通过复查予以确认。

（2）全面检查测试结果。测试结果中可能夹杂着大量正确和错误的输出信息,应仔细区分。特别是应尽量用自动检查的方式来确认每个测试结果。自动测试工具可以帮助人们方便地鉴别测试后输出的数据,并给出清晰的缺陷分析报告。

（3）出错统计和分析。应对测试过程中找到的所有缺陷进行定期统计和分析,包括对所有缺陷进行定性分析,确定其严重程度和优先级别,同时应支持缺陷的统计分析,如累计打开/关闭缺陷总数、不同模块中的缺陷总数、不同类型的缺陷总数、不同阶段发现的缺陷总数等,以便于根据这些统计结果决定是否可以进入下一个测试阶段。

（4）妥善保存测试过程文档。整个测试过程中,应妥善保存一切测试过程文档,便于后续的开发及测试过程改进,提高软件产品质量。测试过程文档包括各阶段的测试计划、测试设计说明书、测试用例说明书、测试脚本、测试总结报告等。

4. 软件测试的分类

软件测试类型广义上说就两种：功能性测试和非功能性测试。功能性测试主要测试软件产品可实现的功能,不涉及测试软件产品的内部结构和处理过程;非功能性测试主要是基于产品的性能、负载、可用性、交互性、可维护性、安全性、可靠性及可移植性等方面的测试。

通常，软件测试可以按照不同的方式分类。

1）按照测试方式

按照是否需要执行被测软件进行分类，可以将软件测试分为静态测试（Static Testing）与动态测试（Dynamic Testing）两类。

（1）静态测试。静态测试又称静态分析（Static Analysis），是不实际运行被测软件，而直接分析软件的形式和结构，查找缺陷。主要包括对源代码、程序界面和各类文档及中间产品（如产品规格说明书、技术设计文档等）所做的测试。

（2）动态测试。动态测试又称动态分析（Dynamic Analysis），是指需要实际运行被测软件，通过观察程序运行时所表现出来的状态、行为等发现软件缺陷，包括在程序运行时，通过有效的测试用例（对应的输入、输出关系）来分析被测程序的运行情况或进行跟踪对比，发现程序所表现的行为与设计规格或客户需求不一致的地方。

【例6-5】 表6-2列出静态测试与动态测试比较。

表6-2 静态测试与动态测试比较

测试方法	是否需要运行软件	是否需要测试用例	可否直接定位缺陷	测试实现难易程度	精准性	独立性
静态测试	否	否	是	容易	否	否
动态测试	是	是	否	困难	是	是

2）按照测试技术

按照测试技术划分，可以将软件测试分为白盒测试（White-Box Testing）和黑盒测试（Black-Box Testing）两种。

（1）白盒测试。白盒测试又称逻辑驱动测试或结构性测试，是把测试对象看作一个透明的盒子。利用白盒测试技术时，按照程序内部的结构测试程序，检验程序中的通路（路径）是否都有可能按预定的要求正确工作，而不考虑其功能性。

（2）黑盒测试。黑盒测试又称功能测试，其测试完全是根据程序的功能来进行的。在应用黑盒测试技术时，测试者完全不考虑程序的内部结构和内部特性，而是把软件看成是一个黑盒，测试时仅关心如何找出可能使程序不按要求运行的情况，因而测试是在程序接口进行的。

黑盒测试是最基本的测试技术，主要测试软件能否满足功能要求，检查输入能否被正确接收，软件能否正确输出结果。

3）按照测试阶段

按照测试阶段可将软件测试分为单元测试（Unit Testing）、集成测试（Integration Testing）、系统测试（System Testing）、验收测试（Acceptance Testing）等。

（1）单元测试。单元测试又称模块测试（Module Testing），是指对软件中的最小可测试单元进行测试，目的是检查每个单元是否能够正确实现详细设计说明中的功能、性能、接口和设计约束等要求，发现各个模块内部可能存在的各种缺陷。

（2）集成测试。集成测试又称组装测试，是在单元测试的基础上，按照设计要求，将通过单元测试的单元组装成系统或子系统而进行的有序的测试，目的是检验不同程序单元或部件之间的接口关系是否符合概要设计的要求,能否正常运行。

(3)系统测试。系统测试是为了验证和确认系统是否达到其原始目标,而对集成的硬件和软件系统进行的测试,是在真实或模拟系统运行的环境下,检查完整的程序系统是否能和系统(包括硬件、外设、网络、系统软件、支持平台等)正确配置、连接,并满足用户需求。

(4)验收测试。验收测试又称接受测试,是一种正式的测试,是在系统测试后期,以用户测试为主,或有测试人员等质量保证人员共同参与的测试,是一般由用户或其他权威机构来决定是否可以接受一个产品(系统或组件)的验证性测试。验收测试是软件正式交付给用户使用的最后一个测试环节,并决定用户是否最终验收签字和结清所有应付款。

4)按照是否需要人工参与

按照执行测试时是否需要人工参与,可以将测试分为手工测试(Manual Testing)和自动化测试(Automated Testing)。

(1)手工测试。手工测试是指测试完全由人工完成,包括测试计划制订、测试用例编写与执行、测试结果分析等,传统的测试工作都由人工来完成。

(2)自动化测试。自动化测试是指测试所涉及的任何活动都由测试工具完成,包括测试脚本编写、开发、执行和管理,不需要人工干预。主要用于功能测试、性能测试和回归测试活动中。

5)其他测试类型

除上述测试类型外,还常用到其他测试类型,如冒烟测试(Smoke Testing)、随机测试(Random Testing)、回归测试(Regression Testing)等。

(1)冒烟测试。在测试中发现问题,找到了一个缺陷,然后开发人员会来修复这个缺陷。这时想知道这次修复是否真的解决了程序的缺陷,或者是否会对其他模块造成影响,就需要针对此问题进行专门测试,这个过程就被称为冒烟测试。在很多情况下,做冒烟测试是开发人员在试图解决一个问题时,造成了其他功能模块一系列的连锁反应,原因可能是只集中考虑了一开始的那个问题,而忽略了其他问题,这就可能引起新的缺陷。

(2)随机测试。随机测试主要是对被测软件的一些重要功能进行复测,也包括测试那些当前的测试用例没有覆盖到的部分。另外,对于软件更新和新增加的功能要重点测试。重点对一些特殊情况点、特殊的使用环境、并发性进行检查。尤其对以前测试发现的重大缺陷进行再次测试,可以结合回归测试一起进行。

理论上,每个被测软件版本都需要执行随机测试,尤其对于最后的将要发布的版本更要重视随机测试。随机测试最好由具有丰富测试经验的熟悉被测软件的测试人员进行。对于被测软件越熟悉,执行随机测试越容易。只有不断积累测试经验,包括具体的测试执行和对缺陷跟踪记录的分析,不断总结,才能提高测试能力。

(3)回归测试。在软件生命周期中,只要软件发生了改变,就可能产生问题。所以,每当软件发生变化时就必须重新测试现有的功能,以便确定修改是否达到了预期的目的,检查修改是否破坏原有的正常功能,也需要补充新的测试用例来测试新的或被修改了的功能。为了验证修改的正确性及其影响就需要进行回归测试。

回归测试是指修改了软件之后而重新进行的测试,回归测试可以发生在任何一个阶段,包括单元测试、集成测试和系统测试等。

6.2.2　软件测试过程与管理

软件测试描述一种用来促进鉴定软件的正确性、完整性、安全性和质量的过程。换句话说,软件测试是一种实际输出与预期输出之间的审核或者比较过程。

1. 软件测试过程模型

软件测试和软件开发一样,都遵循软件工程原理和管理学原理。测试专家通过实践总结出了许多测试模型。这些模型对测试活动进行了抽象,明确了测试与开发之间的关系,是测试管理的重要参考依据。

1)V 模型

V 模型是最广为人知的软件测试模型,如图 6-2 所示。V 模型与软件过程瀑布模型有一些共同的特性。V 模型中的过程从左到右,描述了基本的开发过程和测试行为。V 模型的价值在于它非常明确地标明了测试过程中存在的不同级别,并且清楚地描述了这些测试阶段和开发过程中各阶段的对应关系。V 模型也有一定的局限性,如把测试作为编码后的最后一个活动,则需求分析等前期产生的错误直到后期的验收测试才能发现。

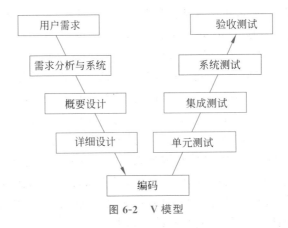

图 6-2　V 模型

2)W 模型

V 模型的局限性在于没有明确地说明早期的测试,无法体现“尽早地和不断地进行软件测试”的原则。在 V 模型中增加软件各开发阶段应同步进行的测试,则演化为 W 模型。在模型中不难看出,开发是 V 模型,测试是与此并行的 V 模型。相对于 V 模型,W 模型更科学,如图 6-3 所示。

W 模型是 V 模型的发展,强调测试伴随着整个软件开发周期,而且测试的对象不仅是程序,对需求、功能和设计同样要进行测试。测试与开发是同步进行的,这有利于尽早地发现问题。

W 模型也有局限性。W 模型和 V 模型都把软件的开发视为需求、设计、编码等一系列串行的活动,无法支持迭代、自发性以及变更调整。

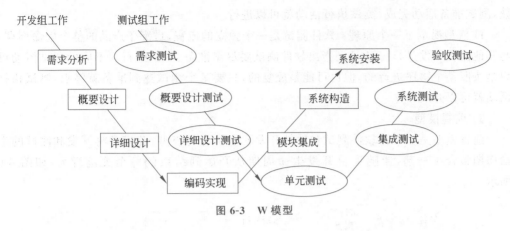

图 6-3　W 模型

3）X 模型

X 模型也是对 V 模型的改进,如图 6-4 所示。X 模型提出针对单独的程序片段进行相互分离的编码和测试,此后通过频繁交接,并通过集成最终合成为可执行的程序。

X 模型的左边描述的是针对单独程序片段所进行的相互分离的编码和测试,此后将进行频繁交接,通过集成最终成为可执行的程序,再对这些可执行程序进行测试。已通过集成测试的成品可以进行封装并提交给用户,也可以作为更大规模和范围内集成的一部分。多根并行的曲线表示变更可以在各个部分发生。如图 6-4 所示,X 模型还定位了探索性测试,这是不进行事先计划的特殊类型的测试,这个方式往往能帮助有经验的测试人员在测试计划外发现更多的软件错误。但这样可能对测试造成人力、物力和财力的浪费,对测试人员的熟练程度要求比较高。

4）H 模型

H 模型如图 6-5 所示,软件测试过程活动完全独立,贯穿于整个产品的周期,与其他流程并发进行,某个测试点准备就绪时,就可以从测试准备阶段进行到测试执行阶段。软件测试可以尽早进行,并且可以根据被测物的不同分层次进行。

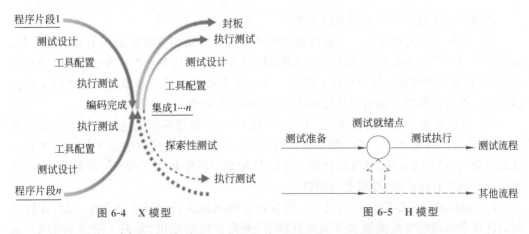

图 6-4　X 模型　　　　　　图 6-5　H 模型

图 6-5 演示了在整个生命周期中某个层次上的一次测试微循环。图 6-5 中标注的"其他流程"可以是任意的开发流程,如设计流程或编码流程。也就是说,只要测试条件成

熟,测试准备活动完成,测试执行活动就可以进行。

H模型揭示了一个原理:软件测试是一个独立的流程,贯穿于产品的整个生命周期,与其他流程并发进行。H模型指出软件测试要尽早准备、尽早执行。不同的测试活动可以是按照某个次序进行的,但也可能是反复的,只要某个测试达到准备就绪点,测试执行活动就可以开展。

5)前置模型

前置模型是一个将软件测试和软件开发紧密结合的模型,此模型将开发和测试的生命周期整合在一起,伴随项目开发生命周期从开始到结束的每个关键行为,如图6-6所示。

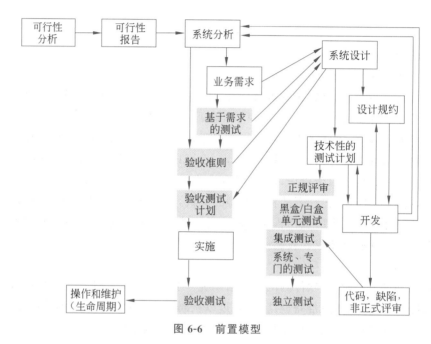

图6-6 前置模型

前置模型体现了以下6方面的要点。

(1)开发和测试相结合。前置模型将软件项目开发和测试的生命周期整合在一起,标识了项目生命周期从开始到结束之间的关键行为。如果其中有些行为没有得到很好的执行,项目成功的可能性就会因此而降低。业务需求最好在设计和编码阶段之前就被正确定义。而设计阶段是做测试计划和测试设计的最好时机。

(2)对每个交付内容进行测试。每个交付的开发结果都必须通过一定的方式进行测试,源程序代码并不是唯一需要测试的内容。图6-6中的加边的框表示了其他一些要测试的对象,包括系统分析、系统设计等。这同V模型中开发和测试的对应关系相一致,并且在其基础上有所扩展,变得更为明确。

(3)测试和开发结合在一起进行。前置模型将测试执行和开发结合在一起,在技术测试计划中必须定义好测试和开发如何结合,并在开发阶段以"编码—测试—编码—测试"的方式来体现。也就是说,程序片段一旦编写完成,就会立即进行测试。测试的主体方法和结构应在设计阶段定义完成,并逐步进行补充和升级。

（4）验收测试和技术测试保持相互独立。前置模型提倡验收测试和技术测试沿两条不同的路线进行。验收测试独立于技术测试，可以提供双重的保险，以保证设计及程序编码能够符合最终用户的需求。

（5）反复交替开发和测试。在软件项目中从很多方面可以看到变更的发生，例如需要重新访问前一阶段的内容，或者跟踪并纠正以前提交的内容，修复缺陷，排除多余的成分，以及增加新发现的功能等。这就需要开发和测试一起反复交替执行。前置测试模型对反复和交替进行了非常明确的描述。

（6）发现内在的价值。前置模型能给需要使用测试技术的开发人员、测试人员、项目经理和用户等带来很多不同于传统方法的内在的价值。与以前的方法中很少划分优先级所不同的是，前置模型用较低的成本来及早发现缺陷，并且充分强调了测试对确保系统的高质量的重要意义。在整个开发过程中，反复使用了各种测试技术以使开发人员、经理和用户节省其时间，简化其工作。

2. 软件测试过程管理

软件测试是贯穿于整个软件开发生命周期的一个完整的过程。为了有效地实现软件测试各个层面的测试目标，需要和软件开发过程一样，定义一个完整的软件测试过程。该过程应该涉及各个软件测试活动、技术、文档等内容，来指导和管理软件测试活动，以提高软件测试效率和软件质量，并改进软件开发过程和测试工程。

软件测试过程管理在每个阶段所管理的对象和内容都不同，主要集中在测试项目启动、测试计划制订、测试开发和设计、测试执行以及测试结果审查和分析 5 个阶段。

1）测试项目启动

确定测试项目后，进行人员的组织，考虑如何将涉及的人员及其关系组织在测试实施的活动中。

2）测试计划制订

测试计划制订阶段是整个软件测试过程的关键。在测试计划制订阶段，首先，要确定测试的整体目标，确定测试的任务、所需的各种资源和投入、预见可能出现的问题和风险，以指导测试的执行，最终实现测试的目标，保证软件产品的质量。

其次，确定在测试中要达到的目标：制订一个现实可行的、综合的计划，包括每项测试活动的对象、范围、方法、进度和预期结果；为项目实施建立一个组织模型，并定义每个角色的责任和任务；开发有效的测试模型，能正确地验证正在开发的软件系统；确定测试所需要的时间和资源，以保证其可获得性、有效性；确立每个测试阶段测试完成以及测试成功的标准、要实现的目标；识别出测试活动中的各种风险，并消除可能存在的风险，降低那些不可能消除的风险所带来的损失。

再次，根据测试项目的对象，制订测试的输入输出标准。

最后，根据以上内容，制订具体的测试实施策略，细化测试项目各个阶段的要点，编制测试项目中用到的技巧等。

3）测试开发和设计

当测试计划完成后，测试就要进入测试开发和设计阶段，测试设计阶段是接下来测试执行和实施的依据。

具体包括的步骤和内容:制定测试的技术方案,设计测试用例,设计测试用例特定的集合,测试开发,测试环境的设计。其中涉及的文档,必须按照 GB/T 9386—2008《计算机软件测试文档编制规范》的要求撰写,包括测试设计说明书、测试用例说明书、测试规程说明书、测试项传递报告。

4)测试执行

测试执行过程中,保证完成以下 5 个流程。

(1)测试阶段目标的检查。每个阶段测试(单元测试、集成测试、功能测试、系统测试、验收测试和安装测试等)完成后,都要与预定目标进行核查,确保每个阶段任务得到执行,达到阶段性目标。

(2)测试用例执行的跟踪。确保每个测试用例百分之百执行。

(3)缺陷的跟踪和管理。测试过程中,发现的错误与缺陷,都应按缺陷类别、状态提交到软件缺陷管理数据库中,以便随时跟踪和管理。

(4)和项目组外部人员的沟通。一旦有缺陷变更,缺陷管理系统应能自动发出邮件给相应的开发人员和测试人员,保证任何缺陷都能及时处理。

(5)测试执行结束评判。按照里程碑对缺陷进行会审、分析、预测,依据计划结束准则决定测试是否结束。

5)测试结果审查和分析

在原有跟踪的基础上,针对测试项目进行全过程、全方位的审视,检测测试是否完全执行,是否存在漏洞,对目前仍旧存在的缺陷进行分析,确定对产品质量的影响程度,从而完成测试报告并结束测试工作。

3. 软件测试文档

测试文档(Testing Documents)是测试活动中用来描述和记录整个测试过程的一个非常主要的文件。在测试执行的过程中,所依据的最核心的文档包括测试用例、测试计划和测试报告。根据软件测试与软件开发过程的关系,测试文档应该在软件开发的需求分析阶段就进行编写。

1)测试计划

软件测试计划是指一个叙述了预定的测试活动的范围、途径、资源及进度安排的文档。它确认了测试项、被测特征、测试任务、人员安排,以及任何偶发事件的风险等。通过软件测试计划可以明确测试任务和测试方法,保持测试实施过程的顺畅沟通,跟踪和控制测试进度,应对测试过程中的各种变更。

测试计划是指导测试过程的纲领性文件,每个阶段的测试活动都必须有相应的测试计划。测试计划包括如下主要内容。

(1)引言。包括测试计划的编写目的,系统开发背景,相关定义及参考资料。

(2)计划。包括软件说明,测试内容,进度安排,测试工作对资源的要求等。

(3)测试设计说明。说明对测试内容的设计思路,包括测试的控制方式,输入输出,完成测试的步骤和控制命令。

（4）评价准则。说明所选择的测试用例能够检查的范围及其局限性，数据整理形式，以及用来判断测试工作是否能通过的评价尺度。

2）测试分析报告

测试分析报告是测试阶段最后的文档产出物。测试分析报告是指把测试的过程和结果写成文档，描述软件的测试过程、测试环境、测试范围、测试结果的文档，分析总结系统存在的风险以及测试结论，对发现的问题和缺陷进行分析，为纠正软件所存在的质量问题提供依据，同时为软件验收和交付打下基础。

测试分析报告可以是版本测试报告，也可以是产品测试报告。版本测试报告是指对同一个产品的不同迭代周期的测试报告；产品测试报告是指对一个产品全功能测试的执行结果报告。

测试分析报告主要包括如下内容。

（1）引言。包括测试分析报告的编写目的，系统开发背景，相关定义及参考资料。

（2）测试概要。列出每项测试的标识符及测试内容，并指明实际进行的测试工作内容与测试计划中预先设计的内容之间的差别，说明做出这种改变的原因。

（3）测试结果及发现。测试中实际得到的动态输出结果同对动态输出的要求进行比较，说明其中的各项发现。

（4）对软件功能测试的结论。说明各项功能的能力，在测试中查出的缺陷、局限性。

（5）分析摘要。说明经测试证实的软件能力，证实的软件缺陷和限制及其对软件性能的影响，对每项缺陷提出改进建议，并说明该软件的开发是否已达到预定目标，能否交付使用。

（6）测试资源消耗。总结测试工作的资源消耗数据，如工作人员的水平、级别、数量、工时消耗等。

4. 测试团队与人员管理

实施一个测试首先要考虑的就是在活动中涉及的人员、资源之间协调与分配的问题，良好的组织和管理是测试活动成功的重要保障。

测试涉及的人员有测试主管、测试组组长、测试工程师、测试分析师，分工不同，所担任的职责也不同。随着软件测试工作日益专业化，测试工具的使用、测试理论的更新、新测试技术的应用都要求测试人员不断提高自己的水平。优秀的测试人员不但要理解基本的测试技术，如用例设计、测试规划、缺陷分析、测试执行，还要很好地了解被测试系统的开发环境和工具、业务流程、系统架构等才能制定合理的测试方案。也就是说，优秀的测试人员不仅要了解基本测试技术，还要了解主流的开发技术、架构和工具，甚至对产品业务非常熟悉。

【例 6-6】 表 6-3 是某互联网公司对软件测试能力的定义。通过该表，有助于了解软件测试的典型专业能力要求。

表 6-3　某互联网公司对软件测试能力的定义

能力要素名称	定 义	能力点
用例设计能力	用户需求、策划方案和系统设计的理解,测试用例的设计能力	用例设计、用户场景分析、用户体验、影响力
测试规划能力	测试方案设计与改进能力,测试方案统筹安排和结果汇总能力,产品质量风险评估能力	方案设计、方案落实、风险评估
缺陷分析能力	缺陷的分析和验证能力,缺陷归属的判定能力,对于缺陷修复可能造成的隐藏问题的预见能力	缺陷分析和验证、缺陷判定、缺陷大数据分析
测试执行能力	测试用例的执行以及发现缺陷的能力,测试结果和缺陷的报告能力	测试、缺陷、结果报告
质量过程改进能力	根据产品执行过程的进展状况,进行有效的质量管理,能够采取必要的措施推动质量问题的解决	质量问题的发现、解决、预防,监控体系,生态圈,质量文化

6.2.3　软件测试用例设计

测试用例不仅是连接测试计划与执行的桥梁,也是软件测试的中心内容。有效地设计测试用例是搞好软件测试的关键。

1. 测试用例设计准则

测试用例是为特定的目的而设计的一组测试数据。测试用例设计的核心有两方面:一是要测试的内容,即与测试用例相对应的测试需求;二是输入信息,即按照怎样的操作步骤,对系统输入哪些必要的数据。测试用例设计的难点在于如何通过少量测试数据有效揭示软件缺陷。

测试用例可以用一个简单的公式表示:

$$测试用例＝输入＋输出＋测试环境$$

其中,输入是指测试数据和操作步骤;输出是指系统的预期结果;测试环境是指系统环境设置,包括软件环境、硬件环境和数据,有时还包括网络环境。

【例 6-7】　一个实现登录功能的小程序,它允许用户选择城市和地区,输入自己的账号和密码,如图 6-7 所示,通过 Alt＋F4 组合键和 Exit 按钮来终止程序,Tab 键在区域中间移动。

图 6-7　操作员登录界面

根据组成页面的具体元素,设计测试用例。针对下拉框和输入框两种页面元素设计的测试用例,如表 6-4 所示。

表 6-4 测试用例设计表

测 试 内 容		输 入 操 作	预 期 输 出	实 际 结 果
下拉框		未和后台数据库绑定(显示列表元素固定)	不允许列表中出现 NULL 现象,固定"—请选择—"	
		已和后台数据库绑定(显示列表元素活动)	不允许列表中出现 NULL 现象,固定"—请选择—"	
输入框	限定字符型输入	12、6	无	
		♯、* 等	错误提示	
	限定数字型输入	测试数据	无	
		12 月、7 *、0	错误提示	

一般情况下,测试用例的设计应该遵从以下 3 条标准。

(1) 测试用例的代表性。能够代表并覆盖各种合理的和不合理的、合法的和非法的、边界的和越界的,以及极限的输入数据、操作和环境设置等。

(2) 测试结果的可判定性。即测试执行结果的正确性是可判定的,每个测试用例都应有相应明确的预期结果,而不应存在二义性,否则将难以判断系统是否运行正常。

(3) 测试结果的可再现性。即对同样的测试用例,系统的执行结果应当相同。测试结果可再现有利于在出现缺陷时确保重现缺陷,为快速修复缺陷打基础。

在上述 3 条标准中,实际操作最难保证的是测试用例的代表性,这也是测试用例设计需要重点关注的内容。在设计中,应该分析哪些是核心输入数据,通常情况分为正常数据、边界数据和错误数据 3 类,测试数据就是从这 3 类数据中产生的。

2. 白盒测试用例设计

白盒测试

在软件工程中,白盒测试是一种可视的测试软件的方法,它把测试对象看作一个透明的盒子,测试人员要了解程序结构和处理过程,按照程序内部逻辑测试程序,检查程序中的每条通路是否按照预定要求工作。白盒测试的特点就是它主要针对被测程序的源代码,测试者可以完全不考虑程序的功能。

程序的结构形式是白盒测试的主要依据,程序的执行路径数目庞大,让程序的所有路径都执行一次是不可能的。对一个具有多重选择和循环嵌套的程序,有无数个不同的路径。由此可见,彻底的测试(穷举测试)是无法实现的。但是为了检查程序的正确性,每完成一个代码模块时,都需要设计一定的测试用例。为了节省时间和资源,提高测试效率,就必须采用一些方法和技巧有选择地设计测试用例,以达到最佳的测试效果。

白盒测试用例设计技术就是研究如何用最少的测试用例来最大限度地发现软件中的错误。常用测试用例设计方法主要有逻辑覆盖测试、基本路径测试。

1) 逻辑覆盖测试

逻辑覆盖测试是依据被测程序的逻辑结构设计测试用例,驱动被测程序运行完成的测试。常用的逻辑覆盖测试方法有语句覆盖、判定覆盖、条件覆盖、判定/条件覆盖、条件组合覆盖和路径覆盖。不同的逻辑覆盖测试方法都是从各自不同的方面出发,为设计测试用例提供依据。

图 6-8 为被测试程序的流程图,下面设计逻辑覆盖测试的测试用例。

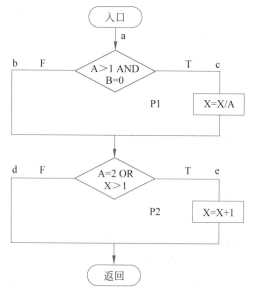

图 6-8 被测试程序的流程图

(1) 语句覆盖。语句覆盖是一种最起码的测试要求,它要求设计的用例使程序中每条语句都至少被执行一次。因此,对于图 6-8 所示的程序,只需要选择输入数据为 A＝2,B＝0,X＝3,就可以达到语句覆盖。

从本例可以看出,语句覆盖所覆盖的路径其实是不完全的,如果第一个条件语句中的 AND 错误地写成 OR,上面的测试用例是不能发现这个错误的;又如第二个条件语句中 X＞1 误写成 X＞0,这个测试用例也不能暴露它。此外,沿着路径 abd 执行时,X 的值应该保持不变,如果这一方面有错误,上述测试数据也不能发现它们。

(2) 判定覆盖。判定覆盖也称分支覆盖,它要求执行足够的测试用例,使程序中的每个分支至少都通过一次。在针对判断语句设定测试用例时,要设定"真"和"假"两种测试用例。判定覆盖与语句覆盖的不同是增加了"假"的情况。对于图 6-8,需要设计两个例子,使它们能通过路径 ace 和 abd,或者通过路径 acd 和 abe,就可达到判定覆盖标准。

例如,想要通过路径 acd 和 abe,可以选择输入数据如下:

A＝3,B＝0,X＝1(沿路径 acd 执行)

A＝2,B＝1,X＝3(沿路径 abe 执行)

除了双分支语句外,像 C 语言中的 case 语句中还存在多分支语句,因此必须覆盖所有的语句。但是在上面的例子中,没有监测到 abd 路径执行时 X 值是否有变化。因此,判定覆盖虽然比语句覆盖强,但是对程序逻辑的覆盖程度仍然不够全面。

(3) 条件覆盖。条件覆盖的含义是指选择足够的测试用例,运行这些测试用例后,要使每个判定中每个条件的可能取值至少满足一次,但未必能覆盖全部分支。判定覆盖往往包含若干条件,例如在图 6-8 所示的程序中,判定(A>1)AND(B=0)包含了两个条件:A>1 以及 B=0,所以可引进一个更强的覆盖标准——条件覆盖。

图 6-8 所示的程序有 4 个条件:A>1,B=0,A=2,X>1。

为了达到条件覆盖标准,需要执行足够的测试用例,使得在 a 点有 A>1、A≤1、B=0、B≠0 等各种结果出现,以及在 b 点有 A=2、A≠2、X>1、X≤1 等各种结果出现。

现在只需设计以下两个测试用例即可满足这一标准:

A=2,B=0,X=4(沿路径 ace 执行)

A=1,B=1,X=1(沿路径 abd 执行)

条件覆盖通常比判定覆盖强,因为它使一个判定中的每个条件都取到了两个不同的结果,而判定覆盖则不能保证这一点。

(4)判定/条件覆盖。针对上面的问题可引出另一种覆盖标准——判定/条件覆盖,其含义是执行足够的测试用例,使判定中的每个条件取到各种可能的值,并使每个判定取到各种可能的结果。对于图 6-8 所示的程序,条件覆盖中的两个测试用例也满足判定/条件覆盖的要求:

A=2,B=0,X=4(沿路径 ace 执行)

A=1,B=1,X=1(沿路径 abd 执行)

(5)条件组合覆盖。条件组合覆盖的含义是执行足够的测试用例,使每个判定中条件的各种可能组合都至少出现一次。显然,满足条件组合覆盖的测试用例一定满足判定覆盖、条件覆盖和判定/条件覆盖。

如图 6-8 所示的程序,需要选择适当的例子,使下面 8 种条件组合都能够出现:

①A>1,B=0;②A>1,B≠0;③A≤1,B=0;④A≤1,B≠0;⑤A=2,X>1;⑥A=2,X≤1;⑦A≠2,X>1;⑧A≠2,X≤1。

必须注意到,⑤、⑥、⑦、⑧ 4 种情况是第二个 IF 语句的条件组合,而 X 的值在该语句之前是要经过计算的,所以还必须根据程序的逻辑推算在程序的入口点 X 的输入值应是什么。

下面列出的测试用例可以使上述 8 种条件组合至少出现一次:

A=2,B=0,X=4 使①、⑤两种情况出现

A=2,B=1,X=1 使②、⑥两种情况出现

A=1,B=0,X=1 使③、⑧两种情况出现

A=1,B=1,X=4 使④、⑦两种情况出现

(6)路径覆盖。要求设计足够多的测试用例,使程序中所有的路径都至少执行一次。针对图 6-8 所示的程序,它有 4 条路径,分别是 ace、abd、abe 和 acd。因此可以设计如下 4 种测试用例:

A=2,B=0,X=3(覆盖 ace)

A=2,B=1,X=1(覆盖 abe)

A=1,B=0,X=1(覆盖 abd)

A=3,B=0,X=1(覆盖 acd)

2）基本路径测试

基本路径测试法是在程序控制流图的基础上，通过分析控制构造的环路复杂性，导出基本可执行路径集合，从而设计测试用例的方法。设计出的测试用例要保证在测试中程序的每个可执行语句至少执行一次。路径覆盖是设计足够多的测试用例，以覆盖程序中所有可能的路径。

对于复杂性强的程序要做到所有路径覆盖（测试完所有可执行路径）是不可能的。在无法测试所有路径的前提下，如果某个程序的每个独立路径都被测试过，那么就认为程序中每个语句都已经被检测过了，即实现了语句覆盖。这就是基本路径测试方法。这个方法的基础是控制流图，通过对控制结构的环路复杂度进行分析，导出执行路径的基本集，再从该基本集设计测试用例。

以下面的程序为例，说明基本路径测试的 4 个步骤。

```
    void Sort(int iRecordNum, int iType)
1   {
2       int x=0;
3       int y=0;
4       while (iRecordNum-->0)
5       {
6           if (iType==0)
7               x=y+2;
8           else
9               if (iType==1)
10                  x=y+10;
11              else
12                  x=y+20;
13      }
14  }
```

（1）画出程序的控制流图。根据程序设计画出程序的控制流图，如图 6-9 所示。

（2）计算环形复杂度。计算程序控制流图的环形复杂度，导出程序基本路径集中的独立路径条数，这是确定程序中每个可执行语句至少执行一次所必需的测试用例数目的上界。

对于结构化程序的复杂度定义为

$$V(G) = E - N + 2P$$

其中，$V(G)$ 表示复杂度；E 表示控制流图的边的数量；N 表示控制流图的节点数；P 表示控制流图中相连接的部分，因为控制流图都是流通的，所以 $P=1$。

在图 6-9 所示的控制流图中，$V(G) = 10 - 8 + 2 = 4$。

（3）导出独立路径。导出基本路径集，确定程序的独立路径（用语句编号表示）。

路径 1：4→14

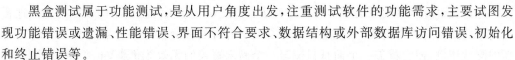

图 6-9　程序的控制流图

路径 2：4→6→7→14
路径 3：4→6→9→10→13→4→14
路径 4：4→6→9→12→13→4→14

（4）设计测试用例。根据步骤(3)中的独立路径,设计测试用例的输入数据和预期输出,如表 6-5 所示。

表 6-5　设计测试用例表

测 试 用 例	输 入 数 据	预 期 输 出
1	iRecordNum = 0 iType = 0	x = 0 y = 0
2	iRecordNum = 1 iType = 0	x = 0 y = 0
3	iRecordNum = 1 iType = 1	x = 10 y = 0
4	iRecordNum = 1 iType = 2	x = 0 y = 20

3. 黑盒测试用例设计

黑盒测试

黑盒测试属于功能测试,是从用户角度出发,注重测试软件的功能需求,主要试图发现功能错误或遗漏、性能错误、界面不符合要求、数据结构或外部数据库访问错误、初始化和终止错误等。

黑盒测试常用的测试方法包括等价分类法、边界值分析法、因果图法和错误推测法。但是没有一种方法能提供一组完整的测试用例,以检查程序的全部功能,因而在实际测试中需要把几种方法结合起来使用。

1）等价分类法

等价分类法是黑盒测试的一种典型的方法,其基本思想是选取少量有代表性的输入数据,以期用较小的代价暴露出较多的程序错误。等价分类法是把被测试程序的所有可能的输入数据(有效的和无效的)划分成若干等价类,把无限的随机测试变成有针对性的等价类测试。按这种方法可以合理地做出下列假定,每个类中的一个典型值在测试中的作用与这个类中所有其他值的作用相同。因此,可以从每个等价类中只取一组数据作为测试数据。这样可选取少量有"代表性"的测试数据,来代替大量相类似的测试,从而大大减少总的测试次数。

设计等价类的测试用例包括两方面:一是划分等价类并给出定义;二是选择测试用例。选择测试用例的原则是有效等价类的测试用例尽量公用,以期进一步减少测试的次数;无效等价类必须每类一个用例,以防漏掉本来可能发现的错误。

划分等价类时,需要研究程序的功能说明,以确定输入数据的有效等价类和无效等价类。在确定输入数据的等价类时常常还需要分析输出数据的等价类,以便根据输出数据的等价类导出对应输入数据的等价类。

划分等价类需要经验,表 6-6 列出的几条启发式规则有助于划分等价类。

表 6-6　划分等价类启发式规则

条 件 规 定	启 发 式 规 则
输入值的范围	一个有效等价类(输入值在此范围内)、两个无效等价类(输入值小于最小值和大于最大值)
输入数据的个数	一个有效的等价类和两个无效的等价类
输入数据的一组值,且程序对不同输入值做不同处理	每个允许的输入值是一个有效的等价类,任意一个不允许的输入值是一个无效的等价类
输入数据必须遵循的规则	一个有效的等价类(符合规则)和若干无效的等价类(从不同角度违反规则)
输入数据为整型	正整数、零和负整数 3 个有效等价类
程序的处理对象是表格	使用空表,以及一项或多项的表

表 6-6 的启发式规则只是测试时可能遇到的情况中很小的一部分,实际情况千变万化,根本无法一一列出。为了正确划分等价类,一要注意积累经验,二要正确分析被测程序的功能。此外,在划分无效等价类时,还必须考虑编译程序的检错功能。启发式规则虽然都是针对输入数据而言的,但其中绝大部分也同样适用于输出数据。

等价类设计测试用例的步骤可分为两步:①设计一个新的测试用例以尽可能多地覆盖尚未覆盖的有效等价类,重复这一步骤直到所有有效等价类都被覆盖为止;②设计一个新的测试用例,使它覆盖一个而且只覆盖一个尚未覆盖的无效等价类,重复这一步骤直到所有无效等价类都被覆盖为止。

【例 6-8】　设有一个档案管理系统,要求用户输入以年月表示的日期。假设日期限定在 1950 年 1 月至 2049 年 12 月,并规定日期由 6 位数字字符组成,前 4 位表示年,后 2 位表示月。现用等价分类法设计测试用例,来测试程序的日期检查功能。

(1)划分等价类并编号,如表 6-7 所示。

表 6-7 划分等价类

输入等价类	有效等价类	无效等价类
日期的类型及长度	① 6 位数字字符	② 有非数字字符 ③ 少于 6 位数字字符 ④ 多于 6 位数字字符
年份范围	⑤ 1950－2049	⑥ 小于 1950 ⑦ 大于 2049
月份范围	⑧ 01－12	⑨ 等于 00 ⑩ 大于 12

（2）设计测试用例，以便覆盖所有的有效等价类。在表 6-7 中列出了 3 个有效等价类，编号分别为①、⑤、⑧，设计的测试用例如下：

测试数据	期望结果	覆盖的有效等价类
201507	有效输入	①、⑤、⑧

（3）为每个无效等价类设计一个测试用例，设计结果如下：

测试数据	期望结果	覆盖的无效等价类
95June	无效输入	②
20036	无效输入	③
2018006	无效输入	④
194912	无效输入	⑥
205401	无效输入	⑦
200800	无效输入	⑨
201613	无效输入	⑩

2）边界值分析法

经验表明，大量的错误是发生在输入或输出范围的边界上，而不是发生在输入或输出范围的内部。因此针对各种边界情况设计测试用例，可以查出更多的错误。使用边界值分析法设计测试用例，首先应确定边界情况。但它不是从一个等价类中任选一个典型值或任意值，而是将测试边界情况作为重点目标，选取正好等于、刚刚大于或刚刚小于边界值的测试数据。

基于边界值分析法选择测试用例可遵循如下原则。

（1）输入边界条件。若输入条件规定了值的范围，则应取刚达到这个范围边界的值，以及刚刚超越这个范围边界的值作为测试输入数据。

若输入条件规定了值的个数，则用最大个数、最小个数、比最小个数少 1、比最大个数多 1 的数作为测试数据。

【例 6-9】 程序的规格说明中规定，"质量在 10～50 千克的邮件，其邮费计算公式为……"。作为测试用例，可取 10 及 50，还应取 10.01、49.99、9.99 及 50.01 等。

一个输入文件应包括 1～255 个记录，则测试用例可取 1 和 255，还应取 0 及 256 等。

（2）输出边界条件。若输出条件规定了值的范围或规定了值的个数，则设计测试用例使输出值达到边界值及其左、右的值。

【例 6-10】 某程序的规格说明要求计算出"每月保险金扣除额为 0～1165.25 元"，其测试用例可取 0.00 及 1165.24，还可取 0.01 及 1165.25 等。

某程序属于情报检索系统，要求每次"最少显示 1 条，最多显示 4 条情报摘要"，这时应考虑的测试用例包括 1 和 4，还应包括 0 和 5 等。

（3）其他边界条件。若程序的规格说明给出的输入域或输出域是有序集合，则应选取集合的第一个元素和最后一个元素作为测试用例；若程序中使用了一个内部数据结构，则应当选择这个内部数据结构的边界上的值作为测试用例；分析规格说明，找出其他可能的边界条件。

3）因果图法

等价分类法和边界值分析法都着重考虑输入条件，但没有考虑输入条件的各种组合、输入条件之间的相互制约关系。这样虽然各种输入条件可能出错的情况已经测试到了，但多个输入条件组合起来可能出错的情况却容易被忽视。可以首先从程序规格说明书的描述中，找出因（输入条件）和果（输出结果或者程序状态的改变），其次通过因果图转换为判定表，最后为判定表中的每列设计一个测试用例，这就是用因果图法设计测试用例的基本思想。

因果图法是一种利用图解法分析输入的各种组合情况，从而设计测试用例的方法，它适合检查程序输入条件的各种组合情况。

图 6-10 是因果图中出现的 4 种基本符号。

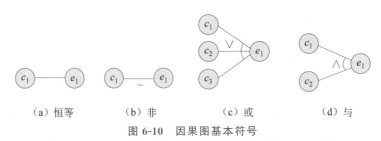

（a）恒等　　　（b）非　　　（c）或　　　（d）与

图 6-10　因果图基本符号

图 6-10 中基本符号的含义表示如下。

（a）恒等：若 c_1 是 1，则 e_1 也为 1，否则 e_1 为 0。

（b）非：若 c_1 是 1，则 e_1 为 0，否则 e_1 为 1，用符号～表示。

（c）或：若 c_1 或 c_2 或 c_3 是 1，则 e_1 是 1，否则 e_1 为 0，"或"可有任意个输入，用符号 ∨ 表示。

（d）与：若 c_1 和 c_2 都是 1，则 e_1 为 1，否则 e_1 为 0，"与"也可有任意个输入，用符号 ∧ 表示。

用因果图法设计测试用例可采取的步骤：分析程序规格说明书描述的语义内容，找出原因和结果，将其表示成连接各个原因与各个结果的因果图；由于语法或环境限制，有些原因与原因之间或与结果之间的组合情况不能出现，用记号标明约束或限制条件；将因果图转换成决策表；根据决策表中的每列设计测试用例。

【例 6-11】 某视频网站个人账户注册功能，对验证用户名的要求如下：第一项要求输入手机号或电子邮箱作为用户名，第二项要求正确输入验证码，两项都校验成功后填写用户信息;如果第一项校验不正确,则报错 W1(手机号或电子邮箱格式错误);如果第二项验证不成功,则报错 W2(验证码错误)。

对案例进行分析,得到原因和结果。

原因:①第一项输入手机号;②第一项输入电子邮箱;③第二项输入验证码。

结果:节点 21 为填写用户信息,节点 22 为报错 W1(手机号或电子邮箱格式错误),节点 23 为报错 W2(验证码错误)。

对应的因果图如图 6-11 所示。

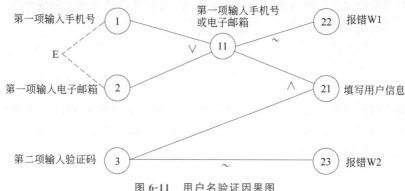

图 6-11 用户名验证因果图

节点 11 为中间节点,因为第一项输入手机号和第一项输入电子邮箱不可能同时出现,因此在因果图上加上 E 约束。

根据因果图可以建立判定表,如表 6-8 所示。

表 6-8 用户名验证判定表

决策规则		1	2	3	4	5	6	7	8
条件	1	1	1	1	1	0	0	0	0
	2	1	1	0	0	1	1	0	0
	3	1	0	1	0	1	0	1	0
动作	21	—	—	1	0	1	0	0	0
	22	—	—	0	0	0	0	1	1
	23	—	—	0	1	0	1	0	1

判定表中由于原因 1 和原因 2 同时为 1 的情况不可能出现,所以应排除前两种情况。设计测试用例时,可以将判定表的每列作为依据进行设计。

4) 错误推测法

在测试程序时,可以根据以往的经验和直觉来推测程序中可能存在的各种错误,从而有针对性地设计测试用例,这就是错误推测法。错误推测法是凭经验进行的,没有确定的步骤。其基本思想是列出程序中可能发生错误和容易发生错误的特殊情况,根据这些情况选择测试用例。

【例 6-12】 测试一个对线性表(如数组)进行排序的程序,可推测列出以下 5 项需要特别测试的情况：①输入的线性表为空表；②输入表中只含有一个元素；③输入表中的所有元素已排好序；④输入表已按逆序排好；⑤输入表中的部分或全部元素相同。

错误推测法是一种简单易行的黑盒测试方法，但由于该方法有较大的随意性，必须根据具体情况具体分析，主要依赖于测试者的经验，因此通常它作为一种辅助的黑盒测试方法。

6.3 软件测试过程与策略

软件测试策略确定了软件测试的过程和流程，是软件测试计划实施的保障，也是保证测试工作成功的重要的因素之一。

软件测试
过程

6.3.1 软件测试过程

软件测试过程可划分为单元测试、集成测试、系统测试和验收测试 4 个测试阶段，与软件开发活动逆向形成对应关系。对于每个测试阶段，都应包含制订测试计划、设计测试用例、测试实施和测试结果的收集评估等。

1. 单元测试

单元测试（Unit Testing）是针对程序模块进行正确性检验的测试。其目的在于发现各模块内部可能存在的各种差错。单元测试需要从程序的内部结构出发设计测试用例。多个模块可以平行地独立进行单元测试。

1）单元测试的内容

单元测试主要针对模块的以下基本特征进行测试。

（1）模块接口。检查进出程序单元的数据流是否正确。对模块接口数据流的测试必须在任何其他测试前进行。

（2）局部数据结构。测试模块内部的数据是否保持完整性，包括内部数据的内容、形式及相互关系不发生错误。应注意发现以下错误：不正确或不一致的类型说明，错误的初始化或默认值，错误的变量名，不相容的数据类型，上溢、下溢或地址错误等。

（3）执行路径。针对基本路径的测试，仔细地选择测试路径是单元测试的一项基本任务。

（4）出错处理。主要测试程序对错误处理的能力，应检查是否存在以下问题：不能正确处理外部输入错误或内部处理引起的错误；对发生的错误不能正确描述；在错误处理前，系统已进行干预等。

（5）边界条件。软件最容易在边界上出错，如输入输出数据的等价类边界，选择条件和循环条件的边界，复杂数据结构的边界等都应进行测试。

2）单元测试的方法

在一般情况下，单元测试常常是和代码编写工作同时进行的。在完成程序编写、复查和语法正确性验证后，就应进行单元测试用例设计。

由于被测试的模块往往不是独立的程序，它处于整个软件结构的某层，被其他模块调用或调用其他模块,其本身不能进行单独运行,因此在单元测试时,需要为被测模块设计驱动(Driver)模块和桩(Stub)模块。驱动模块的作用是模拟被测模块的上级调用模块,功能要比真正的上级模块简单得多,它接收测试数据,以上级模块调用被测模块的格式驱动被测模块,接收被测模块的测试结果并输出。桩模块用来代替被测试模块所调用的模块,作用是返回被测模块所需的信息。

被测模块和与它相关的驱动模块及桩模块共同构成了一个测试环境,如图 6-12 所示。

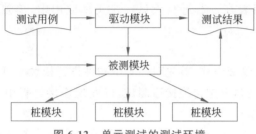

图 6-12　单元测试的测试环境

3) 单元测试工具

单元测试是软件测试过程中一个重要的测试阶段。一般进行一个完整的单元测试所需的时间,与编码阶段所花费的时间相当。针对在单元测试阶段需要做的工作,产生了各种用于单元测试的工具。典型的单元测试工具有动态错误检测工具、性能分析工具、覆盖率统计工具。

(1) 动态错误检测工具。用来检查代码中类似于内存泄漏、数组访问越界等的程序错误。程序功能上的错误比较容易发现,但类似于内存泄漏的问题,因为在程序短时间运行时不会表现出来,所以不易发现。遗留有这样问题的单元被集成到系统后,会使系统表现得极不稳定。

(2) 性能分析工具。小到一行代码、一个函数的运行时间,大到一个文件的运行时间,性能分析工具都可以清晰地记录下来。通过分析这些数据,能够定位代码中的性能瓶颈。

(3) 覆盖率统计工具。统计出当前执行的测试用例对代码的覆盖率,可以根据代码的覆盖情况,进一步完善测试用例,使所有的代码都被测试到,保证单元测试的全面性。

动态错误检测工具、性能分析工具、覆盖率统计工具的运行机理:用测试工具对被测程序进行编译、连接,生成可执行程序。在这个过程中,工具会向被测代码中插入检测代码。然后运行生成的可执行程序,执行测试用例,在程序运行的过程中,工具会在后台通过插入被测程序的检测代码收集程序中的动态错误、代码执行时间、覆盖率信息。在退出程序后,工具将收集到的各种数据显示出来,供分析使用。

2. 集成测试

通过了单元测试的模块,要按照一定的策略组装为完整的程序,在组装过程中进行的测试称为集成测试(Integration Testing)。

集成测试是通过测试发现与接口有关的问题来构造程序结构的系统化技术。选择什么方式将模块组装成一个可运行的系统,直接影响到模块测试用例的形式、所用测试工具的类型、模块编号的次序和测试顺序,以及设计测试用例的费用和调试费用。通常,将模块组装成系统的方式有非增量测试和增量测试两种。

1) 非增量测试

非增量测试是一种一次性集成方式。首先对每个模块分别进行单元测试,然后把所有的模块按设计要求组装在一起进行测试。在实际应用中,单独使用这种方式的情况很少。

2) 增量测试

增量测试是渐增式集成方式,首先对一个个构件进行模块测试,然后将这些构件逐步组装成较大系统,在组装过程中边连接边测试,以发现连接过程中的问题,直到逐步组装成所要求的软件系统。

(1) 自顶向下的增量测试方式。将模块按系统程序结构,沿控制层次自顶向下进行集成,这种增量方式在测试过程中能较早地验证主要的控制和判断点。在一个功能划分合理的程序结构中,判断常出现在较高的层次,较早就能遇到。如果主要控制有问题,尽早发现它能够减少以后的返工。

(2) 自底向上的增量测试方式。从程序结构的最底层模块开始组装和测试。因为模块自底向上进行组装,对于一个给定层次的模块,它的子模块(包括子模块的所有下属模块)已经组装并测试完成,所以不再需要桩模块。在模块的测试过程中需要从子模块得到的信息可以直接运行子模块得到。

自顶向下的增量测试方式和自底向上的增量测试方式各有优缺点。自顶向下的增量测试方式的缺点是需要建立桩模块。要使桩模块能够模拟实际子模块的功能将是十分困难的。同时涉及复杂算法和真正输入输出的模块一般在底层,它们是最容易出问题的模块,到组装和测试的后期才遇到这些模块,一旦发现问题,导致过多的回归测试。而自顶向下的增量测试方式的优点是能够较早地发现在主要控制方面的问题。自底向上的增量测试方式的缺点是程序一直未能作为一个实体存在,直到最后一个模块加上去后才形成一个实体。也就是说,在自底向上组装和测试的过程中,对主要的控制直到最后才接触到。但这种方式的优点是不需要桩模块,而建立驱动模块一般比建立桩模块容易,同时由于涉及复杂算法和真正输入输出的模块最先得到组装和测试,可以把最容易出问题的部分在早期解决。此外自底向上的增量测试方式可以实施多个模块的并行测试。因此,通常是把两种方式结合起来进行组装和测试。

3. 系统测试

系统测试(System Testing)是将经过测试的子系统装配成一个完整系统来测试。系统测试的目的是对最终软件系统进行全面的测试,确保最终软件系统满足产品需求并且遵循系统设计。

在系统测试前,软件工程师应完成为测试软件系统输入信息,设计错误处理通路;设计测试用例,模拟错误数据和软件界面可能发生的错误,记录测试结果,为系统测试提供经验和帮助;参与系统测试的规划和设计,保证软件测试的合理性。

系统测试主要包括恢复测试、安全测试、强度测试及性能测试。

1) 恢复测试

恢复测试主要检查系统的容错能力。当系统出错时,能否在指定的时间间隔内修正错误并重新启动系统。恢复测试首先要采用各种办法强迫系统失败,然后验证系统是否能尽快恢复。对于自动恢复系统,需要重新验证初始化、检查点、数据恢复和重新启动等机制的正确性;对于人工干预的恢复系统,还需要估测平均修复时间,确定其是否在可接受的范围内。

2) 安全测试

安全测试检查系统对非法侵入的防范能力。安全测试期间,测试人员假扮非法入侵者,采用各种办法试图突破防线。例如,想方设法截取或破译口令;专门定做软件破坏系统的保护机制;故意导致系统失败,企图趁恢复之机非法进入;试图通过浏览非保密数据,推导所需信息等。

理论上讲,只要有足够的时间和资源,没有不可进入的系统。因此,系统安全设计的准则是,使非法侵入的代价超过被保护信息的价值。此时非法侵入者已无利可图。

3) 强度测试

强度测试总是迫使系统在异常的资源配置下运行,检查程序对异常情况的抵抗能力。例如,当中断的正常频率为每秒 1~2 个时,运行每秒产生 10 个中断的测试用例;定量地增加数据输入率,检查输入子功能的反应能力;运行需要最大存储空间(或其他资源)的测试用例;运行可能导致操作系统崩溃或磁盘数据剧烈抖动的测试用例等。

4) 性能测试

性能测试测试软件系统处理事务的速度,检验性能是否符合需求,也可得到某些性能数据供人们参考。对于那些实时和嵌入式系统,软件部分即使满足功能要求,也未必能够满足性能要求。虽然从单元测试起,每个测试步骤都包含性能测试,但只有当系统真正集成后,在真实环境中才能全面、可靠地测试运行性能,系统性能测试是为了完成这个任务。

性能测试有时与强度测试相结合,经常需要其他软件和硬件的配套支持。

4. 验收测试

验收测试(Acceptance Testing)是完成系统测试之后、产品发布之前所进行的软件测试活动,是部署软件之前的最后一个测试操作。验收测试从用户的角度检查系统是否满足合同或需求规格说明书中定义的需求,确保软件准备就绪。

验收测试是以用户为主,软件开发人员和质量保证人员参加的测试,在通过系统有效性测试及软件配置审查之后,使用生产中的实际数据进行测试。在测试过程中,除了考虑软件的功能和性能外,还应对软件的可移植性、兼容性、可维护性、错误的恢复功能等进行确认。

验收测试过程包括了解软件的质量要求和验收要求,编制《验收测试计划》《项目验收准则》,搭建测试环境,设计测试用例,实施测试,分析测试结果及撰写测试报告。

1) 有效性测试

有效性测试是在模拟的环境(可能就是开发的环境)下,运用黑盒测试的方法,验证被测软件是否满足需求说明书列出的需求。为此,需要首先制订测试计划,规定要做测试的种类。还需要制定一组测试步骤,描述具体的测试用例。通过实施预定的测试计划和测试步骤,确定软件的特性是否与需求相符,确保所有的软件功能需求都能得到满足,所有的软件性能需求都能达到,所有的文档都正确且便于使用。同时,对其他软件需求,如可移植性、兼容性、出错自动恢复、可维护性等,也都要进行测试,确认是否满足。

2) 软件配置复查

软件配置复查的目的是保证软件配置的所有成分都齐全,各方面的质量都符合要求,具有维护阶段所必需的细节,而且已经编排好分类的目录。

除了按合同规定的内容和要求,由人工审查软件配置之外,在测试的过程中,应当严格遵守用户手册和操作手册中规定的使用步骤,以便检查这些文档资料的完整性和正确性。必须仔细记录发现的遗漏和错误,并且适当地补充和改正。

3) α测试和β测试

在软件交付使用之后,用户将如何实际使用程序,对于开发者是无法预测的。因为用户在使用过程中常常会发生对使用方法的误解、异常的数据组合,以及产生对某些用户来说似乎是清晰的但对另一些用户来说却难以理解的输出等。

如果软件是为多个用户开发的产品,让每个用户逐个执行正式的验收测试是不切实际的。很多软件产品生产者采用一种称为 α 测试和 β 测试的测试方法,以发现可能只有最终用户才能发现的错误。

α测试是在一个受控的环境下,由用户在开发者的"指导"下进行的测试,由开发者负责记录错误和使用中出现的问题。β测试则不同于α测试,是由最终用户在自己的场所进行的,开发者通常不会在场,也不能控制应用的环境。所有β测试中遇到的问题均由用户记录,并定期把它们报告给开发者,开发者在收到β测试的问题报告之后,对系统进行最后的修改,然后就开始向所有的用户发布最终的软件产品。

6.3.2　面向对象软件测试

传统的软件开发是一种分解的思想,对应的软件测试也是这样,将复杂的整体分解成多个简单的局部进行开发和测试,然后逐步添加,最终形成一个完善的整体。相比之下,面向对象软件的结构不再是传统的功能模块结构,而是作为一个整体,原先的集成测试所要求的逐步搭建模块来测试的方式已不适用。而且,面向对象软件抛弃了传统的开发模式,对每个开发阶段都有全新的要求和结果,不可能采用功能细化的观点来检验面向对象分析和设计的结果。因此,传统的测试模型对面向对象软件已经不再适用。

1. 面向对象的软件测试模型

面向对象的开发模型突破了传统的瀑布模型,将开发分为面向对象分析(Object-

Oriented Analysis,OOA)、面向对象设计(Object-Oriented Design,OOD)和面向对象编程(Object-Oriented Programming,OOP)3 个阶段。针对这种开发模型,把面向对象的软件测试分为面向对象分析的测试、面向对象设计的测试和面向对象编程的测试,前两者主要对分析和设计得到的文档进行测试,而第三个则主要对编程风格和代码进行测试。

1) 面向对象分析的测试

面向对象分析直接映射问题空间,全面地将问题空间中实现功能的现实抽象化。将问题空间中的实例抽象为对象,用对象的结构反映问题空间的复杂实例和复杂关系,用属性和方法表示实例的特征和行为。面向对象分析的结果是为后面阶段类的选定和实现、类层次结构的组织和实现提供平台。因此,面向对象分析对问题空间分析抽象的不完整,最终会影响软件的功能实现,导致软件开发后期出现大量不可避免的修补工作;而一些冗余的对象或结构会影响类的选定和程序的整体结构,或增加程序员不必要的工作量。因此,面向对象分析的测试重点在于其完整性和冗余性。

面向对象分析的测试是一个不可分割的系统过程。其测试包括对对象、对象的属性和方法、对象外部联系、对象之间交互的测试。

2) 面向对象设计的测试

面向对象设计则以面向对象分析为基础归纳出类,并建立类结构或进一步构造成类库,实现分析结果对问题空间的抽象。面向对象设计归纳的类,可以是对象简单的延续,也可以是不同对象的相同或相似的服务。由此可见,面向对象设计是在面向对象分析上进行了细化和更高层的抽象,所以两者的界限通常是难以严格区分的。面向对象设计确定类和类结构不仅是为了满足当前需求分析的要求,更重要的是通过重新组合或加以适当的补充,能方便实现功能的重用和扩充,以不断适应用户的要求。因此,对面向对象设计的测试,建议针对功能的实现和重用及对面向对象设计结果的拓展。

面向对象设计的测试可以从 3 方面加以考虑:对认定的类的测试,对构造的类层次结构的测试,对类库支持的测试。

3) 面向对象编程的测试

典型的面向对象程序具有封装、继承和多态的新特性,这使得传统的测试策略必须有所改变。封装是对数据的隐藏,外界只能通过被提供的操作来访问或修改数据,这样降低了数据被任意修改和读写的可能性,降低了传统程序中对数据非法操作的测试。继承是面向对象程序的重要特点,继承使得代码的重用率提高,同时也使错误传播的概率提高。多态使得面向对象程序对外呈现出强大的处理能力,但同时也使得程序内"同一"函数的行为复杂化,测试时不得不考虑不同类型具体执行的代码和产生的行为。

面向对象程序是把功能的实现分布在类中,能正确实现功能的类,通过消息传递来协同实现设计要求的功能。在面向对象编程阶段,应忽略类功能实现的细则,将测试的焦点集中在类功能的实现和相应的面向对象程序设计风格。主要体现在数据成员是否满足数据封装的要求,类是否实现了要求的功能。

2. 面向对象的测试策略

面向对象测试的整体目标,即以最小的工作量发现最多的错误,这和传统软件测试的目标是一致的,但是面向对象的测试策略和战术有很大不同。测试的视角扩大到包括复审分析和设计模型,此外,测试的焦点从过程构件(模块)移向了类。不过,无论是传统的测试方法还是面向对象的测试方法,都应该遵循相同的测试原则。

1)面向对象的单元测试

由于对象的"封装"特性,面向对象软件中单元的概念与传统的结构化软件的模块概念已经有较大的区别。面向对象软件的基本单元是类和对象,包括属性(数据)及处理这些属性的操作(方法或服务)。对于面向对象的软件,其最小的可测试单元是封装起来的类和对象。一个类可以包含一组不同的操作,而一个特定的操作也可能存在于一组不同的类中。

【例 6-13】 考虑一个类层次,操作 X 在超类中定义并被一组子类继承,每个子类都使用操作 X,X 调用子类中定义的操作并处理子类的私有属性。由于在不同的子类中使用操作 X 的环境有微妙的不同,因此有必要在每个子类的语境中测试操作 X。这就意味着,当测试面向对象软件时,传统的单元测试方法是无效的,不能再孤立地测试操作 X。

面向对象的单元测试分为两个层次测试:方法级测试和类级测试。方法级测试主要测试类和对象中所有的操作算法,其测试技术同传统的过程式软件测试相同。类级测试则面临一些新问题,需要考虑属性的数据,需要考虑对象的继承、多态、重载、消息传递等关系。驱动程序和存根程序的概念也相应是一些驱动对象和存根对象。

2)面向对象的集成测试

传统的集成测试是通过自底向上或自顶向下集成完成功能模块的集成测试,一般可以在部分程序编译完成以后进行。但对于面向对象程序,相互调用的功能是分布在程序的不同类中,类通过消息相互作用申请并提供服务。类相互依赖极其紧密,根本无法在编译不完全的程序上对类进行测试。所以,面向对象的集成测试通常需要在整个程序完成编译以后进行。此外,面向对象的集成测试需要进行两级集成:一是将成员函数集成到完整类中;二是将类与其他类集成。

面向对象的集成测试能够检测出单元测试无法检测出的那些类相互作用时才会产生的缺陷。单元测试可以保证成员函数行为的正确性,集成测试则只关注系统的结构和内部的相互作用。

面向对象的集成测试可以分为静态测试和动态测试两步进行。静态测试主要针对程序结构进行,检测程序结构是否符合要求,通过静态测试方式处理由动态绑定引入的复杂性。动态测试则是测试与每个动态语境有关的消息。

3)面向对象的系统测试

通过单元测试和集成测试,仅能保证软件开发的功能得以实现,但不能确认在实际运行时,它是否满足用户的需求。为此,对完成开发的软件必须经过规范的系统测试。系统测试应该尽量搭建与用户实际使用环境相同的测试平台,保证被测系统的完整性。对临时没有的系统设备部件,也应有相应的模拟手段。在系统测试时,应该参考面向对象分析的结果,对应描述的对象、属性和各种服务,检测软件是否能够完全"再现"问题空间。系统测试不仅是检测软件的整体行为表现,从另一个侧面也是对软件开发设计的再确认。

6.3.3　用户界面测试

用户界面(User Interface,UI)测试的目标在于确保用户界面向用户提供了适当的访问和浏览测试对象功能的操作。此外,用户界面测试还要确保用户界面功能内部的对象符合预期要求,并遵循公司或行业的标准。

对所有的用户界面测试都需要有外部人员(与系统界面开发没有联系或联系很少的人员)的参与,最好是最终用户的参与。

1. 用户界面测试的概念

一个包含用户界面的系统可分为 3 个层次:界面层、界面与功能的接口层和功能层。界面是软件与用户交互最直接的层面,界面的好坏决定用户对软件的第一印象,而且良好的界面能够引导用户自己完成相应的操作,起到向导的作用。

用户界面测试主要关注界面层、界面与功能的接口层,是用于核实用户与软件之间交互性能,验收用户界面中的对象是否按照预期方式运行,并符合设计标准的活动。用户界面测试包括界面整体测试和界面元素测试。界面整体测试是指对界面的规范性、一致性、合理性等方面进行测试和评估,界面元素测试主要关注对窗口、菜单、图标、文字等界面元素的测试。

用户界面测试是一个需要综合用户心理、界面设计技术的测试活动,需要遵循界面设计的原则进行测试。这些原则包括易用性、规范性、合理性、一致性、安全性、美观与协调性、独特性等。

2. 用户界面测试的内容

用户界面测试主要关注以下内容。

1) 整体界面测试

整体界面是指整个系统界面的页面结构设计,是给用户的一个整体感。例如,当用户浏览系统界面时是否感到舒适,是否凭直觉就知道要找的信息在什么地方,整个系统界面的设计风格是否一致等。

对整体界面的测试过程,其实是一个对最终用户进行调查的过程。一般系统界面采取在主页上做一个调查问卷的形式,来得到最终用户的反馈信息。

2) 导航测试

导航描述了用户在一个页面内操作的方式,在不同的用户接口控制之间(如按钮、对话框、列表和窗口等),或在不同的连接页面之间。决定一个系统界面是否易于导航,可以考虑的问题是,导航是否直观,系统的主要部分是否可通过主页存取,系统是否需要站点地图、搜索引擎或其他的导航帮助,导航帮助是否准确,页面结构、导航、菜单、连接的风格是否一致等。

系统界面的层次一旦确定,就要着手测试用户导航功能,让最终用户参与这种测试,效果将更加明显。

【例 6-14】 针对某网站的导航测试,表 6-9 列出导航功能测试点及说明。

表 6-9 导航功能测试点及说明

测试功能点	要求与说明
功能方面	导航中的文字链接页面打开方式一致,要么是新页面,要么是当前页面;各链接页面正确显示,不出现错误
界面方面	导航中的文字颜色、大小、风格一致;在导航中选中某页面,相应的该页面的导航文字为选中显示状态;导航条中的页面文字显示正确
兼容性方面	导航名字容易明白,页面内容与表达内容相呼应;导航排列方式符合用户使用逻辑与习惯,查看简单,分类级别层次最好不要超过两层

3）图形测试

一个系统界面的图形可以包括图片、动画、边框、颜色、字体、背景、按钮等。在系统界面中,适当的图片和动画既能起到广告宣传的作用,又能起到美化页面的作用。图形测试的内容:要确保图形有明确的用途,图片或动画不要胡乱地堆在一起,以免浪费传输时间;系统界面的图片尺寸要尽量小,并且要能清楚地说明某件事情,一般都链接到某个具体的页面;验证所有页面字体的风格是否一致;背景颜色应该与字体颜色和前景颜色相搭配;图片的大小和质量;文字回绕是否正确。

4）内容测试

内容测试用来检验系统界面提供信息的正确性、准确性和相关性。信息的正确性是指信息是否可靠;信息的准确性是指是否有语法或拼写错误;信息的相关性是指是否在当前页面可以找到与当前浏览信息相关的信息列表或入口。

5）表格测试

如果有表格,需要验证表格是否设置正确。用户是否需要向右滚动页面才能看见所有内容;每栏的宽度是否足够宽,表格里的文字是否都有折行;是否有因为某格的内容太多,而将整行的宽度拉长等。

6.4 软件调试

调试(Debug)是在进行了成功的测试后才开始的工作,调试的目的是根据软件测试所发现的错误,进一步诊断,找出原因和具体的位置,并进行修正。因此,调试也称纠错。

6.4.1 软件调试概述

软件调试是软件开发过程中最艰巨的脑力劳动。调试开始时,软件工程师仅仅面对着错误的征兆,然而在问题的外部现象和内在原因之间往往并没有明显的联系,在组成程序的数以万计的元素(语句、数据结构等)中,每个元素都可能是错误的根源。如何在浩如烟海的元素中找出有错误的那一个(或几个)元素,这是软件调试过程中最关键的技术问题。

1. 软件调试的概念

软件调试

软件调试是泛指重现软件缺陷问题,定位和查找问题根源,最终解决问题的过程。软件调试通常有不同的定义。

软件调试是为了发现并排除软件程序中的错误,可以通过某种方法控制被调试程序的执行过程,以便随时查看和修改被调试程序执行状态的方法。在该定义中,软件测试属于软件调试的一部分。

调试是执行一次成功的测试后所要进行的工作。成功的测试是指它可以证明程序没有实现预期的功能。调试包含的步骤从执行了一个成功测试用例,发现问题后开始:①确定程序中可疑错误的准确性质和位置;②修改错误。在该定义中软件测试从调试工作中分离出来。

一般软件调试是将编制的程序投入实际运行前,用手工或编译程序等方法进行测试,修正语法错误和逻辑错误的过程。这是保证软件系统正确性的必不可少的步骤。编完计算机程序,必须送入计算机中测试。根据测试时所发现的错误,进一步诊断,找出原因和具体的位置进行修正。

软件调试的基本特征是广泛的关联性、难度大、难以预估完成时间。软件调试需要调试人员有着丰富的计算机基础知识(包括操作系统、开发语言、工具等)以及精通面向的业务问题域知识,由此可知调试的难度大;由于调试有诸多不确定性,预估调试时间非常困难。

2. 软件调试的基本过程

软件调试从一开始就包含了定位错误和去除错误这两个基本步骤。一个完整的软件调试过程是如图 6-13 所示的循环过程,它由以下 4 个步骤组成。

图 6-13 软件调试过程

(1)重现故障。通常是在用于调试的系统上重复导致故障的步骤,使要解决的问题出现在被调试的系统中。

(2)定位根源。综合利用各种调试工具,使用各种调试手段寻找导致软件故障的根源(Root Cause)。通常测试人员报告和描述的是软件故障所表现出的外在症状,如界面或执行结果中所表现出的异常;或者是与软件需求(Requirement)与功能规约(Function Specification)不符的地方,即软件缺陷。而这些表面的缺陷总是由一个或多个内在因素导致的，这些内因要么是代码的行为错误，要么是"不行为"（该做而未做）错误。定位根源就是要找到导致外在缺陷的内因。

（3）探索和实现解决方案。根据找到的故障根源、资源情况、紧迫程度等设计和实现解决方案。

（4）验证方案。在目标环境中测试方案的有效性，也称回归测试。如果问题已经解决，就可以关闭问题；如果问题没有解决，则回到步骤（3）调整和修改解决方案。

在上述步骤中，定位根源常常是最困难也是最关键的步骤，它是软件调试过程的核心。如果没有找到故障根源，解决方案便很可能是隔靴搔痒或者头痛医脚，有时似乎缓解了问题，但事实上没有彻底解决问题，甚至是白白浪费时间。

3. 软件错误的类型

软件缺陷是软件系统在需求、设计、实现等方面存在的错误，每个软件缺陷都有其产生的原因，但是由于软件的复杂性，现实条件的约束及软件开发人员本身的原因，探寻这些原因有时是非常困难的。从技术角度查找错误的难度在于，现象与原因所处的位置可能相距甚远；当其他错误得到纠正时，这个错误所表现出的现象可能会暂时消失，但并未实际排除；现象实际上是由一些非错误原因（如舍入不精确）引起的；现象可能是由于一些不容易发现的人为错误引起的；错误是由于时序问题引起的，与处理过程无关；现象是由难于精确再现的输入状态（如实时应用中输入顺序不确定）引起的；现象可能是周期出现的，在软硬件结合的嵌入式系统中常常遇到等。

在软件调试中，人们希望针对软件错误具体表现出来的特征确定引起错误的代码，然后就可以进行相应的修正。下面给出一些典型的错误类型的描述，以有助于提高软件调试的效率。

（1）内存资源泄漏。当为某些对象分配内存空间，但是在使用完后并未释放时，如果被分配的资源越来越多，最终会导致系统资源出现不足。内存泄漏主要出现在支持内存分配的编程语言中。

（2）逻辑错误。这是一种难以查找的错误，其代码的语法是正确的，但软件的运行过程或得到的结果并不符合预期。最简单、最直接的逻辑错误就是分支的谓词错误，使得程序不能按照事先计划的路径运行。

（3）访问越界。当试图使用不属于自己的内存空间时会出现此错误。其主要原因是访问数组元素的下标超出了数组界限。

（4）循环错误。使用循环语句容易出现错误，常见的原因包括无限循环、不正确退出循环、循环次数错误等。循环错误的症状很多，必须通过检查运行结果才能发现。

（5）条件错误。许多条件错误的原因和症状类似于逻辑错误和循环错误。条件错误在很多情况下没有明显的特征，可能在某些时候发现软件运行路径或结果与预期不一致才会想到它。

（6）指针错误。指针由于其灵活性而被许多开发人员使用，但它容易导致错误产生。可能出现的错误包括未对指针进行初始化就使用，继续使用一个已经被释放的指针，使用无效的指针等。

（7）分配和释放错误。对于指针和文件等资源，在使用时需要按照"先分配、后释放"的顺序进行。常见的错误包括为了确保安全，先释放资源再分配；分配、再分配然后释放；分配了一些资源却没有释放。

（8）多线程错误。在一个多线程实现的程序中，当两个线程同时访问或修改相同的内存、文件资源时，很容易造成错误。多线程问题是由于线程之间的并发运行，导致错误产生的路径难以重现，使得软件调试变得困难。

（9）存储错误。在程序访问数据库、文件系统或某些配置文件时，由于程序与要访问的存储系统相互独立，因此无法保证要访问的资源是正确的。有时数据库或文件遭到破坏，或配置文件不存在，甚至应用程序与数据源之间的连接中断，都导致错误的产生。

（10）集成错误。对于两个相对独立的子系统，分别经过测试没有问题，但有可能在集成后发生问题。这主要是接口问题，原因可能是每个子系统的开发人员对接口传递的参数或数据的类型、取值范围等出现了不一致。

（11）转换错误。当把一种类型的数据转换成另一种类型的数据时很容易发生转换错误，有时不是特意转换，但可能由于编程疏忽对两个不同类型的变量进行赋值操作。转换错误造成的后果是使程序的计算结果或格式与预期不一致。

（12）版本和复用错误。由于版本发生了变化或复用以前已有的代码，但未考虑新的变化而引起的错误。如文件格式、数据结构、参数个数及数据类型等的变化，均需要考虑。

几乎没有不存在错误的程序，因此，需要做的是如何仔细编码以尽量减少软件错误的数量，缩小其影响的范围。

6.4.2　软件调试技术与方法

软件调试需要一定的经验与技巧，不同的人可能会采用不同的调试方法。在对某个问题进行调试前一定要做好充足的准备工作，不然后面的调试工作会面临极大的困难，甚至无法开展调试工作。

1. 调试前的准备工作

不管是在开发期调试，还是在发布后调试，做好充分的准备工作是非常重要的。面对任何问题，首先要做的就是树立起信心，要有充分的心理准备。

（1）编写高质量代码。程序开发者应该提供高质量的程序代码，包括规范的代码和必要的注释，对开发代码进行单元测试，经过同行严格的代码评审。这样可以减少问题发生，对调试定位问题和问题修改会有很大的帮助。

（2）了解算法并熟悉代码。调试一个软件模块，需要了解它的设计和实现算法，了解各个函数之间的调用关系、该模块与其他模块之间的接口关系。

（3）熟悉软件运行环境。首先要明白软件要求的运行环境，了解客户机的环境是否满足软件运行要求，排除一些运行环境引起的软件异常。同时随着硬件、操作系统、网络技术、云技术、大数据技术的发展，软件运行环境越来越复杂，调试者只有熟悉这些环境和环境配置，才能保证软件正常运行和调试。

（4）熟悉调试工具。调试工具提供很多功能来帮助调试分析程序，只有熟练掌握调试工具，才能顺利开展调试工作。

（5）足够的日志输出。日志的作用是非常重要的，如果日志有足够的信息，甚至都可以不用调试器，就能定位问题和解决问题。

（6）了解用户的操作流程。某些问题与用户的独特使用习惯和操作步骤有关，了解这些习惯与操作步骤，有助于问题的复现和有效解决。

2. 调试技术与方法

软件调试的关键在于推断程序内部的错误位置及原因，可以采用以下技术与方法。

1）分析和推理

软件开发人员根据软件缺陷问题的信息，通过分析和推理调试软件。根据软件程序架构自顶向下缩小定位范围，确定可能发生问题的软件组件；根据软件功能、软件运行时序定位软件问题；根据算法原理，分析和确定缺陷问题发生的根源。

2）归纳类比法

归纳类比法是一种从特殊推断一般的系统化思考方法，归纳类比法调试的基本思想是从一些线索（错误征兆）着手，通过分析它们之间的关系来找出错误。该方法主要是根据工作经验和比对程序设计中类似问题的处理方式进行调试工作。一般采取的方法：咨询相关部门和有经验的相关人员；查找相关文档和案例，为处理问题提供思路和方法；在软件开发过程中，对每个缺陷问题进行跟踪管理，将解决问题的方案和过程详细记录；收集出错的信息，列出输入输出数据，归纳整理，发现规律，从线索出发寻找线索之间的联系。

归纳类比法的具体步骤如图 6-14 所示。

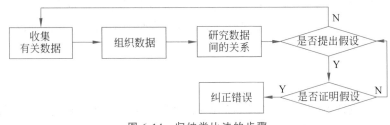

图 6-14　归纳类比法的步骤

3）跟踪回溯

跟踪回溯是在小程序中常用的一种有效的调试方法，一旦发现了错误，人们先分析错误的征兆，确定最先发现"症状"的位置；然后沿程序的控制流程返回追踪源程序代码，直到找到错误根源或确定错误产生的范围。例如，程序中发现错误处是某个打印语句，通过输出值可推断程序在这个点上变量的值，再从这个点出发，回溯程序的执行过程，直到找到错误所在。

在软件开发中，通常采用基线与版本管理。基线为程序代码开发提供统一的开发基点，基线的建立有助于分清楚各个阶段存在的问题，便于对缺陷问题定位。软件版本在软件产品的开发过程中生成了一个版本树。软件产品实际上是某个软件版本，新产品的开发通常是在某个软件版本的基础上进行开发。所以，开发过程中发现有问题，可以回退至版本树上的稳定版本，查找问题根源。通过基线版本序列可以追踪产品的各种问题，重新建立基于某个版本的配置，也可以重现软件开发过程中的软件缺陷和各种问题，进行定位并查找问题根源。

4）增量调试

软件开发大多采用软件配置管理和持续集成技术。开发人员每天将代码提交到版本库。持续集成人员完成集成构建工作。可以通过控制持续集成的粒度（构建时间间隔），控制开发人员提交到版本库的程序代码量，从而便于对缺陷问题定位。通常每天晚上进行持续集成工作，发现问题时，开发人员实际上只需要调试处理当天编写的代码即可。

5）写出能重现问题的最短代码

采用程序切片和插桩技术写出能重现问题的最短代码调试软件模块。

程序切片是通过在特定位置消除那些不影响表达式计算的所有语句，把程序减少到最小化形式，并仍能产生给定的行为。使用切片技术，可以把一个规模较大并且较复杂的软件模块转换成多个切片程序。这些切片程序相对原来的程序，简单并且易于调试和测试。

程序插桩是在被测程序中插入某些语句或者程序段来获取各种信息。通过这些信息进一步了解执行过程中程序的一些动态特性。一个软件组件的独立调试和测试需要采用插桩技术，该组件调用或运行需要桩模块。在软件模块的调试过程中，程序切片和程序插桩可以结合起来使用。

6）日志追踪技术

日志是一种记录机制，软件模块持续集成构建过程中，日志文件记录了有用信息。若构建失败，通过查看日志文件，将信息反馈给相关人员进行软件调试。

7）调试和测试融合的技术

测试驱动开发是一种不同于传统软件开发流程的开发方法。在编写某个功能的代码前先编写测试代码，再编写测试通过的功能代码，这有助于编写简洁可用和高质量的代码。

程序开发人员除了进行程序代码的编写和白盒测试，也要完成基本的功能测试设计和执行。这样有助于程序开发人员更好地开展调试工作。程序开发人员可以通过交叉测试解决测试心理学的问题（不能测试自己的程序）。采用这种模式，测试人员的数量会减少，专业的测试人员可以去做其他复杂的测试工作。研发中的很多低级缺陷会尽早在开发过程中被发现，从而减少缺陷后期发现的成本。

8）强行排错

强行排错调试方法使用较多，效率较低，它不需要过多的思考，比较省脑筋。例如，通过内存全部打印来调试，在大量的数据中寻找出错的位置；在程序特定位置设置打印语句，把打印语句插在出错的源程序的各个关键变量，如改变部位、重要分支部位、子程序调用部位，跟踪程序的执行，监视重要变量的变化；自动调用工具，利用某些程序语言的调试功能或专门的交互式调试工具，分析程序的动态过程，而不必修改程序。

9) 演绎法

演绎法是一种从一般原理或前提出发,经过排除和精化的过程来推导出结论的思考方法。演绎法排错是测试人员首先根据已有的测试用例,设想及枚举出所有可能出错的原因作为假设;其次用原始测试数据或新的测试,从中逐个排除不可能正确的假设;最后,用测试数据验证余下的假设是出错的原因。

一般步骤:列举所有可能出错原因的假设,把所有可能的错误原因列成表,通过它们,可以组织分析现有数据;利用已有的测试数据,排除不正确的假设;改进余下的假设;证明余下的假设。

演绎法排错的步骤如图 6-15 所示。

图 6-15　演绎法排错的步骤

一般在使用上述任何一种技术前,都应该对错误的征兆进行全面彻底的分析。通过分析得出对故障的推测,然后再使用适当的调试技术检验推测的正确性。总之,需要进行周密的思考,使用一种调试方法之前必须有比较明确的目的,尽量减少无关信息的数量。

习题 6

一、选择题

小结

1. 程序设计语言一般可划分为低级语言和高级语言两大类,与高级语言相比,用低级语言开发的程序具有的特点是(　　)。

  A. 运行效率低,开发效率低　　　　　B. 运行效率低,开发效率高

  C. 运行效率高,开发效率低　　　　　D. 运行效率高,开发效率高

2. 下面各种说法中,不良好的编程风格是(　　)。

  A. 标识符的命名前后一致,中途无变化

  B. 标识符的命名避免采用程序设计语言的保留字

  C. 在程序编写过程完成后统一书写注释

  D. 使用空格、空行和右缩格等改善程序的布局,以取得较好的视觉效果

3. 程序的 3 种基本控制结构是(　　)。

  A. 数组、递推、排序　　　　　　　　B. 顺序、选择、循环

  C. 递归、迭代、调用　　　　　　　　D. 顺序、递归、调用

4. 一个程序能够在意外情况下也便于处理,这是程序的(　　)。

  A. 可维护性能　　　B. 可靠性　　　　C. 可理解性　　　　D. 效率

5. 关于系统测试工作,以下叙述正确的是(   )。

    A. 遵循谁开发谁测试的原则   B. 不能用错误的数据测试

    C. 功能超出设计更好   D. 保留存档测试用例

6. 以下对测试应遵循的原则描述不正确的是(   )。

    A. 测试工作应避免由原开发软件的个人或小组来承担

    B. 测试用例不仅要包括有效的输入数据,还要包括无效的输入数据

    C. 软件中仍存在错误的概率与已经发现的错误的个数是成正比的

    D. 不必保留测试用例

7. 下列关于系统测试说法错误的是(   )。

    A. 对于测试而言,找出的错误越多,说明测试就越成功

    B. 对于任何系统来说,都可以通过某种方法将所有隐藏的错误查找出来

    C. 任何程序都只能进行少量的测试(相对于穷举法而言)

    D. 如果测试没有发现问题,则不能说明系统不包含错误

8. 软件测试是保证软件质量的重要手段,其首要任务是(   )。

    A. 保证软件的正确性   B. 改正软件存在的错误

    C. 发现软件的潜在错误   D. 实现程序正确性证明

9. 软件测试一般包括若干步骤,其正确的顺序为(   )。

    ① 单元测试;② 确认测试;③ 系统测试;④ 组装测试。

    A. ①②③④   B. ②①③④   C. ①②④③   D. ①④②③

10. 将软件系统的所有组成部分包括软件、硬件、用户以及环境等综合在一起进行测试,以保证系统的各组成部分协调运行的测试是(   )。

    A. 单元测试   B. 组装测试   C. 确认测试   D. 系统测试

11. 下面的逻辑覆盖测试中,覆盖最弱的是(   )。

    A. 条件覆盖   B. 条件组合覆盖

    C. 语句覆盖   D. 判定/条件覆盖

12. 黑盒测试是根据程序的(   )来设计测试用例的。

    A. 应用范围   B. 内部逻辑   C. 功能   D. 输入数据

13. 若有一个计算类型的程序,它的输入量只有一个 X,其范围是[−1.0,1.0],从输入的角度考虑一组测试用例"−1.001,−1.0,1.0,1.001",设计这组测试用例的方法是(   )。

    A. 等价分类法   B. 边界值分析法

    C. 错误推测法   D. 因果图法

14. (   )可以作为软件测试结束的标志。

    A. 使用了特性的测试用例

    B. 缺陷强度曲线下降到预定的水平

    C. 查出了预定数目的错误

    D. 按照测试计划中所规定的时间进行了测试

15. (   )不是软件调试可以采用的技术。

    A. 归纳法调试   B. 增量调试

    C. 强行排错调试   D. 功能调试

二、填空题

1. 程序设计又称编码或编写程序，按照设计阶段产生的软件规格说明书，用选定的_____书写源程序。

2. 若某软件系统的子系统要在不同平台运行，则开发时应选择_____的程序设计语言。

3. 提高程序的可读性和易维护性的关键是使_____简单清晰。

4. 为了编写出可读性好、易测试、易维护且可靠性高的程序，软件开发人员必须重视程序设计风格，其中为了提高源程序的可读性和可维护性，需要对源代码进行_____。

5. 影响程序效率的因素主要为算法效率、存储效率和输入输出效率，其中_____是提高程序效率的关键。

6. 软件测试是为了_____而执行程序的过程。

7. 测试是保证软件质量的重要措施，一般测试过程所产生的文档应包括测试计划、_____和测试结果。

8. 确认测试是要进一步检查软件是否符合_____的全部要求，因此也称合格性测试或验收测试。

9. 设计测试用例时，使程序中每个判断的取真分支和取假分支至少经历一次的覆盖方法称为_____。

10. 在测试用例的设计中，逻辑覆盖法属于白盒测试法，等价分类法属于_____。

11. 白盒测试以_____为依据，也称逻辑驱动测试或基于程序的测试。

12. 在单元测试时，需要为被测模块设计_____。

13. _____是为了某特定目标而编制的一组测试输入、执行条件以及预期结果的程序，以便测试某个程序路径或核实程序是否满足某特定需求。

14. 黑盒测试技术中，_____是一种利用图解法分析输入的各种组合情况，从而设计测试用例的方法，它适合检查程序输入条件的各种组合情况。

15. 软件调试是为了_____软件程序中的错误。

三、思考题

1. 什么是程序？程序是怎样被执行的？

2. 程序设计需要注重哪些规范化要求？

3. 程序设计语言有哪几种类型？各有何特点？

4. 软件测试的目的是什么？

5. 软件测试有哪些基本原则？

6. 软件测试过程模型有哪些？

7. 什么是黑盒测试？什么是白盒测试？

8. 如何划分等价类？

9. 使用边界值分析法设计测试用例的原则有哪些？

10. 软件测试要经过哪些步骤？

11. 软件调试和软件测试有何不同？

12. 软件调试的方法有哪些？

四、实践题

1. 设计判别一个整数 $x(x \geqslant 2)$ 是否为素数的程序，并设计测试用例满足条件覆盖和基本路径覆盖。

2. 给出某程序规格说明的一个测试方案，它能够满足判定覆盖，却不能满足条件组合覆盖。

3. 某城市的电话号码由 3 部分组成，内容如下。

地区码：空白或 3 位数字。

前缀：大于或等于 5 开头的 4 位数字。

后缀：4 位数字。

用等价分类法设计它的测试用例。

4. 设有一个排课系统，输入的数据结构为{课程编号，课程类别，排课周次，实验课排课}，并要求如下：课程编号为字母和数字的字符串组合，必须以字母开头；课程类别集合为{必修课、选修课}；排课周次要求为 1～16 周；实验课排课要求为布尔量，即是或者否。用等价分类法设计测试用例，填入表 6-10，测试系统的输入功能。

表 6-10 划分等价类

输入等价类	有效等价类	无效等价类

5. 在 11 月 11 日购物节期间，购物金额大于 500，按照 8 折给予优惠，其他给予 9 折优惠，现已给出程序流程图（如图 6-16 所示）和对应代码，要求采用逻辑覆盖的白盒测试方法进行测试。

（1）设计一组测试用例实现语句覆盖。

（2）设计一组测试用例实现分支覆盖。

（3）设计一组测试用例实现条件覆盖。

```
input a,b
c=a
if b="11-11"
    then if a<=500
        then c=0.9a
        else c=0.8a
        endif
```

```
endif
output c
```

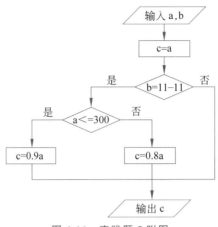

图 6-16　实践题 5 附图

6. 为下面的函数构造一个驱动模块,并至少设计 3 个测试用例。

```
Float divide(int a,int b)
{
    float c;
    If(b=0)
    {
        printf("除数不能为 0");
        return 0;
    }
    c=(float)a/b;
    return c;
}
```

7. 在需求分析和设计阶段,如何实施测试活动? 它们与执行软件代码的测试有何区别?

8. 设计公选课管理系统(GXKS)的测试计划。

第7章 软件交付与维护

7.1 软件发布与项目总结

软件项目经过需求分析、设计、编程与测试等阶段后,所期望的软件系统已经开发完毕,可以公开发布或者交付用户使用了,即进入发布与交付阶段。这个阶段项目开发已进入尾声,需要进行项目总结。

7.1.1 软件发布与交付

软件发布与交付阶段的目标是把解决方案实施到生产环境中。项目团队的工作重点在于,促进解决方案从项目团队到运营团队的顺利过渡,确保用户认可项目的完成。

1. 发布与交付的主要内容

在发布与交付阶段的相关活动有发布(Release)、部署(Deploy)、交付(Delivery)、上线(Go-Live/Ship)。发布是将构建出来的整体(发布对象),打上发布标签提供出来,受众可以获得;部署是安装、配置,即将软件"放置"到某个环境中;交付是交给、付出、移交,指物(如软件安装包的光盘)或权(软件的管理权、使用权、所有权等)在人与人之间的转移、传递或接管;上线即在生产环境上的部署。这些活动之间没有固定的依赖关系。

【例 7-1】 早年,微软公司发布了 Windows XP(存储在光盘中),交付给用户,用户再部署到生产环境,然后投产使用(上线)。它们的先后顺序:集成→发布→交付→部署→上线。

发布与交付阶段主要包括以下内容。

(1)交付条件的确认。对照交付准则,确定是否满足交付条件。

(2)确定用户的平台环境。确定用户的平台环境是否满足系统上线要求。协助用户准备运行系统的环境,包括数据的准备。

(3)安装与激活系统。对于简单的系统,激活系统只需要执行一些命令;而对于复杂的系统,需要使支持系统都能够工作。对于大型软件系统,工作版本安装在生产环境的机器上,而其他版本安装在测试环境、开发环境的机器上。

(4)维护过程。根据约定,软件开发团队可能还需要提供培训、维护服务,这时,还需要提供软件维护需求说明、软件产品维护计划和软件培训计划文档。

发布与交付阶段除了需要提交按照合同中约定的各种文档和软件外,还需要提供交付清单、用户手册以及软件验收报告。

2. 发布与交付确认

软件发布和交付阶段是继软件需求、设计、编码、测试等阶段后的一个核对用户需求、检验软件产品、面向客户实施应用的阶段。

对软件项目进行交付前的最终评审的主要工作包括核对软件项目开发周期各阶段形成文档的完整性,评审阶段性文档的真实性、有效性。各阶段文档应当反映出所处阶段的工作特点,待完成的工作指标和工作任务,符合软件生命周期各阶段的具体工作要求;并对软件进行交付阶段的最终评审。这部分工作主要包括如下内容。

(1)形式上的确认。检查软件在完成功能的形式上是否符合软件需求规格说明书中对软件功能内容的阐述;对于需求变更的部分,是否形成了变更部分的说明书;对用户界面进行标准化评审,从设计标准、设计风格、操作风格等方面重点进行考核。

(2)设计上的确认。检查各个文档中对各个功能的定义是否符合用户需求,系统设计是如何实现用户需求的,系统包括哪些子系统,子系统的关系;数据库结构的定义;以及与其他系统的关系。

(3)软件测试的确认。软件测试是否完全覆盖了用户的操作需求。核对单元测试记录报告,检查模块测试接口覆盖率、错误测试覆盖率、代码覆盖率;核对集成测试记录报告,验收测试记录报告,并检查测试范围是否覆盖了用户的全部需求。

(4)安排维护工作。安排、评审最终产品后期维护的准备工作,包括需求方形成并评审软件维护需求说明的可行性;同需求方评审软件产品维护计划的可行性。重点确定软件产品的维护范围,指定产品维护负责人;同需求方达成对软件产品安装、使用、维护等阶段具体的时间和人员安排;对软件产品维护过程中的风险预测与分析等事项的合同;形成软件培训计划,确定对需求方进行培训的具体过程和内容;同需求方确定并形成软件验收报告。

3. 系统上线运行

系统上线运行阶段是软件的正式应用阶段。对于复杂的系统,需要制订上线运行计划,并报请批准后实施。

对于风险比较高的可能影响企业业务运行的系统,可能会先试运行,然后再真正上线运行。与业务密切相关的系统,需要在业务流程重组成功的基础上进行。具体上线流程可以分为以下步骤。

(1)数据准备。数据准备是使系统运行所需要的数据能够输入软件中。有些数据需要从老的系统中获取,有些数据则需要重新输入。为了保证系统能够正常运行,数据内容需要完整、一致和准确。

(2)硬件、网络及其他软件环境准备。硬件、网络和软件环境的检查是上线准备阶段非常重要的一项任务,主要是对客户方网络环境、服务器、交换机及操作终端机器的配置状况、运行情况做全面的检查记录,工作的重点是硬件及网络条件是否合适,安装调试好培训用的网络与系统环境,以保证硬件网络及软件所依赖的操作系统和其他软件能够正常使用,保证系统上线阶段的顺利开展。

（3）试运行和正式上线运行。如果软件系统需要试运行，在试运行前，所有操作人员都应经过培训，客户软硬件环境能够正常使用，系统基础数据录入完毕，各部门人员做好充分的准备。执行试运行阶段时，可以开通新旧两套版本同时运行，让员工熟悉使用新系统，以辅助其短时间内掌握新系统各个功能模块和流程。

在准备正式上线时，试运行期间暴露的各种细节问题应该得到妥善解决。同时，企业员工岗位责任明确；有关文档都齐备；客户做好正式上线的心理准备，预期执行没有问题。此时，实施人员与客户确认全面上线时间，再进行一次数据处理，把原来系统中的信息全部转移到新系统，使所有业务都集中到新系统。

4. 交付原则

交付的关键原则是管理客户期望并且能为客户提供合适的软件支持信息，软件交付对于任何一个软件项目来说都是重要的里程碑。准备交付一个软件时所应该遵从的重要原则包括如下 5 方面。

（1）客户对软件的期望必须得到管理。客户通常并不希望看到软件开发团队对软件提交做出很多承诺后又很快令其失望，这将导致客户反馈变得没有积极意义，并且还会挫伤软件开发团队的士气。

（2）完整的交付包应该经过安装和测试。包含可执行软件的介质（包括 Web 下载）以及一些支持数据文件、文档和一些相关的信息都必须组装起来，并经过实际用户完整的 β 测试。所有的安装脚本和其他一些可操作的功能都应该在所有可能的计算配置（例如，硬件、操作系统、外部设备、网络）环境中实施充分的检验。

（3）技术支持必须在软件交付之前就确定。最终用户希望在问题发生时能得到及时的响应和准确的信息。技术支持应该是有计划的，准备好支持的材料并且建立适当的记录保持机制，这样软件开发团队就能按照支持请求种类进行分类评估。

（4）必须为最终用户提供适当的说明材料。软件开发团队交付的不仅仅是软件本身，也应该提供培训材料（如果需要）和故障解决方案，还应该发布关于"本次交付与以前版本有何不同"的描述。

（5）有缺陷的软件应该先改正再交付。在软件商务活动中有这样一条谚语："客户在几天后就会忘掉你所交付的高质量软件，但是他们永远忘不掉那些低质量的产品所出现的问题。软件会时刻提醒着问题的存在。"已交付的软件会为最终用户提供帮助，同时也会为软件开发团队提供有用的反馈。当一个软件投入使用后，应该鼓励最终用户对软件的功能、特性，以及易用性、可靠性和其他特性做出评价。

7.1.2 交付阶段的文档

在交付阶段的文档中，将列出按照协定需要提交的各种交付物及其具体形态。其主要内容包括两大类，即文档清单（列出所交付的各种文档）和软件清单（列出各个软件模块及其大小）。其中，主要的交付文档是开发者编写的用户手册和用户提供的软件验收报告。

1. 用户手册

用户手册给出了软件系统安装、使用的具体环境和方法，主要包括以下内容。

（1）引言。说明编写用户手册的目的，软件系统开发背景，相关定义及参考资料。

（2）用途。逐项说明软件所具有的各项功能以及它们的极限范围，以及精度、时间特性、灵活性、安全保密等性能。

（3）运行环境。列出运行软件所要求的硬件设备，以及支持软件和数据结构。

（4）使用过程。说明安装与初始化，输入准备、格式与要求，输出说明，文档查询，出错处理和恢复，以及操作方式与步骤。

2. 软件验收报告

软件验收报告是客户针对合同中的约定，对交付的材料和软件系统进行验收后形成的结论性意见。文档中应包含以下内容。

（1）项目信息。列出项目相关的信息，如项目名称、项目开发单位、项目开发时间、项目验收时间等。

（2）软件概述。对整个软件进行概要描述，可从可行性研究报告、软件需求规约、用户手册中提取相关信息。

（3）验收测试环境。提供对验收测试环境的描述，包括硬件（如计算机、服务器、网络、交换机等）、软件（如操作系统、应用软件、系统软件、开发软件、测试程序等）、文档（如测试文档、技术文档、操作手册、用户手册等）、人员（如客户代表、客户经理、项目经理、技术经理、开发人员、测试人员、技术支持人员以及第三方代表等）。

（4）验收及测试结果。列出功能验收、性能验收、文档验收的结果。

（5）验收总结。对验收结果进行总体描述。确定是否"通过""不通过"，还是"有条件通过"。

7.1.3 项目总结

在一个软件成功交付后，除了按照约定提供维护服务外，还需要对这个软件项目进行总结，以分析此软件项目过程中成功的经验、失败的教训，这样才可以不断提高软件开发项目的实施水平。

1. 项目总结与评价

软件开发是一项复杂的系统工程，牵涉各方面的因素。项目开发总结即总结成功的经验和失败的教训，整理软件项目过程文件，将项目中的有用信息进行总结分类并放入信息库，为以后的项目提供资源和依据。

一个软件项目的总结，主要包括技术与管理两方面。技术方面的总结主要是从软件的技术路线、分析设计的方法、项目所采用的软件工具等方面进行总结；管理方面从项目立项到项目验收，每个环节和每个阶段都应该进行全面总结。项目管理的总结不是项目经理一个人的总结,项目组成员都要认真根据自己的所做、所感和所想进行总结。项目验收完成以后,通常会召开项目的总结会议进行总结交流。

在实际工作中,软件项目总结的关注点主要有:交付的成果;实际进度和计划进度发生的变化及采取的措施;实际成本与计划预算的比较;项目质量与客户具体要求的符合度,质量方面发生的问题,项目需求在开发过程中发生的变更,客户对最终交付成果的满意度,以及更好地理解客户需求的思路,增强客户满意度的措施;项目过程中运用的新技术,其成功因素与暴露的技术弱点;小组成员对项目目标、客户需求的理解与改进措施。并且可以设想,如果重新做这个项目,应该如何进行。

项目总结还要对项目实施过程和效果进行评价。项目实施评价应简单说明项目实施的基本特点,对照可行性研究评估找出主要变化,分析变化对项目效益影响的原因,评价这些因素及影响,包括计划、设计、组织、进度、质量、成本、风险等方面的评价;效果评价应分析项目所达到和实现的实际结果,根据项目运营和未来发展,以及可能实现的效益、作用和影响,评价项目的成果。

2. 项目开发总结报告

总结阶段将提交项目开发总结报告,报告主要包括以下内容。

(1)引言。说明编写项目开发总结报告的目的,软件系统开发背景,相关定义及参考资料。

(2)实际开发结果。说明最终制成的产品,逐项列出软件产品实际具有的主要功能和性能,说明原定的开发目标是达到了、未完全达到还是超过。说明实际基本处理流程,计划进度与实际进度的对比,计划费用与实际支出费用的对比。

(3)开发工作评价。对生产效率、产品质量、技术方法进行评价,对出错原因的分析。

(4)经验与教训。列出开发工作中所得到的最主要的经验与教训,以及对今后的项目开发工作的建议。

7.2　软件维护

软件开发完成交付用户使用后,就进入软件的运行和维护阶段。在软件系统交付使用后,为了保证软件在一个相当长的时期能够正常运行,对软件的维护就成为必不可少的工作。

7.2.1　软件维护概述

软件维护(Software Maintenance)是软件生命周期的最后一个阶段。在产品交付并且投入使用之后,为了解决在使用过程中不断发现的各种问题,保证系统正常运行,同时使系统功能随着用户需求的更新而不断升级,软件维护的工作是非常必要的。

进行软件维护通常需要软件维护人员与用户建立一种工作关系,使软件维护人员能够充分了解用户的需要,及时解决系统中存在的问题。通常,软件维护是软件生命周期中延续时间最长、工作量最大的阶段。

维护过程
模型

1. 软件维护的意义

软件维护是指在软件产品发布与交付以后，修正错误、提升性能、适应变更或其他属性而进行软件修改的过程。

软件维护与硬件维修有本质的不同，软件维护并不是将产品恢复到初始状态，而是使它能够正常地运转，给用户提供一个对原始软件进行了修改的新产品。软件维护活动的目的是纠正、修改、改进现有软件或适应新的应用环境。

一个应用系统由于需求和环境的变化以及自身暴露的问题，在交付使用后，对它实施维护是不可避免的。软件维护的意义主要体现在，发现并改正运行中在测试阶段未能发现的潜在软件错误和设计缺陷；根据实际情况，改进软件的设计，以增强软件的功能，提高软件的性能；要求在当前环境下已运行的软件能适应特定的硬件、软件、外部设备和通信设备等新的工作环境，或适应已变动的数据或文件；使投入运行的软件与其他相关的程序有良好的接口，以利于协同工作；使运行软件的应用范围得到必要的扩充。

2. 软件维护的分类

软件从部署完毕到退役的整个时间内对软件所做的改动工作都是维护的内容。按照维护的起因，软件维护可分为改正性维护（Corrective Maintenance）、适应性维护（Adaptive Maintenance）、完善性维护（Perfective Maintenance）及预防性维护（Preventive Maintenance）4类。各类维护工作量占总的维护工作量的百分比如图7-1所示。

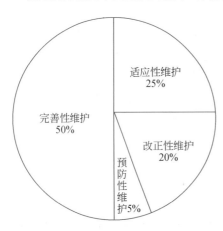

图 7-1　各类维护工作量占总的
维护工作量的百分比

（1）改正性维护。在软件交付使用后，由于在软件开发过程中产生的错误并没有完全彻底地在测试中发现，因此必然有一部分隐含的错误被带到维护阶段。这些隐含的错误在某些特定的使用环境下会暴露出来。为了识别和改正错误，修改软件性能上的缺陷，应进行确定和修改错误的过程，这个过程就称为改正性维护。

（2）适应性维护。随着计算机硬件和软件环境的不断变化，数据环境也在不断发生变化。为了使应用软件适应这种变化而修改软件的过程称为适应性维护。

（3）完善性维护。在软件漫长的运行时期中，用户往往会对软件提出新的功能要求与性能要求。这是因为用户的业务会发生变化，组织机构也会发生变化。为了适应这些变化，应用软件原来的功能和性能需要扩充和增强，为达到这个目的而进行的维护活动称为完善性维护。

（4）预防性维护。为了提高软件的可维护性和可靠性而对软件进行的修改称为预防性维护。这是为以后进一步的运行和维护打好基础。

严格按照软件工程标准生产的软件产品在维护过程中改正性维护的工作量很低,占总维护工作量的 1/5。由于适应性维护和完善性维护需要修改软件需求规格说明书,应按照需求变更来进行管理,相当于螺旋模型中的又一次迭代过程,因此工作量很大。

在软件开发项目的各个阶段对软件的可维护性进行充分考虑,对可维护性的严格评审以及在维护阶段有效地组织和管理维护活动,是保证软件可维护性和降低维护费用的关键。

3. 软件维护的特点

软件维护是一种烦琐而又不可或缺的工作,由于维护通常要求维护人员在用户现场进行,而且维护任务可能非常紧急,因此对现场维护人员的压力很大,而且没有丝毫的成就感。软件维护的特点如下。

1) 维护的代价

软件维护是软件生命周期中最长的且相当困难的阶段,软件维护的工作量占整个软件生命周期的 70% 以上,而且还在逐年增加。因此,如何减少软件维护的工作量,降低软件维护的成本,就成为提高软件维护效率和质量的关键。

影响软件维护成本的因素主要由非技术因素和技术因素两类构成。非技术因素主要包括开发经验、人员稳定性、应用时间、外部支撑环境、用户需求变化等;技术因素主要包括软件复杂程度、维护人员能力、配置管理能力、软件编程规范等。软件维护工作量的模型:

$$M = p + \mathrm{K}e^{c-d}$$

式中,M 为维护工作的总工作量;p 为生产性工作量;K 为一个经验常数;c 为复杂性程度;d 为维护人员对软件的熟悉程度。

上式表明,若 c 越大,d 越小,则维护工作量将呈指数增加;c 增加表示软件因未用软件工程方法开发,从而使得软件为非结构化设计,文档缺少,程序复杂性高;d 表示维护人员不是原来的开发人员,对软件熟悉程度低,重新理解软件花费很多时间。

2) 维护的副作用

通过维护可以延长软件的寿命使其创造更多的价值,但是,修改软件是危险的,每修改一次,可能会产生新的潜在错误。因此,维护的副作用是指由于修改程序而导致新的错误或者新增加一些不必要的活动。一般维护产生的副作用主要包括修改代码的副作用,修改数据的副作用,修改文档的副作用。

3) 维护的难度

与软件维护有关的绝大多数问题,都可归因于软件定义和软件开发的方法有缺点。在软件生命周期的头两个时期如果没有严格而又科学的管理和规划,必然会导致在最后阶段出现问题。

理解别人编写的程序通常是非常困难的,而且困难程度随着软件配置成分的减少而迅速增加。如果仅有程序代码而没有说明文档,则会出现严重的问题。需要维护的软件往往没有合格的文档,或者文档资料显著不足。认识到软件必须有文档仅仅是第一步,容易理解的并且与程序代码完全一致的文档才能真正有价值。绝大多数软件在设计时没有考虑将来的修改。除非使用强调模块独立原理的设计方法论,否则修改软件既困难又容易产生差错。

【例 7-2】 并不是所有的软件都需要进行维护。如果软件出现以下特征,就不需要进行维护而是需要重新设计了。软件运行的过程中总是出现问题,性能不断恶化;模块及单个子程序非常大的系统或是在仿真模式下运行的软件系统;占用过多资源的系统;维护人员很难用低级语言编写的系统程序,或是维护时必须将易变参数编写在代码中的程序;程序的结构和逻辑太过复杂等。

7.2.2 软件维护的内容

软件维护就是软件在开发完成后,由于各种原因而进行变更、修改原来的软件。依据软件维护的实践,维护主要分为修正变更的维护、版本的维护、系统故障的对应维护、意外事故及灾后恢复等。

1. 修正变更的维护

从开发者的立场来看,软件开始使用之时,意味着长期辛勤的开发作业结束,软件开始为客户服务,客户将正式使用该软件从事信息化处理工作。

为了获得客户的满意度,开发的软件具有优良的质量是很重要的;同时站在客户的立场,对于在软件中发现的缺陷迅速采取对应措施,也是很重要的。

必须注意的是,需要警惕维护工作带来的二次缺陷。在正式使用情况下,一旦发生故障,往往因为需要紧急处理,在较短时间内难以充分验证故障原因,判断打算修改的程序和数据是否能直接修改,如果直接修改会不会在其他地方产生新的缺陷,这些情况都要求系统工程师进行相应的确认性检查。此外,在进行程序修正时,一定不要忘记写下重要的维护记录,这对反复查找疑难故障有很大的帮助。

对于经过较长时间大幅度修改后的软件,实际上不可能使用户一下子认同。软件大幅度变更以后,用户对于该软件的使用会感到不适应。为此,每次软件的变更量最好保持在一个恰当的范围内,以每次修改少量、循序渐进为好,以克服用户的陌生感。

软件系统开始运行后,用户可能会对某些功能模块提出修改要求,但这些要求可能是模糊的。此时,首先要认真分析理解客户的意见,明白所提要求的真实意义。当然,当用户意见的可操作性和想法与系统有很大的差异时,完全按照用户的意见去修改软件系统是不可能的。因为客户方面(主要是使用部门)并不真正理解软件系统程序,对于要怎样修改软件才能达到这些愿望是不清楚的。此时,对原来软件功能及想要修改的软件功能的具体描述,如果难以用语言来确切表示,就不能去轻易修改。要与客户方充分地讨论,求得客户方的理解和支持,能不修改尽可能不修改,必须修改的在充分理解客户要求的基础上按修改程序做相应修改,并且做好修改记录。

2. 版本的维护

软件开发最终导致失败的最大原因,是软件功能难以切实对应客户不断变化的使用要求。

　　软件自开始进入实际应用以后,就标志着以前的研制阶段基本结束。在开发阶段不可能完全设想好将来功能的各种变更情况,因为用户对扩展的需求是变化的。为了适应用户对扩展需求的变化,就要考虑在第一版本(初期设计的版本)完成后进行版本更新。为了进行版本更新,研制开发第二版本或第三版本等,就必须取得企业状况的变化资料,设计出相关的修改方案。当软件已经没有修改的余地时,它的生命周期也就结束了。因此,在初期研制软件的时候,就要注意软件的修改和扩展功能。开发软件的目标应该包括软件的应变能力,软件应变能力越强,版本的维护也就越容易。

　　在软件质量特性中,包含了软件的版本可维护性。与其他质量特性一样,软件的易维护性也是软件设计工程的要点,是质量特性的重要目标之一,因为所开发的任何软件都不可避免地要进行版本维护、版本更新,这就要求系统工程师设计出维护性高的软件。

3. 系统障碍的对应维护

　　尽管开发方和用户方都希望开发出缺陷和故障发生频度低的软件,但是,仍然要准备万一发生故障时,必须要有供管理者使用的故障处理手册,以便进行对应维护。

　　通常故障可以分为硬件故障、软件系统故障、数据故障、网络故障等。开发方的维护人员可以分为对应的小组,在某方面发生故障时,可由相应小组人员进行对应处理。但是作为应用部门的系统运行管理者,往往只有少数人对系统主体进行运行管理,当出现故障时,需要运行管理者迅速地做出对应处理,为了进行相应的故障处理,故障处理手册对故障处理要点进行容易理解和处理的简单说明,如表 7-1 所示。

表 7-1　故障处理手册的内容

序　号	类　别	项　目
1	故障监视	监视的对象 监视的内容(定期的部分) 监视的方法 故障发生时的联络体制
2	原因分析	原因分析顺序 原因分析所必需的信息资料 确切区分故障原因的步骤 故障影响的范围
3	恢复处理	典型故障恢复步骤 典型原因与相关部门联络的方法 恢复失败时的替代办法 恢复作业步骤管理方法
4	故障记录	故障记录内容(样板) 故障原因分类(符号化)

　　对于系统故障,特别要注意区分故障发生的原因。在故障处理手册中,对于简单的故障问题要写出故障处理顺序;复杂的故障,要表明与专门维护机构的联络方式。另外,对

问题的处理方法和结果也要记录。

为了让用户方面的管理者能够熟练应用故障处理手册,还要对用户管理人员实施有效的教育培训工作。

4. 意外事故及灾后恢复

计算机系统故障,除了因硬件、软件和网络等因素发生外,由于地震、火灾等自然灾害以及暴力等事故发生的可能性也存在。

因为事前没有考虑到的人为事故和自然灾害,计算机系统在遭受到很大损害以后,需要重新恢复的作业,称为恢复系统。恢复系统最重要的是要以能保证用户原来业务的连续性为基础,进行恢复工作。

对于连续运转的计算机系统,有特殊危险任务的业务系统,一旦发生故障会造成很大的损失。因此在软件开发的时候,有必要认真讨论,进行方案设计,以便能将可能发生的事故和灾害,迅速地抑制在最低限度范围。

重要的计算机系统不允许软件维护工作有丝毫问题,所以要有固定的维护人员开展维护工作。如果维护人员不了解被维护软件的设计思路,往往会陷入盲目,在维护工作泥潭中难以自拔。在软件维护人员中,只有熟练者自己才明白被维护软件的关键环节。

为了规范软件维护工作,应将所有研制的软件文档标准化、规范化,对其重要的地方详细记录,并且让客户方的技术人员尽量加强对关键环节的理解、认识。

7.2.3 软件维护活动

软件维护工作在维护申请提出前就开始了,它包括建立维护组织、强制报告和评估的过程;为每个维护申请确定标准化的事件序列;制定保存维护活动记录和有关复审及评估的标准。

1. 维护组织机构

除了较大的软件开发公司外,通常在软件维护工作方面,不保持正式的维护机构。维护往往是在没有计划的情况下进行的。虽然不要求建立一个正式的维护机构,但是在开发部门,确立一个非正式的维护机构是非常必要的。图7-2是一个维护机构的组织方案。

维护申请提交给一个维护管理员,他把申请交给某个系统监督员去评价。一旦做出评价,由修改负责人确定如何进行修改。在维护人员对程序进行修改的过程中,由配置管理员严格把关,控制修改的范围,对软件配置进行审计。

维护管理员、系统监督员、修改负责人等,均代表维护工作的某个职责范围。修改负责人、维护管理员可以是指定的某个人,也可以是一个包括管理人员、高级技术人员在内的小组。系统监督员可以有其他职责,但应具体分管某个软件包。

在开始维护前,就明确责任,可以大大减少维护过程中的混乱。

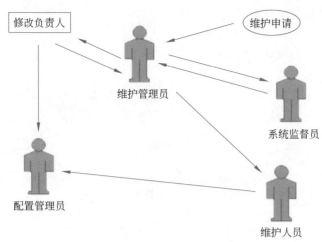

图 7-2　软件维护机构的组织方案

2. 维护工作流程

维护工作流程大致包括如下过程。

（1）确认维护要求。确认维护要求需要维护人员与用户反复协商，弄清错误概况以及对业务的影响大小，以及用户希望做什么样的修改，然后由维护组织管理员确认维护类型。

（2）确认维护类型。对于改正性维护申请，从评价错误的严重性开始。如果存在严重的错误，则必须安排人员，在系统监督员的指导下，进行问题分析，寻找错误发生的原因，进行"救火"性的紧急维护；对于不严重的错误，可根据任务、机时情况，视轻重缓急进行排队，统一安排时间。对于适应性维护和完善性维护申请，需要先确定每项申请的优先次序。若某项申请的优先级非常高，就可立即开始维护工作；否则，维护申请和其他的开发工作一样，进行排队，统一安排时间。

（3）相关技术工作。尽管维护申请的类型不同，但都要进行同样的技术工作。这些工作包括修改软件需求说明、修改软件设计、设计评审、对源程序做必要的修改、单元测试、集成测试、确认测试、软件配置评审等。

（4）评审。在每次软件维护任务完成后，最好进行一次评审，确认在目前情况下，设计、编码、测试中的哪方面可以改进，哪些维护资源应该有但没有，工作中主要的或次要的障碍，从维护申请的类型来看是否应当有预防性维护等。

【例 7-3】　软件维护的工作流程：用户提出维护申请；维护组织审查申请报告并安排维护工作；进行维护并做详细的维护记录；复审。软件维护工作流程如图 7-3 所示。

3. 维护评价

评价维护活动比较困难，因为缺乏可靠的数据。但如果维护记录做得比较好，就可以得出一些维护性能方面的度量值。可参考的度量值：每次程序运行时的平均出错次数；花费在每类维护上的总"人时"数；每个程序、每种语言、每种维护类型的程序平均修改次

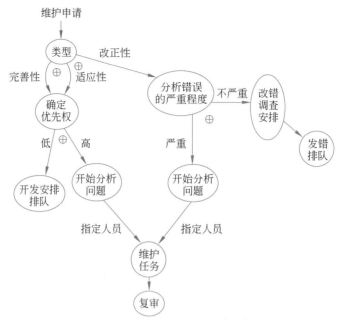

图 7-3　软件维护工作流程

数；因为维护，增加或删除每个源程序语句所花费的平均"人时"数；用于每种语言的平均人时数；维护申请报告的平均处理时间；各类维护申请的百分比等。这些度量值提供了定量的数据，据此可对开发技术、语言选择、维护工作计划、资源分配以及其他许多方面做出判定。因此，这些数据可以用来评价维护工作。

7.2.4　软件的可维护性

软件的维护是十分困难的，主要是因为软件的源程序和文档难于理解和修改。由于维护工作面广，维护的难度大，稍有不慎，就会在修改中给软件带来新的问题或引入新的错误，所以为了使软件能够易于维护，必须考虑使软件具有可维护性。

软件可维护性是指软件能够被理解，并能纠正软件系统出现的错误和缺陷，以及为满足新的要求进行修改、扩充或压缩的容易程度。软件的可维护性是影响软件维护工作量和费用的直接原因，在软件工程的各个阶段都要保证软件具有较高的可维护性，从而降低软件维护成本，这是软件工程的重要目标之一。

软件可维
护性

1. 软件维护的质量特性

软件的可维护性是软件开发阶段各个时期的关键目标。影响软件可维护性的因素很多，设计、编码和测试中的疏忽和低劣的软件配置，缺少文档等都对软件的可维护性产生不良影响。软件维护可用如下 7 个质量特性来衡量，即可理解性、可测试性、可修改性、可靠性、可移植性、可使用性和效率。对于不同类型的维护，这 7 种特性的侧重点也不尽相同。

（1）可理解性。可理解性表明人们通过阅读源代码和相关文档,了解程序功能及其运行的容易程度。一个可理解的程序主要应具备以下一些特性:模块化(模块结构良好、功能完整、简明),风格一致性(代码风格及设计风格的一致性),不使用令人捉摸不定或含糊不清的代码,使用有意义的数据名和过程名,结构化,完整性(对输入数据进行完整性检查)等。

（2）可测试性。可测试性表明论证程序正确性的容易程度。程序越简单,证明其正确性就越容易。而且设计合理的测试用例,取决于对程序的全面理解。因此,一个可测试的程序应当是可理解的、可靠的、简单的。

对于程序模块,可用程序复杂性来度量可测试性。程序的环路复杂性越大,程序的路径就越多,测试程序的难度就越大。

（3）可修改性。可修改性表明程序容易修改的程度。一个可修改的程序应当是可理解的、通用的、灵活的、简单的。其中,通用性是指程序适用于各种功能变化而无须修改;灵活性是指能够很容易地对程序进行修改。

（4）可靠性。可靠性是软件产品在规定的条件下和规定的时间区间完成规定功能的能力。规定的条件是指直接与软件运行相关的使用该软件的计算机系统的状态和软件的输入条件,或统称为软件运行时的外部输入条件;规定的时间区间是指软件的实际运行时间区间;规定功能是指为提供给定的服务,软件产品所必须具备的功能。软件可靠性不但与软件存在的缺陷和差错有关,而且与系统输入和系统使用有关。

（5）可移植性。可移植性表明程序转移到一个新的计算环境的可能性的大小。或者它表明程序可以容易地、有效地在各种各样的计算环境中运行的容易程度。一个可移植的程序应具有结构良好、灵活、不依赖于某个具体计算机或操作系统的性能。

（6）可使用性。从用户观点出发,把可使用性定义为程序方便、实用及易于使用的程度。一个可使用的程序应是易于使用的、能允许用户出错和改变,并尽可能不使用户陷入混乱状态的程序。

（7）效率。效率表明一个程序能执行预定功能而又不浪费机器资源的程度。这些机器资源包括内存容量、外存容量、通道容量和执行时间。

2. 提高可维护性的方法

提高软件的可维护性对于延长软件的生命周期具有决定性的意义。提高可维护性可参考以下方法。

1）建立明确的软件质量目标和优先级

一个可维护的程序应是可理解的、可靠的、可测试的、可修改的、可移植的、效率高的、可使用的。但要实现所有的目标,需要付出很大的代价,而且也不一定可行。因为某些质量特性是相互促进的,如可理解性和可测试性、可理解性和可修改性。但另一些质量特性却是相互抵触的,如效率和可移植性、效率和可修改性等。因此,尽管可维护性要求每种质量特性都要得到满足,但它们的相对重要性应随程序的用途及计算环境的不同而不同。所以,应当对程序的质量特性,在提出目标的同时还必须规定它们的优先级。这样有助于提高软件的质量,并对软件生命周期的费用产生很大的影响。

2）使用提高软件质量的技术和工具

模块化是软件开发过程中提高软件质量、降低成本的有效方法之一，也是提高可维护性的有效技术。它的优点是如果需要改变某个模块的功能，则只要改变这个模块，对其他模块影响很小；如果需要增加程序的某些功能，则仅需增加完成这些功能的新的模块或模块层；程序的测试与重复测试比较容易；程序错误易于定位和纠正；容易提高程序效率。

使用结构化程序设计技术，可提高现有系统的可维护性。例如，采用备用件的方法；采用自动重建结构和重新格式化的工具；改进现有程序的不完善的文档；使用结构化程序设计方法实现新的子系统；采用结构化小组程序设计的思想和结构文档工具等。

3）进行明确的质量保证审查

质量保证审查对于获得和维持软件的质量是一个很有用的技术。除了保证软件得到适当的质量外，审查还可以用来检测在开发和维护阶段内发生的质量变化。一旦检测出问题，就可以采取措施进行纠正，以控制不断增长的软件维护成本，延长软件系统的有效生命周期。

为了保证软件的可维护性，有 4 种类型的审查是非常有用的：在检查点进行复审，验收检查，周期性地维护审查，对软件包进行检查。

保证软件质量的最佳方法是在软件开发的最初阶段就把质量要求考虑进去，并在开发过程每个阶段的终点，设置检查点进行检查。检查的目的是要证实已开发的软件是否符合标准，是否满足规定的质量需求。在不同的检查点，检查的重点不完全相同。

【例 7-4】 软件开发各阶段的检查重点、项目和方法，如表 7-2 所示。

表 7-2　各阶段的检查重点、项目和方法

阶　　段	检 查 重 点	检 查 项 目	检 查 方 法
需求分析	程序可维护性要求 程序可使用性 交互系统响应时间	软件需求说明书 限制条件、优先顺序 进度计划 测试计划	可使用性检查表
软件设计	程序可理解性 程序可修改性 程序可测试性	设计方法 设计内容 进度 运行、维护支持计划	复杂性度量 修改练习 耦合、内聚估算 可测试性检查表
实现及 单元测试	程序可理解性 程序可修改性 程序可移植性 程序效率	源程序清单 文档 程序复杂性 单元测试结果	复杂性度量 自动结构检查程序 可修改性检查表 编译结果分析 效率检查
测试	程序可靠性 程序可移植性 程序可使用性 程序效率	测试结果 用户文档 程序和数据文档 操作文档	调试、错误统计 效率检查表、可使用性检查表 比较在不同机器上的运行结果 验收测试结果

4）选择可维护的程序设计语言

程序设计语言的选择，对程序的可维护性影响很大。一般高级语言比低级语言容易理解，具有更好的可维护性。但同是高级语言，可理解的难易程度也不一样。

5）改进程序的文档

程序文档是对程序总目标、程序各组成部分之间的关系、程序设计策略、程序实现过程的历史数据等的说明和补充。程序文档对提高程序的可理解性有着重要作用。即使是一个十分简单的程序，要想有效地、高效率地维护它，也需要编制文档解释其目的及任务。而对于程序维护人员，要想对程序编制人员的意图重新改造，并对今后变化的可能性进行估计，缺了文档也是不行的。因此，为了维护程序，人们必须阅读和理解文档。

7.3 软件重用与再工程

在软件维护时，常采用软件重用技术和软件再工程。软件重用是指在两次或多次不同的软件开发过程中重复使用相同或相似软件元素的过程，软件再工程是指对既存系统进行调查，并将其重构为新形式代码的开发过程。软件复用和软件再工程是降低软件成本、提高软件生产率和软件质量的合理有效的途径。

7.3.1 软件重用

软件重用（Software Reuse）是指在软件开发、维护过程中不修改或稍加修改就可以重复使用相同或相似的软件元素的过程。这些软件元素包括应用领域知识、开发经验、设计经验、体系结构、需求分析文档、设计文档、程序代码和测试用例等。对于新的软件开发项目而言，它们是构成整个软件系统的部件，或者在软件开发过程中可发挥某种作用。通常把这些软件元素称为软件构件。

在软件开发、维护中采用重用软件构件，一般可以比从头开发这个软件更加容易。软件重用的目的是能更快、更好、成本更低地生产软件制品。各种软件开发过程都能使用重用软件构件，利用面向对象技术，可以方便有效地实现软件重用。

1. 软件重用的层次

软件的重用可划分为 3 个层次，即知识重用、方法和标准的重用和软件成分的重用。

1）知识重用

知识重用是多方面的，例如，软件工程知识、开发经验、设计经验、应用领域知识等的重用。

2）方法和标准的重用

方法和标准的重用包括传统软件工程方法、面向对象方法、有关软件开发的国家标准和国际标准的重用等。

3)软件成分的重用

可重用的软件成分有以下8种。

（1）项目计划。软件项目计划的基本结构和许多内容是可以重用的。这样,可以减少制订计划的时间,降低建立进度表和进行风险分析等活动的不确定性。

（2）成本估计。不同的项目中经常含有类似的功能,在做成本估计时,重用部分的成本也可重用。

（3）软件结构。在很多情况下,软件结构有相似或相同之处。可以创建一组软件结构模板,作为重用的设计框架。

（4）需求模型和规格说明。类和对象的模型及规格说明、数据流图等可以重用。

（5）设计。系统和对象设计可以重用,用传统方法开发的软件结构、接口、设计过程等可以重用。

（6）源代码。经过验证的程序构件可以重用。可采用的形式有源代码剪贴、源代码包含和继承。

（7）数据与测试用例。包括数据结构的重用、输入数据的重用和中间结果的重用等。一旦设计或代码构件被重用,相关的测试用例也应该被重用。

（8）其他。包括用户文档和技术文档,以及很多情况下用户界面可以重用。

2. 软件重用过程模型

软件重用过程有3种模型,分别是软件重用组装模型、软件重用过程模型及类构件的重用模型。

1)软件重用组装模型

最简单的软件重用过程是,先将以往软件工程项目中建立的软件构件存储在构件库中;通过对软件构件库进行查询,提取可以重用的构件,为了适应新系统,对它们做一些修改,并建造新系统需要的其他构件,再将需要的所有构件组装成新系统。图7-4描述了软件重用组装模型。

图 7-4　软件重用组装模型

2)软件重用过程模型

为了实现软件重用,已经有许多过程模型,这些模型都强调领域工程和软件工程同时进行。

领域是指具有相似或者相近软件需求的应用系统所覆盖的一组功能区域。可以根据领域的特性及相似性,预测软件构件的可重用性。领域工程就是分析、设计和构造具有重用价值的软件构件,进而建立可重用的软件构件库的过程。

图 7-5 为软件重用过程模型。领域工程在特定的领域中创建应用领域模型,设计软件体系结构模型,开发可重用的软件构件,建立可重用的软件构件库。显然,对软件构件

库应当不断积累构件、完善。

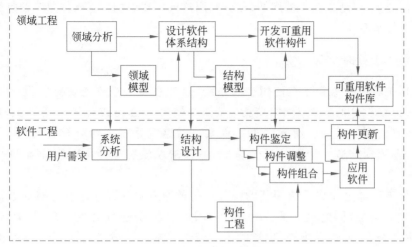

图 7-5 软件重用过程模型

基于构件的软件工程,根据用户的实际需求,参照领域模型进行系统分析,使用领域的结构模型进行结构设计,从可重用软件构件库中查找需要的构件,对构件进行鉴定、调整以构造新的软件构件,对软件构件进行组合以开发应用软件,软件构件不断更新,并补充到可重用软件构件库中去。

3)类构件的重用模型

利用面向对象技术,可以比较方便、有效地实现软件重用。面向对象技术中的类是比较理想的可重用软件构件,可称为类构件。

类构件的重用可以分为实例重用、继承重用和多态重用 3 种。

(1)实例重用。按照需要创建类的实例,然后向该实例发送适当的消息,启动相应的服务,完成所需要的工作。

(2)继承重用。利用面向对象方法的继承性机制,子类可以继承父类已经定义的所有数据和操作,也可以另外定义新的数据和操作。为提高继承重用的效果,关键是设计一个合理的、具有一定深度的类构件继承层次结构。这样可以降低类构件的接口复杂度,提高类的可理解性,为软件开发人员提供更多可重用的类构件。

(3)多态重用。多态重用方法根据接收消息的对象类型,在响应一个一般化的消息时,由多态性机制启动正确的方法,执行不同的操作。

7.3.2　软件再工程

随着维护次数的增加,可能造成软件结构混乱,使软件的可维护性降低,束缚了新软件的开发。同时,那些待维护的软件又常是业务的关键,不可能废弃或重新开发。于是引出了软件再工程(Software Reengineering)的概念,即需要对旧的软件进行重新处理、调整,提高其可维护性。软件再工程是提高软件可维护性的一类重要的软件工程活动。

现存大量的软件系统,由于技术的发展,正逐渐退出使用,如何对这些系统进行挖掘、整理,得到有用的软件构件;已有的软件构件随着时间的流逝会逐渐变得不可使用,如何对它们进行维护,以延长其生命周期,充分利用这些可复用构件。软件再工程是解决这些问题的主要技术手段。

1. 软件再工程的目标

软件再工程的对象是正在使用中的系统,这些系统一般缺乏良好的设计结构和编码风格,因此使软件的修改费时、费力。同时,相关的公司或组织由于长久地依赖它们,不能将它们完全抛弃。而软件再工程就是对这些系统进行分析研究,利用好的软件开发方法,重新构造一个新的目标系统,这样的系统将保持原系统需要的功能并易于维护。

软件再工程通过对原系统用新的设计思想的重新实现和对原有文档的更新可以进行功能追加和增强,同时通过再工程和再设计,其模块划分会更合理,接口定义更清晰,文档更齐全,从而更易维护,也提高了系统的可靠性。软件再工程将一些优秀软件移植到新的硬件平台、操作系统或语言环境,从而使它们能够利用新环境的新特性,更好地发挥作用。

2. 软件再工程的类型

软件再工程发生于软件生命周期的软件维护阶段,因此再工程主要分为3类,即适应性维护的再工程、完善性维护的再工程和预防性维护的再工程。

适应性维护的再工程包括由于硬件和操作系统的更新换代导致的软件维护;由业务环境、业务流程变化带来的软件维护;由系统软件的运行环境改变和迁移带来的软件修正;为适应软件系统开发环境的变化而采取的软件维护。

完善性维护的再工程是增加或修改功能,以提高系统的安全性、处理能力等性能。

预防性维护的再工程是为了提高可维护性而对系统进行优化,对文档进行重构,对数据进行重组。

3. 软件再工程的层次

根据用户对现有软件改进要求的不同,软件再工程活动一般可分为系统级、数据级和源程序级3个层次。在实际软件再工程中,可以从不同角度运用再造(Rebuilding)、再构(Refactoring)、再结构化(Restructuring)、文档重构(Document Reconstruction)、设计恢复(Design Recovery)、程序理解(Program Comprehension)等再工程方法和技术。

再造就是以提高可维护性为目的,研究对系统整体进行重新构建的方法。可以通过完全废弃旧系统,保留既存软件,或两者结合的方式实现。再构就是不改变既存软件的外部功能,仅修改软件的内部结构,使整个软件功能更强,性能更好。再结构化就是在同一抽象级上对软件表现形式的变换,如从原来的客户机/服务器模型转换到浏览器/服务器模型。文档重构就是由源代码生成更加易于理解的新文档。设计恢复就是要恢复设计判断及得到该判断的逻辑依据。程序理解就是从源代码出发,研究如何取得程序的相关知识。

重用是软件再工程的灵魂,再工程可以在不同层次重用原软件系统的资源。重用那些完善且具有一致性文档、可读性很高的可维护性程序,软件再工程的发展离不开软件重用技术的采用和发展。

4. 软件再工程模型

通过对旧系统的程序、数据、文档等资源的分析和抽象,结合系统用户的需求说明,确定目标系统的需求说明和目标。在原软件系统的基础上构建新的软件系统,以期能达到用户的新的需求,同时使软件的可维护性提高。软件再工程的通用模型如图 7-6 所示。

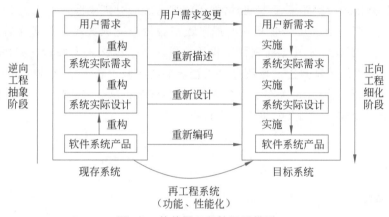

图 7-6　软件再工程的通用模型

1) 结构化软件再工程模型

对于结构化的分析和设计方法指导下的软件系统,再工程的活动主要包括数据处理环境分析、数据字典分析和程序分析,依次是对数据处理的环境(包括软件和硬件环境)、数据项的意义和标准统一、程序的静态统计、动态执行效果进行分析。在分析部分可以使用"库"的概念,作为分析结果的存储。

在结构化方法软件再工程模型中,做逆向工程的时候可以采用两种方法,即代码切分和代码重复。代码切分也称代码分离,是从程序中抽取出完成每个功能所涉及的尽量少的代码集,通过不断地发现功能,抽取相应的代码集来达到对源代码的理解。而代码重复是通过发现及分析源代码中的代码部分来逐渐深入理解系统源代码,可以考查重复的内容并单独提出作为一个功能部分或者是目标系统的一个可重用的部分。

结构化方法开发的软件系统经过软件再工程,或者用其他的(如面向对象的思想)软件开发方法取代,或者用其他的程序语言再次开发完善,或者改变其运行环境。无论哪种方法都增强了软件的可扩展性和可维护性,是对旧软件系统的一次更新。逆向抽象、重构、正向实施这 3 个再工程阶段可以定位于原系统的局部也可以全部实施,这取决于软件再工程的策略。

2) 面向对象软件再工程模型

对于一个面向对象方法实现的系统,实施软件再工程首先进行功能分析、功能层次、功能需求的获取,及其在类结构中的定位。从现存系统的运行过程中发现系统的具体功能,同时将功能集中到某部分代码集合上。另外,还可以采用代码调试的方式分析系统中重要代码的功能,将固定功能的代码分离出来。除了对源代码进行分析外,软件设计记录以及其他文档资源一样要分析,以得出原软件系统的整体设计视图。

以构件库为核心的开发方式为面向对象软件再工程提出了新的框架,首先通过对现存系统的分析和抽象,加强对原系统的理解和对原系统进行代码优化。其次创建适应具体再工程需求并且经过良好封装的构件,放在构件库中。最后建立组装平台,根据用户变更后的需求完成目标系统的转换。以构件库为核心的软件再工程框架采用了软件重用的技术,把原系统中可以利用的功能、代码、文档全部封装成构件,这样既实现了重构的功能,也为以后软件的维护带来了方便,增强了软件系统的可扩展性。

【例 7-5】 当一个十几年前开发的程序还在为用户完成关键的业务工作时,是否有必要对它进行再工程?十几年前软件工程还不像现在这样深入人心,软件过程管理还不成熟,软件往往可维护性较差。此程序很可能还要继续服役若干年,在较长的时间里还会经历若干次的修改。与其每次花费很多人力、物力来维护这个老程序,还不如在现代软件工程学的指导下再造这个程序,即对它进行再工程。

习题 7

小结

一、选择题

1. 下列叙述中正确的是(　　)。

    A. 软件交付使用后还需要维护

    B. 软件一旦交付使用就不需要再进行维护

    C. 软件交付使用后其生命周期就结束

    D. 软件交付使用后只需要维护程序

2. 某企业由于外部市场环境和管理需求的变化对现有软件系统提出新的需求,则对该软件系统进行的维护属于(　　)维护。

    A. 正确性　　　　B. 完善性　　　　C. 适应性　　　　D. 预防性

3. 针对应用在运行期的数据特点,修改其排序算法使其更高效,属于(　　)维护。

    A. 正确性　　　　B. 完善性　　　　C. 适应性　　　　D. 预防性

4. 软件系统的可维护性评价指标不包括(　　)。

    A. 可理解性　　　B. 可测试性　　　C. 可扩展性　　　D. 可修改性

5. 软件维护成本在软件成本中占较大比重。为降低维护难度,可采取的措施有(　　)。

    A. 设计并实现没有错误的软件

    B. 限制可修改的范围

    C. 增加维护人员数量

    D. 在开发过程中就采取有利于维护的措施,并加强维护管理

6. 软件生命周期(　　)的工作与软件可维护性有密切的关系。

　　A. 每个阶段　　B. 设计阶段　　C. 测试阶段　　D. 编码阶段

7. 影响软件维护的因素一般包括人员因素、技术因素和管理因素,就程序自身的技术因素而言,(　　)一般不会影响维护工作。

　　A. 软件规模　　B. 软件年龄　　C. 软件结构　　D. 开发工具

8. 软件维护是指系统交付使用后对软件所做的改变,(　　)是需要进行软件维护的原因。

①改正程序中存在的错误和不足;②使软件能适应新的软硬件环境;③增加新的应用内容和功能。

　　A. ①　　　　　B. ①②　　　　C. ②③　　　　D. ①②③

9. 下列关于系统维护的说法中,不正确的是(　　)。

　　A. 随着软件系统应用的深入,系统维护工作量越来越大

　　B. 相对具有"开创性"的系统开发来讲,系统维护工作属于"继承性"工作

　　C. 系统维护的费用往往占整个软件生命周期总费用的很少部分

　　D. 系统维护是软件系统可靠运行的重要技术保障,应足够重视

10. 评价软件运行的主要依据是(　　)。

　　A. 系统设计说明书

　　B. 处理速度

　　C. 输出信息的正确性和精确度

　　D. 日常运行记录和现场实时监控数据

11. 软件调试的主要目的是(　　)。

　　A. 发现软件错误　　　　　　　B. 改善软件功能

　　C. 改正软件错误　　　　　　　D. 挖掘软件潜能

12. 软件调试时,当程序全部调试完成后,首先应做的事是(　　)。

　　A. 系统试运行　　　　　　　　B. 系统正式运行

　　C. 编写程序文档资料　　　　　D. 系统交付使用

13. 软件的重用不包括(　　)。

　　A. 知识重用　　　　　　　　　B. 方法和标准的重用

　　C. 技术重用　　　　　　　　　D. 软件成分重用

14. 软件再工程活动的 3 个层次不包括(　　)。

　　A. 项目级　　　B. 系统级　　　C. 数据级　　　D. 程序级

15. 软件再工程的灵魂是(　　)。

　　A. 再造　　　　B. 重用　　　　C. 文档重构　　　D. 再构

二、填空题

1. 在交付阶段的文档中,将列出按照协定需要提交的各种交付物及其具体形态,其

主要内容包括两大类:一类是文档清单,列出所交付的各种文档;另一类是_____,列出各个软件模块及其大小。

2. 在交付阶段的文档中,_____是开发者编写的用以给出软件系统安装、使用的具体环境和方法。

3. _____是客户针对合同中的约定,对交付的材料和软件系统进行验收后形成的结论性意见。

4. 为了识别和改正运行中产生的错误而进行的维护称为_____维护。

5. 根据软件维护的实践,维护主要分为修正变更维护、_____、系统障碍的对应维护、意外事故及灾害后的恢复等。

6. 影响系统可维护性的主要因素包括可理解性、可测试性和_____。

7. 在软件维护中,因修改软件而导致出现的错误或其他情况称为维护的_____。

8. 在软件维护中,最危险的副作用是修改_____而产生的。

9. 保证软件质量的最佳方法是在软件开发的最初阶段就把质量要求考虑进去,并在开发过程_____设置检查点进行检查。

10. 软件重用是指在软件开发、维护过程中_____就可以重复使用相同或相似的软件元素的过程。

11. 在大多数情况下,实行再工程的软件需重新实现_____的功能,并加入新功能和改善整体性能。

12. 软件再工程的对象是使用中的系统,这些系统一般缺乏良好的_____,因此使软件的修改费时费力。

三、思考题

1. 发布与交付的主要内容是什么?确认发布与交付的工作有哪些?

2. 项目总结的主要内容是什么?

3. 什么是软件维护?软件维护分为哪些类型?

4. 影响软件维护的因素有哪些?

5. 改正性维护与排错是不是同一个问题?为什么?

6. 什么是软件可维护性?如何提高软件的可维护性?

7. 什么是软件维护的副作用?软件维护的副作用有哪些?

8. 什么是软件重用?其目的是什么?

9. 什么是软件再工程?其目标是什么?

10. 软件再工程活动一般可分为哪几个层次?

四、实践题

1. 假设自己的任务是对一个已有的软件做重大修改,而且只允许从下述文档中选取两份:①程序规格说明;②程序的详细设计结果(自然语言描述加上某种设计工具);③

源程序清单(其中有适当数量的注释)。

应选取哪两份文档? 为什么? 打算如何完成交给自己的任务?

2. 从本质上讲,维护过程是修改和压缩了的开发过程。对一个软件项目,制定维护方案。

3. 在维护任务完成后,要对维护工作进行评审。评审工作主要对什么问题进行总结?

4. 与维护最为相关的工作职位是什么? 概括地描述该工作的内容,列出该工作岗位所需的基本技能。

5. 当一个十几年前开发的程序还在为其用户完成关键的业务工作时,是否有必要对它进行再工程? 如果对它进行再工程,经济上是否合算?

6. 编制公选课管理系统(GXKS)的用户手册、项目开发总结,以及维护计划。

第8章 项目组织与控制管理

8.1 软件项目组织管理

组织管理是软件项目成功的组织保障,任何社会化生产都离不开组织与管理,软件开发活动也不例外。项目组织是软件项目过程的主导者及最终产品的完成者,其生产过程和任务由不同部门甚至不同企业来完成,它们通过项目管理部门协调、激励与综合,共同实现项目目标。

8.1.1 组织结构管理

参加软件项目的人员组织起来,发挥最大的工作效率,对成功地完成软件项目极为重要。开发组织采用什么形式,要针对软件项目的特点来决定,同时也与参与人员的素质有关。人的因素是不容忽视的参数。

项目组织

1. 软件组织的特点

组织管理是为了有效地配置项目资源,按照一定的规则和程序构成的一种责权结构安排和人力资源管理,以确保以最高的效率,实现项目目标。软件开发的组织管理显著区别于传统的组织管理模式,具有自身的特点。

(1) 管理对象的自主特性。软件开发的从业人员一般都受过良好的高等教育,有着自己独立的价值观和工作方式,在软件开发团队中,总能表现出多元化的文化特征和行为特征。这对管理者提出了较高的要求。

(2) 科研活动的不可预测性。软件开发过程中,往往伴随着大量的科技创新工作,这些工作在工作量和工作时间上很难进行精确评估,这使得对时间、成本和质量3方面的控制与权衡会变得较为困难,也常常是软件开发工程管理者难于把握的因素。

(3) 软件项目的外部性。相对于软件项目本身,软件开发活动中还存在外部性特征。软件项目特别是应用软件项目往往与其他外部因素纠缠在一起,很多问题必须要多方参与才能解决,如何协调相关各方也是组织管理的难题。

(4) 团队的协作性。在现代软件工程中,已经不再适合单打独斗的软件开发方式,这也是软件产业发展的自然要求和结果。软件开发活动中的团队协作应该是一种高层次的协作,不能像传统的生产流水线一样是简单的、僵硬的协作。这种智力的协作需要协作各方应当具备较强的沟通能力和沟通愿望,也需要管理者构建沟通协作的良好环境。

因此,在软件开发工程管理中,注重组织管理形式和在此基础上处理好组织管理活动是执行既定软件项目计划的关键一环。

2. 团队组织结构形式

尽管环境条件的多变性和项目工作任务的复杂性,使得项目组织具有动态临时性的特征,但其基本框架是相对定型的,这些基本框架称为组织结构形式。常见的软件项目管理的组织结构形式有以下 3 种。

(1) 职能型组织结构。职能型组织结构是最普遍的项目组织形式,是按职能以及职能的相似性来划分部门而形成的组织结构形式,如图 8-1 所示。

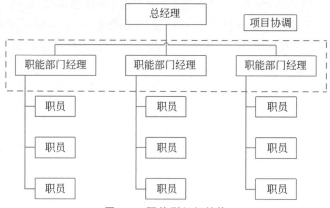

图 8-1 职能型组织结构

职能型组织结构中,各职能部门经理可以根据项目需要调配人力、物力等资源,可以充分发挥职能部门资源集中的优势。职能部门内部的技术专家在本部门内可以为不同项目同时服务,专业人员在一起易于交流知识和经验,节约人力,提高资源利用率。

但这种组织形式跨部门的交流和沟通比较困难,职能部门往往会优先考虑本部门的利益而忽视了项目和客户的利益;项目部门经理对职员没有完全的权力,职员积极性不高,对项目质量和进度都会有很大影响。

(2) 项目型组织结构。各部门完全是按照项目进行设置的,每个项目就如同一个微型公司那样运作,专职的项目经理对项目团队拥有完全的项目权力和行政权力,如图 8-2 所示。

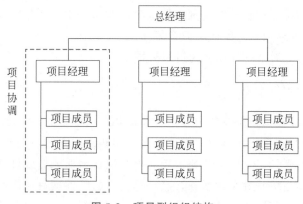

图 8-2 项目型组织结构

在项目型组织结构中,项目经理有充分的权力调动项目内外资源,权力的集中使决策的速度可以加快,整个项目的目标单一,项目组能够对客户的需要做出更快的响应,项目组内部的沟通也更加顺畅、快捷。但由于项目组对资源具有独占的权力,在项目与项目之间的资源共享方面会存在一些问题,与项目外的其他部门之间的沟通比较困难。

【例 8-1】 华为公司项目型组织结构。华为公司从 2007 年开始,就在不断地推进项目型组织结构的建设。基于此,2015 年明确"从以功能型组织结构为中心,向以项目型组织结构为中心转变"。可以看出,华为公司强调的大平台下的精兵作战,就是通过授权使指挥权向前移,减少决策的层级,实现一线"战区主战"的自主作战。

(3)矩阵型组织结构。矩阵型组织结构是职能型组织结构和项目型组织结构的混合,同时有多个规模及复杂程度不同的项目的公司,适合采用这种组织结构,如图 8-3 所示。

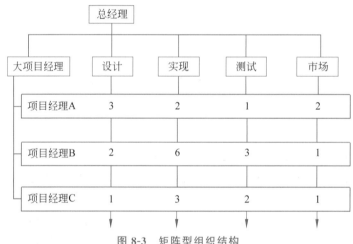

图 8-3 矩阵型组织结构

矩阵型组织结构中,以项目为中心,有专职的项目经理负责整个项目。项目团队共享各个职能部门的资源。当项目结束后,项目成员可回到原来的职能部门,减少了对项目结束后的顾虑。对公司内部和客户的要求能迅速地作出响应。同时平衡了职能经理和项目经理的权力,保证系统总体目标的实现。但也容易引起职能经理和项目经理权力的冲突,多项目共享资源会导致项目之间的资源竞争冲突。

【例 8-2】 图 8-4 为某软件项目的组织架构示意。

3. 程序设计小组的组织形式

通常认为程序设计工作是按独立方式进行的,程序人员独立地完成任务。但这并不意味着互相之间没有联系。人员之间联系的多少和联系的方式与生产率直接相关。程序设计小组内人数少,则人员之间的联系比较简单。但在增加人员数目时,相互之间的联系会复杂起来,并且不是按线性关系增长。已经进行中的软件项目在任务紧张、延误了进度的情况下,不鼓励增加新的人员给予协助。除非分配给新成员的工作是比较独立的任务,并不需要对原任务有细致了解,也没有技术细节牵连。

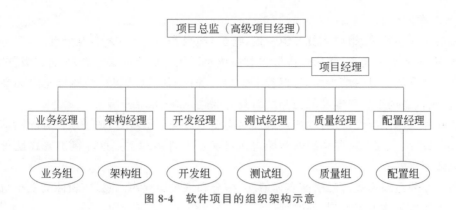

图 8-4 软件项目的组织架构示意

小组内部人员的组织形式对生产率也有影响。现有的组织形式有以下 3 种。

1) 主程序员制小组

小组的核心由一位主程序员、若干程序员、一位后援工程师及一位资料员组成。主程序员负责小组全部技术活动的计划、协调与审查工作,还负责设计和实现项目中的关键部分;程序员负责项目的具体分析与开发,以及文档资料的编写工作;后援工程师支持主程序员的工作,为主程序员提供咨询,也做部分分析、设计和实现的工作,并在必要时能代替主程序员工作。资料员负责资料的收集与管理工作。

主程序员制的开发小组突出了主程序员的领导,如图 8-5(a)所示。这种集中领导的组织形式能否取得好的效果,很大程度上取决于主程序员的技术水平和管理才能。

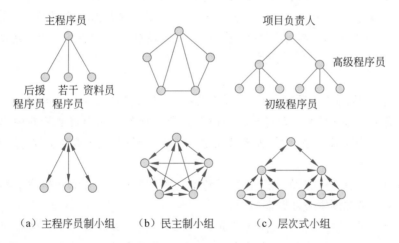

图 8-5 3 种不同的小组结构

注:该图上排的 3 种为结构形式,下排的 3 种为通信路径。

2) 民主制小组

在民主制小组中,遇到问题时组内成员之间可以平等地交换意见,如图 8-5(b)所示。这种组织形式强调发挥小组每个成员的积极性,要求每个成员充分发挥主动精神和协作精神。有人认为这种组织形式适合研制时间长、开发难度大的项目。

3) 层次式小组

在层次式小组中,组内人员分为三级,组长(项目负责人)一人负责全组工作,包括任务分配、技术评审和走查、掌握工作量和参加技术活动。他直接领导2~3名高级程序员,每位高级程序员通过基层小组,管理若干位初级程序员。这种组织结构只允许必要的人际通信,比较适用于项目本身就是层次结构的课题,如图8-5(c)所示。

在这种结构的组织中,可以把项目按功能划分成若干子项目,把子项目分配给基层小组,由基层小组完成。基层小组的领导与项目负责人直接联系。这种组织方式比较适合大型软件项目的开发。

以上3种组织形式可以根据实际情况,组合起来灵活运用。总之,软件开发小组的主要目的是发挥集体的力量进行软件研制。

【例8-3】 微软开发团队有一个非常著名的"三驾马车"组织模式,即开发人员、测试人员和产品经理组成一个团队,这是最为成功的商用软件开发模式,被很多软件企业效仿。微软公司"三驾马车"组织模式就是把一个功能相关的产品经理、测试工程师、开发工程师都放在一个办公室里,这样达到的效果就是团队的紧密沟通,敏捷开发团队的早站会就能直接在一个房间里解决。

8.1.2　项目团队建设

项目组织是由负责完成项目分解结构中的各项工作的单位、部门、人组合起来的群体,为了实现项目的总目标,各参与方临时建立了一个团队。团队中通过建立科学合理的组织制度、合理完备的组织结构,可以充分发挥团队的集体智慧和个人作用,成员齐心协力,共谋对策,整个团队加强分工协作,责任到人,使项目得以顺利进行并实现预定目标。

1. 人力资源管理

软件开发项目的工程管理过程,几乎全部是围绕人来进行的。对被管理人本身的管理,越来越成为软件领域所要讨论的核心问题。软件项目的人力资源管理内容包括角色和职责分配、人员配备管理计划、组织结构建设、制定详细人员要求的依据、项目人员绩效考核、风险防范等。

人力资源管理的重要活动是项目团队建设,团队把不同专业和性格的人结合成一个整体,团队成员的选择应遵循以下原则。

(1) 用人要少而精。在完成任务方面,小群体要比大群体有更高的效率。在利用信息处理问题方面,小群体要比大群体更好。一个项目团队的成员不应太多,而应少而精。如果项目要求人员多,应尝试将项目分成多个小组,还可以考虑采用分级的组织形式。

【例8-4】 在项目开发小组中,每年每人的平均开发效率为5000行/人,假设在沟通过程中每年每条通信路径将消耗的工作量为250行/人,那么,当开发小组只有4名开发人员时,共有6条通信线路,如图8-6(a)所示,则每年每人的平均开发效率将降为

$$5000-6\times250/4=4625(行/人)$$

而当开发小组的人员增加到6名时,共有15条通信路径,如图8-6(b)所示,每年每人

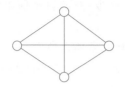
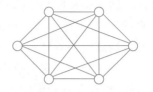

（a）4名开发人员时的通信线路　　　　（b）6名开发人员时的通信线路

图 8-6　开发小组人数、通信路径及开发效率之间的关系

的平均开发效率将继续降低为

$$5000-15\times250/6=4375(行/人)$$

（2）使任务与人员技能和动机相匹配。项目团队最需要的成员应当是具有完成项目所需要的某些特殊技能、强烈地投身于项目的愿望、善于与团队成员有效合作。

（3）强调人员之间的互补性和协调性。让每个软件开发项目成员都是编程专家是没有意义的。项目团队的成员要在技术、业务、管理和人际关系等方面具有互补性和协调性。

团队的凝聚力不仅是维持团队存在的必要条件,而且对团队潜能的发挥有重要作用。一个团体如果失去了凝聚力,就不可能完成组织赋予的任务,本身也失去了存在的条件。凝聚力对工作效率的影响与团队目标同组织目标的一致性有关。当团队与组织的目标一致时,增强凝聚力会大幅度提高工作效率。实践证明,团队的凝聚力要比个人能力和经验对工作效率的影响大。在选择团队成员时,不妨把对增强团队凝聚力的贡献作为首要标准。

2. 项目经理

项目经理(Project Manager)是项目的负责人,是项目管理的核心。项目经理对整个项目的实施、管理和控制全面负责,项目的管理水平是以项目经理的水平为基础的,项目经理的管理素质、组织能力、知识结构、经验水平、领导艺术、责任心与投入等对项目管理的成败有决定性的影响。

项目经理的主要职责:领导项目团队成员实现项目目标;作为执行项目合同的管理者,全权代表开发方与用户进行联络;以合同条款为依据,全面负责项目实施的组织领导、协调和控制,对项目的进度、费用、质量全面负责;在项目实施过程中,认真执行本组织制定的经营战略和策略,以及所制定的项目管理标准和原则。

在软件项目中,胜任开发的技术人员不一定是好的项目经理。项目经理应当克服自身局限性,努力提高自己的管理能力。如进行计划、领导、控制和评价项目,实施各项活动的能力;组织和领导项目团队的能力,并能协调与项目有关的公司内部各部门的工作;对项目实施过程中出现的问题能准确地做出判断,并能提出解决办法;对项目实施过程中潜在的问题能及时预测,并能提出预防措施;善于计划和利用自己的时间,把时间集中于处理最重要和最关键的问题上;善于沟通与用户的关系,并能处理和协调好与用户、分包单位之间的问题。

项目经理应熟悉项目管理任务,对与项目实施有关的任务有一定程度的了解,尤其是对项目实施各阶段之间的衔接和联系应做到心中有数;对项目团队中的每个岗位的职责和分工有充分的了解;拥有较深厚的项目管理工作经验。

国内外成功的项目经理的经验证明,仅有较好的素质条件只是一方面,除此之外,还应总结学习较高的项目管理技巧。这些技巧主要包括队伍建设的技巧、解决矛盾的技巧、取得项目相关人支持的技巧、资源分配的技巧。

【例 8-5】 项目经理的成功法则:了解项目管理的背景情况;将项目团队的冲突看作是工作进程中的必然现象;了解项目相关各方的情况及其需求;以身作则、勇往直前;理解"成功"的含义;建立并维持团结紧密的团队;热情和绝望都具有很强的感染力;向前看远胜于向后看;时刻牢记自己的使命;谨慎利用时间,不被时间左右;最重要的事情是提前计划、有备而行。

3. 沟通管理

沟通是为了特定的目标,在人与人之间、组织或团队之间进行的信息、思想和情感的传递或交互的过程。沟通对项目的影响往往是潜在的、深刻的和不可见的。因此,在成功的项目中,人们常常感受不到沟通所起的关键作用;而在项目失败的反思过程中,无论是重大失误还是小小的过失,一般都能够在沟通不畅的危害中找到最根本原因。

沟通在项目管理中的作用是多方面的,其中突出的有,可以改进决策过程,协调项目有效进行,有利于激励项目成员。

在项目管理中,项目经理处于沟通的中心位置,需要与各方沟通、达成共识的地方很多。在软件项目团队中,要建立良好的沟通环境,首先要梳理项目的沟通渠道。与沟通渠道相关的是必须搞清楚项目与企业、项目与用户以及项目团队内部的组织结构。

沟通管理的主要活动包括如下内容。

(1)梳理项目沟通渠道。项目采用什么样的管理模式,决定了需要沟通的模式、强度和复杂度。认识、梳理项目的组织结构是做好项目沟通的首要工作。管理模式与责权关系包括梳理项目经理与部门管理者之间的责权关系、项目经理与项目组成员之间的责权关系。

(2)培养协作精神。团队的协作精神主要表现在共同目标、承认他人价值、学会在相互配合中工作、自觉维护团队的团结。软件项目需要项目经理在项目实施过程中,时时事事培养团队的协作精神。

(3)与用户沟通。与用户沟通是项目经理的主要职责,也是项目成败的关键。在沟通前,项目经理要先组织项目组成员对要讨论的问题进行内部讨论,形成统一的意见。有时,还需要准备几套方案,确定自己的"底线"。在进行沟通时,如果需要,项目经理应根据事前讨论好的方案,当场做出决策,推动沟通、达成结果,使用户对项目组建立信心。项目经理在沟通过程中应当抱着双赢的想法,在任何矛盾前都采取积极主动的态度,争取双方都能接受的方案,避免观念定型。

(4)处理与高级管理层的关系。高级管理层发挥决策作用,授权项目运作,分配项目资源,支持协调项目开展。通过良好的沟通,项目经理可以从管理层得到指导和帮助,使管理层下放必要的权力,提供项目必需的支持。与高级管理层进行沟通也是项目正常进行的必要条件。

8.2 软件项目控制管理

软件项目控制管理是项目成功的重要保障,控制管理的对象主要包括质量管理、风险管理、文档管理、软件配置管理。

8.2.1 质量管理

软件质量反映了软件的本质,是用户和开发方共同关心的重要问题。软件本身的特点和目前软件的开发模式使隐藏在软件中的质量缺陷不可能完全避免。而从技术上解决软件质量问题的效果十分有限,还找不到任何一种软件开发技术能够从根本上防止缺陷的出现。如何有效地管理软件产品质量一直是软件企业面临的挑战。

1. 软件质量及其属性

软件度量

软件质量是指软件与明确的和隐含定义的需求相一致的程度,即软件与明确描述的功能和性能需求、文档中明确描述的开发标准以及任何专业开发的软件产品都应该具有的隐含特征相一致的程度。

上述软件质量的相关描述强调了 3 个重要的方面:①用户需求是软件质量评价的基础,不满足用户需求的软件是不能交付使用和走向市场的;②规定的标准和规范是软件开发的共同准则,不遵循这些标准和规范,就可能导致软件开发的无序和软件质量的低下;③对软件的某些要求虽未明确提出,但却是大家公认的,也应该得到满足。

软件质量包括两方面的内容,即软件过程质量与软件产品质量。软件质量属性如表 8-1 所示。

表 8-1 软件质量属性

质量属性	定 义
正确性	系统满足规格说明和优化目标的程度,即在预定环境下能正确地完成预期功能的程度
健壮性	在硬件故障、操作错误等意外情况下,系统能做出适当反应的程度
效率	为完成预定功能,系统需要的计算资源的多少
完整性	即安全性,对非法使用软件或数据,系统能够控制(禁止)的程度
可用性	对系统完成预定功能的满意程度
风险	能否按照预定成本和进度完成系统,并使用户满意的程度
可理解性	理解和使用该系统的容易程度
可修改性	诊断和改正运行时发现错误所需工作量的大小
灵活性	即适应性,修改或改进正在运行的系统所需工作量的大小

续表

质量属性	定 义
可测试性	软件易测试的程度
可移植性	改变系统的软硬件环境及配置时,所需工作量的大小
可重用性	软件在其他系统中可被再次使用的程度(或范围)
互运行性	把该系统与另一个系统结合起来所需的工作量

2. 软件项目质量管理

软件项目质量管理是确定软件质量方针、目标和职责,并在质量体系中通过诸如质量规划、质量控制、质量保证和质量改进,使质量得以实现的全部管理活动。

1）质量规划

质量规划（Quality Planning,QP）描述希望得到的产品的质量要求及其评定办法,并且定义最重要的质量属性。软件质量规划过程是确定项目应该达到的质量标准,以及决定如何满足质量标准的计划安排和方法。

以软件质量之父闻名的瓦茨·S.汉弗莱（Watts S.Humphrey）将一生的精力都投入致力解决软件开发中因管理瑕疵引起的缺陷。Humphrey 质量规划结构框架如表 8-2 所示。

表 8-2　Humphrey 质量规划结构框架

项 目	说 明
产品介绍	说明产品、产品的意向市场及对产品性质的预期
软件计划	包括产品确切的发布日期、产品责任及产品的销售和售后服务计划
过程描述	产品的开发和管理中应该采用开发和售后服务质量过程
质量目标	包括鉴定和验证产品的关键质量属性
风险管理	说明影响产品质量的主要风险和对这些风险的应对措施

2）质量控制

质量控制（Quality Control,QC）是确定项目结果与质量标准是否相符,同时确定消除不符的原因和方法,控制产品质量,及时纠正缺陷的过程。质量控制是对阶段性的成果进行检测、验证,为质量保证提供参考依据。质量控制应当贯穿项目执行的全过程。

软件质量控制包括对过程质量和产品质量的控制,其主要目的是发现和消除软件产品的缺陷。发现缺陷通过评审和测试等质量控制活动来实现,消除缺陷则通过开发人员修正缺陷来实现。另外,严格的质量控制会使开发人员对制造缺陷产生压力,因而会尽力自觉减少缺陷的产生。

软件质量控制可采用以下 4 种方法。

（1）缺陷跟踪。软件中不可能完全没有缺陷,如果对软件缺陷进行跟踪和管理,对于最终的软件质量有关键意义。缺陷跟踪,即记录和跟踪有关缺陷从发现到解决过程的工作。缺陷跟踪从需求阶段开始,一直持续到维护阶段结束。缺陷跟踪管理的意义在于确保每个被发现的缺陷都能够被解决。

（2）技术检查。技术检查是由技术专家或者开发人员来检查别人完成的工作,技术检查一般由开发团队带领,质量小组在检查过程中的角色是确保检查过程中出现的缺陷被密切跟踪并完成修改。

【例 8-6】 鱼骨图用来分析影响事物质量形成的诸要素间的因果关系。图 8-7 是缺陷分析的鱼骨图。

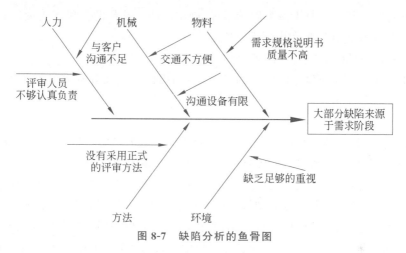

图 8-7 缺陷分析的鱼骨图

（3）源代码追踪。程序员的编码质量是软件质量的重要部分,降低代码缺陷率的一个主要方法是源代码追踪。源代码追踪主要由程序员进行,是利用开发工具的调试器,一行行追踪代码的执行情况。

（4）全过程测试。软件测试是软件质量控制中的关键活动,软件测试是软件检验与有效性验证的一部分。随着测试工程的发展,测试成为贯穿软件生命周期全过程的活动。

3）质量保证

质量保证（Quality Assurance,QA）是在质量体系中实施的全部有计划、有系统的活动,它贯穿整个项目的始终。质量保证通常由质量保证部门或担任质量保证人的角色提供。这种提供保证的对象,可以是项目管理团队和执行组织的管理层（内部质量保证）,或者是客户和其他间接涉及项目工作的其他单位（外部质量保证）。

在质量保证过程中要制定产品和过程两种类型的标准。产品标准定义了所有要提供的产品的特征,包括文档标准（如生成的需求文档的结构）,文档编写标准（如定义对象类时注释头的标准写法）,以及编码标准（规定如何使用某种程序设计语言）。过程标准定义了软件开发过程必须遵循的准则,包括描述、设计、有效性验证过程的定义,以及对在这些过程中产生的文档描述。

软件质量保证工作可以从顾客和管理者两方面来理解。从顾客观点看，注重复审和校核方法并保证一致性，其关键是需要一种客观的标准来确定并报告软件开发过程及其成果的质量，一般由软件质量保证小组完成。从管理者观点看，注重确定为了产品质量必须做些什么，并且建立管理和控制机制确保这些活动能够得到执行。

软件质量保证的关键工作有如下5方面。

（1）建立质量目标。以客户对于质量的需求为基础，对项目开发周期的各个阶段建立质量目标。

（2）定义质量度量。定义质量度量以衡量项目活动的结果，协助评价有关的质量目标是否达到。

（3）确定质量活动。对于每个质量目标，确定那些能够帮助实现该质量目标的活动，并将这些活动集成到软件生命周期模型中。

（4）执行质量活动。执行已经确定的质量活动。

（5）质量评价。在项目开发周期的各阶段，利用已经定义好的质量度量评价有关的质量目标是否达到。若质量目标没有达到，则采取修正行动。

4）质量改进

质量改进是指为提高项目的开发效率和效果而采取的措施。软件质量改进是一个不断完善的过程，包括需求规格说明无歧义，设计与需求的符合度，设计界面的详细程度，测试用例的覆盖度与广度，市场人员反馈消息的及时性，测试人员对业务流程的不断深入理解，项目负责人对整个工程进度的把握，在开发的不同阶段测试的针对性，确定每个阶段的开始和结束标志，在每个阶段进行总结，与市场等其他相关部门进行良性沟通等。

质量管理过程改进方法：把目标状态与目前状态做比较，找出差距；决定要改进差距的分阶段计划；制订具体的行动计划；执行计划，同时在执行过程中对行动计划按情况进行调整；总结本轮改进经验，开始下一轮改进。

【例8-7】 什么才是客户认可的好软件？一般来讲，客户认为好的软件是质量高、成本低、开发期限短（遵守交付期限），即质量、成本、期限（Quality，Cost，Date，QCD）3个条件都兼顾的软件，如表8-3所示。

表8-3 追求软件的QCD

类 别	期 望	说 明
质量	质量高	正确反映客户的要求；错误补丁少，无缺陷；使用方便（从初学者到熟练者）；维护性好；满足软件的质量特性（功能性、可靠性、易用性、可扩展性、维护性、可移植性）
成本	成本低	不超过经费预算计划的限度；功能适合，并满足客户要求的成本金额；维护成本低
期限	开发期限短	严格遵守预计的交货期限；开发效率高（追求速度）

3. 软件开发各阶段的质量保证

软件质量保证就是建立一套有计划、有系统的方法，来向管理层保证拟定出的标准、步骤、实践和方法能够正确地被所有项目采用。软件质量保证的主要手段是对软件产品和活动进行评审和审计，以此来验证软件是合乎标准的。

在软件开发的各个阶段实施的软件质量保证检验项目有所不同。需求分析阶段主要检测开发目的、目标值、开发量、所需资源、各阶段的产品和作业内容、开发体制等的合理性；软件设计阶段检验项目包括产品的量（计划量、实际量）、评审量、差错数、检出差错的内容、评审方法和覆盖性、出错原因、处理情况及对该阶段的影响、评审结束和阶段结束的判断标准等；实现阶段检验项目包括设计阶段的所有检验项目，还包括计算机使用时间、测试环境、测试项目设定种类、测试用例的设计方法等；验收阶段检验项目主要是说明书检查（检查与被检查程序有关的用户文档等）和程序检查（为了评价和保证程序质量，采用各种测试方法进行检查）；运行维护阶段的主要工作是掌握用户使用产品的质量情况，并及时反馈给相关部门。

8.2.2 风险管理

风险管理

软件开发存在着风险。软件风险具有不确定性，可能发生也可能不发生，但一旦风险变为现实，就会造成损失或产生恶性后果。不同的软件，风险也不相同。项目的规模越大，结构化程度越低，资源和成本等因素的不确定因素越大，承担这样的项目所冒的风险也就越大。

风险管理在软件项目管理中占有非常重要的地位。有效的风险管理可以提高项目的成功率，增加团队的健壮性，也可以帮助项目经理抓住工作重点，将主要精力集中于重大风险，将工作方式从被动救火转变为主动防范，进而预防风险。

项目风险管理就是项目管理者通过风险识别、风险评估，并以此为基础合理地使用多种管理方法、技术和手段对项目活动涉及的风险实行有效的控制，采取主动行动、创建条件，可靠地实现项目的总体目标。风险管理是保证项目成功的必要手段。

1. 风险识别与应对

软件开发项目的风险管理必须对风险进行识别。在项目早期识别风险，从而采取合适的预防措施是解决风险领域问题的关键。风险识别在项目开始时就要进行，并在项目执行过程中不断跟进。风险识别是一个反复进行的过程，随着项目的进展，新的风险可能产生或为人所知。

根据项目管理的知识领域，与各知识领域相关的可能风险条件如表 8-4 所示。

表 8-4   与项目管理各知识领域相关的可能风险条件

知识领域	风 险 条 件
整合管理	计划不充分；错误的资源配置；拙劣的整体管理；缺乏项目后评价
范围管理	工作包与范围的定义欠妥；质量要求的定义不完全；范围控制不恰当
进度管理	错误地估算时间或资源可利用性；浮动时间的分配与管理较差；相竞争的产品过早上市

续表

知识领域	风 险 条 件
成本管理	估算错误；生产率、成本、变更或应急控制不充分；维护、安全、采购等做得很差
质量管理	错误的质量观；设计/材料和手艺不符合标准；质量保证做得不够
资源管理	较差的冲突管理；表现极差的项目组织及拙劣的责任定义；缺乏领导
沟通管理	计划编制与沟通比较粗心；没有实施有效的沟通
风险管理	忽略了风险；风险分配得不清楚；差劲的风险管理
采购管理	没有实施的条件或合同条款；对抗的关系
相关方管理	缺乏与重要项目干系人的协商

根据软件项目的特点，软件项目的主要风险识别可从以下5方面开展。

（1）规模风险。项目的风险直接与项目的规模成正比，产品规模越大（代码多、功能点多、程序量大、文档数多、数据处理量大等），需求变更越多，复用软件越大，则风险增大。

（2）需求风险。软件项目最大的风险是所完成的产品不能让用户满意，而风险往往主要来源于项目需求的不确定性。如果不控制与需求相关的风险因素，那么就很有可能埋下风险隐患或者产生无法交付的产品。与需求风险相关的因素：用户对产品缺少清晰的认识，用户对产品需求缺少认同，收集和分析需求时客户参与不够，没有定义需求的优先级、不断变化需求，缺少有效的需求变更控制管理，对需求的变化缺少相关评估分析等。

（3）技术风险。软件技术的发展非常迅速，而软件公司缺乏经验丰富的员工。这意味着项目团队可能会因为技术的原因影响项目的成功。技术风险包括团队成员缺乏培训，对开发方法、工具和技术理解和掌握不够，应用领域的知识和经验不够，缺乏采用新技术的开发方法，采用不正确的开发方法，系统集成环境复杂及需要迁移的数据量庞大等。

（4）商业风险。商业风险是与管理和市场所加的约束有关的风险。与商业风险有关的因素：本产品是否得到应有的高管层重视与支持；交付期限的合理性如何；产品是否满足了用户的需求；最终用户的水平；延迟交付所造成的成本消耗；产品缺陷所造成的成本消耗；等等。

（5）管理风险。风险项目管理中的相关问题，包括计划和任务定义不够充分，不清楚项目的实施状态，不切实际的承诺，人员流动与沟通，经验丰富人员的参与度，团队的配合和员工之间的冲突，客户配合和协调，项目完工期，项目经费等。

风险识别的主要工作是识别哪些是可能影响项目进展的表象和潜在风险；对识别出的风险，描述其特性并记录下来。风险识别后，把识别的结果进行整理，形成文字，作为下一步风险分析的输入和风险管理的依据。

在风险管理中，应对风险的措施主要是规避、转移、弱化及接受。规避是通过变更项目计划消除风险或风险的触发条件，使目标免受影响；转移则是在不能消除风险的情况下，将项目风险的结果连同应对的权力转移给第三方；弱化是将风险时间的概率或结果降低到一个可以接受的程度，其中降低发生的概率更为有效；接受是不改变项目计划，而考虑发生后如何应对。

2. 风险评估

风险评估就是对识别出来的风险事件做进一步分析,对风险发生的概率进行估计和评价,对项目风险后果的严重程度进行估计和评价,对项目风险影响范围进行分析和评价,以及对项目风险发生的时间进行估计和评价。这是衡量风险概率和风险对项目目标影响程度的过程。

风险估计一般包括两方面的内容:①估计一个风险发生的可能性(概率);②与风险相关的问题出现后估计将会产生的结果(影响)。另外,要对每个风险的表现、范围、时间做出尽量准确的判断。对不同类型的风险采取不同的分析方法。

通过对风险及风险的相互作用的估算来评价项目可能结果的范围,从成本、进度及性能 3 方面对风险进行评价,确定哪些风险事件或来源可以避免,哪些可以忽略不计,哪些要采取应对措施。

风险评估的方法包括定性风险评估和定量风险评估。定性风险评估主要是针对风险概率及后果进行定性的评估。在评估概率和风险后果时可采用一些原则,如小中取大原则、大中取小原则、遗憾原则、最大数学期望原则、最大可能原则等。定量风险分析是在定性分析的逻辑基础上,给出各个风险源的风险量化指标及其发生概率,再通过一定的方法合成,得到系统风险的量化值。它是基于定性分析的数学处理过程。

3. 风险监控

风险监控就是要跟踪风险,识别剩余风险和新出现的风险,修改风险管理计划,保证风险计划的实施,并评估消减风险的效果,从而保证风险管理能达到预期的目标,它是项目实施过程中的一项重要工作。

软件项目的风险监控包括跟踪已识别风险、监控残余风险、实施风险处理计划、评估这些措施的有效性。在小的软件项目中,风险监控是项目经理的部分职责。在大的软件项目中,通常是一个质量保证工程师或计划专员会被指定为风险经理,并且专职记录新的风险,和项目经理磋商后保证风险减轻策略被实施,并在预计时间内完成。

风险监控首先应该建立风险缓解、监控和管理计划,说明风险分析的全部工作,并且作为整个项目计划的一部分为项目管理人员使用。

风险监控会带来额外的项目成本,称为风险成本。例如,培养关键技术人员的后备力量需要花费金钱和时间。因此,当通过某个风险监控步骤而得到的收益被实现,它们的成本超出时,要对风险监控部分进行评价,进行传统的成本-效益分析。

4. 软件开发风险管理

软件开发风险管理是在软件开发项目进行中不断对风险进行识别、评估,制定策略监控风险的过程,贯穿软件项目开发的始末。

软件项目,尤其是大型项目有 3 个非常重要的因素会影响整个项目的进度与质量,它们分别是人、技术和流程。

人是项目中最难预料与掌控的一项要素,人可分成两部分:一是客户;二是开发团队。技术是指软件项目所使用的开发平台,主要指开发环境及开发语言,是最容易掌握的部分。流程是指软件开发流程或项目流程,定义流程的目的是掌控所有的情况。项目的最大敌人是时间及预算,这二者都是有限的,如何在有限预算内准时完成项目,可以说是一项艺术。优秀的项目管理者不仅要掌握软件开发的技术知识,还要通晓项目管理的方法。

项目负责人可采取的风险管理措施:项目开始前应控制产生风险的原因,在项目开工后应想方设法减轻风险影响;了解导致项目开发人员变动的原因,在项目开发期间应控制上述原因,尽量减少人员的流动;在工作方法和技术上应采取适当措施,防止因人员流动给工作带来损失;项目在开发过程中应及时公布并交流项目开发的信息;建立组织机构,确定文档标准并及时生成文档;对工作进行集体复审,使多数人都能了解工作的细节,跟上工作进度;为关键技术准备后备人员。

【例 8-8】 若某开发人员在开发中途离职的概率是 70%,且离职后对项目有影响,可采取的风险监控步骤如下。

(1) 与现有人员一起探讨人员流动的原因(如工作条件差、收入低、人才市场竞争等)。

(2) 在项目开始前,把缓解这些原因的工作列入管理计划中。

(3) 当项目启动时,做好出现人员流动时的准备,采取一些方法以确保一旦人员离开项目仍能继续。

(4) 建立良好的项目组织和通信渠道,以使大家了解每个有关开发活动的信息。

(5) 制定文档标准并建立相应机制,以保证能够及时建立文档。

(6) 对所有工作组织细致的评审,使大多数人能够按计划完成自己的工作。

(7) 对每个关键性的技术人员,要培养后备人员。

8.2.3 文档管理

软件项目文档是软件项目开发中的重要组成部分。文档对于项目开发的成功和项目的正常维护起着重要的保证和支持作用。一般来讲,文档数量的多少、规模的大小、结构的复杂程度都与所开发的软件项目的规模大小和复杂程度成正比。在软件项目中,有一大部分开发成本都发生在这些文档的准备、编制过程中,项目管理者要对与项目有关的文档有足够的重视。

1. 软件文档的作用

在软件工程中,文档常常用来表示对活动、需求、过程或结果进行描述、定义、规定、报告或认证的任何书面或图示的信息。文档是软件产品的一部分。文档的编制在软件开发工作中占有突出的地位和相当大的工作量。高质量、高效率地开发、分发、管理和维护文档对于转让、变更、修正、扩充和使用文档,对于充分发挥软件产品的效益有着重要的意义。软件文档在产品的开发生产过程中起着重要的作用。

(1) 提高软件开发过程的能见度。把开发过程中发生的事件以某种可阅读的形式记录在文档中,管理人员可把这些文档作为检查软件开发进度和开发质量的依据,实现对软件开发的工程管理。

(2)提高开发效率。软件文档的编写,使得开发人员对各个阶段的工作都进行周密思考、全盘权衡,从而减少返工,并且可在开发早期发现错误和不一致性,便于及时加以纠正。

(3)工作标志与记录。作为开发人员在一定阶段的工作成果和结束标志。记录开发过程中的有关信息,便于协调以后的软件开发、使用和维护。

(4)便于协作与交流。提供对软件的运行、维护和对软件人员进行培训的有关信息,便于管理人员、开发人员、操作人员、用户之间的协作、交流和了解,使软件开发活动更科学、更有成效。便于潜在用户了解软件的功能、性能等各项指标,为他们选购符合自己需要的软件提供依据。

从某种意义上,文档是软件开发规范的体现和指南。按规范要求生成一整套文档的过程,就是按照软件开发规范完成一个软件开发的过程。所以,在使用工程化的原理和方法来指导软件的开发和维护时,应当充分注意软件文档的编写和管理。

2. 软件文档的分类

按照文档产生和使用的范围,软件文档可分为以下4类。

(1)开发文档。开发文档是在软件开发过程中,作为软件开发人员前一阶段工作成果的体现和后一阶段工作依据的文档,包括可行性研究报告、软件需求说明、数据要求说明、概要设计说明、详细设计说明、数据库设计说明等。

(2)管理文档。管理文档是在软件开发过程中,由软件开发人员制订的需提交开发人员的一些工作计划或工作报告,使管理人员能够通过这些文档了解软件开发项目安排、进度、资源使用和成果等,包括项目开发计划、测试计划、测试分析报告、开发进度月报、模块开发卷宗及项目开发总结等。

(3)用户文档。用户文档是软件开发人员为用户准备的有关该软件使用、操作、维护的资料,包括用户手册、操作手册、维护修改建议等。

(4)过程文档。过程文档是根据需要为数据中心或其他科技人员准备的文档,如版本安装资料、软件测试资料,各种记录文档(如与客户交流往来的记录、会议记录、审查记录)以及客户反馈文档(如客户对产品的意见)等。

根据软件项目规模选择需要编制的项目文档,如表 8-5 所示。

表 8-5 软件项目规模及其文档

小规模软件	中规模软件	大规模软件
软件需求与开发计划	项目开发计划	可行性研究报告
		项目开发计划
	软件需求说明	软件需求说明
		数据要求说明
	测试计划	测试计划

续表

小规模软件	中规模软件	大规模软件
软件设计说明	软件设计说明	概要设计说明
		详细设计说明
		数据库设计说明
使用说明	使用说明	用户手册
		操作手册
测试分析报告	模块开发卷宗	模块开发卷宗
	测试分析报告	测试分析报告
项目开发总结	开发进度月报	开发进度月报
	项目开发总结	项目开发总结

3. 文档的管理与维护

在整个软件生命周期中,各种文档作为半成品或是最终成品,会不断地生成、修改或补充。为了最终得到高质量的产品,达到提出质量的要求,必须加强对文档的管理。

文档管理和维护需要注意的事项:软件开发小组应设一位文档保管人员,负责集中保管本项目已有文档的两套主文本(两套主文本内容完全一致,其中的一套可按一定手续办理借阅);软件开发小组的成员可根据工作需要在自己手中保存一些个人文档;开发人员个人只保存主文本中与其工作相关的部分文档;在新文档取代了旧文档时,管理人员应及时注销旧文档;在文档内容有变动时,管理人员应随时修订主文本,使其及时反映更新了的内容;在软件开发过程中,可能发现需要修改已完成的文档,特别是规模较大的项目,主文本的修改必须特别谨慎,修改以前要充分估计修改可能带来的影响,并且要按照提议、评议、审核、批准和实施等步骤加以严格的控制;项目开发结束时,文档管理人员应收回开发人员的个人文档,发现个人文档与主文本有差别时,应立即着手解决。

8.2.4 软件配置管理

软件管理配置是对软件开发进行管理的一套办法和活动准则。它通过对软件系统进行特定的表示来实现软件配置的系统更改,并在软件的整个生命周期中维护其配置的完整性和跟踪性。

软件配置管理的基本目标:软件配置管理活动被定义和计划;软件开发过程中的工作成果被识别、控制和管理;对于处于配置管理下的项目文档的修改被控制;与软件成果相关的项目组和成员应该被通知工作产品的目前状态和被修改的信息。

软件配置管理的角色主要包括高层经理、变更控制委员会(Change Control Board,CCB)、业务经理、项目经理、开发项目组、测试工程师以及配置管理工程师等。

1. 软件配置管理的概念

软件配置管理(Software Configuration Management,SCM)是用来标识、组织和控制软件系统的一种技术,其主要目的是降低软件错误,提高生产效率。软件配置管理是一套科学的管理规范,是对软件进行更改的一个关键支持过程。它贯穿整个软件生命周期,用于控制软件在其生命周期内的改变并减少这种改变对软件造成的影响,最终确保软件产品的质量。

软件配置管理所涉及的主要内容:对系统中的标识项进行标识和定义,同时制定与其相关的基线;控制软件系统中的配置项,或是对其配置项进行变更;记录软件系统中软件配置项的运行状态和修改请求。

1)软件配置项

软件配置项(Software Configuration Item,SCI)是指软件配置管理的对象。一个软件配置项是一个特定的、可文档化的工作产品集,其产品由生命周期产生或使用,每个项目的配置项可能有所不同。软件配置项的识别是配置管理活动的基础,也是制订配置管理计划的重要内容。表8-6列出软件配置项的分类、特征与举例。

表 8-6 软件配置项的分类、特征与举例

分 类	特 征	举 例
环境类	软件开发环境及软件维护环境	编译器、操作系统、编辑器、数据库管理系统、开发工具、项目管理工具、文档编辑工具
定义类	需求分析及定义阶段完成后得到的工作产品	软件需求规格说明书、项目开发计划、设计标准或设计准则、验收测试计划
设计类	设计阶段结束后得到的产品	系统设计规格说明、程序规格说明、数据库设计、编码标准、用户界面设计、测试标准、系统测试计划、用户手册
编码类	编码及单元测试后得到的工作产品	源代码、目标码、单元测试数据及单元测试结果
测试类	系统测试完成后的工作产品	系统测试数据、系统测试结果、操作手册、安装手册
维护类	进入维护阶段以后产生的工作产品	以上任何需要变更的软件配置项

2)版本

软件版本包含两种不同含义:①为满足不同用户的不同使用要求,如适用于不同运行环境或不同平台的系列产品;②软件产品投入使用以后,经过一段时间运行提出了变更的要求,需要做较大修正或纠错,增强功能或提高性能。在软件开发过程中,对每个受控的程序和文档都标有版本号,其目的是更清楚地辨别程序和文档的修订情况。在配置管理中,配置项文件在发生变更后保存的是形成该文件的新版本,与原有版本同时存在,并不是覆盖原有的文档,这样有利于对文档的查询。

表 8-7 列出了常见的软件版本。

表 8-7　常见的软件版本

版　　本	名　　称	作　　用
Alpha 版	内部测试版	内部测试
Beta 版	外部测试版	典型性用户的外部测试
Demo 版	演示版	演示部分功能，为发售造势
Enhanced 版	增强版或加强版	增加新功能、新游戏场景的正式发售版本
Free 版	自由版	没有版权，免费给大家使用的版本
Full Version 版	完全版	最终正式发售的版本
Shareware 版	共享版	为吸引客户，带限制的版本
Release 版	发行版	进行了各种优化，以便用户很好地使用

【例 8-9】　常见的版本命名规则有 3 种，即 GNU 风格、Windows 风格和 Net.Framework 风格的版本号命名格式。

GNU 风格的版本号命名格式：

主版本号.子版本号[.修正版本号 build-[编译版本号]]

如 1.2、1.2.0、1.2.0 build-12341。

Windows 风格的版本号命名格式：

主版本号.子版本号[修正版本号[.编译版本号]]

如 1.21、2.0。

Net.Framework 风格的版本号命名格式：

主版本号.子版本号[.编译版本号[.修正版本号]]

如 4、4.5、4.6。

2. 软件配置管理的实施

软件配置管理涉及软件组织中每天的开发和维护工作。在软件开发的整个生命周期中，软件的变更都要被识别、控制和管理。软件配置管理的实施主要包括制订软件配置管理计划、搭建软件配置管理环境、配置管理（配置标识、版本控制、变更控制、配置状态报告）、配置管理审计等，如图 8-8 所示。

（1）制订软件配置管理计划。管理计划是一个软件项目进行配置管理的前提，管理活动正是在此计划的引导下开展的。否则，软件配置管理在实施的工程中将会出现过程混乱，进而影响到软件项目的顺利开展，所以说软件配置管理计划不但能够保证软件配置管理的顺利实施，同时它还是软件配置管理测试的基础。

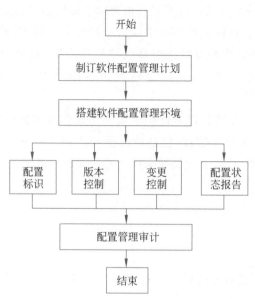

图 8-8 软件配置管理的实施过程示意图

（2）搭建软件配置管理环境。搭建软件配置管理环境的两个必要条件是管理工具和管理系统。其中软件配置管理系统在构建时需要运用到与该软件相关的数据库技术和文件管理技术，此系统建立时采用客户机/处理器结构，并充分运用网络这一管理工具来实现。在建立软件管理系统时，客户端的功能设置中包含开发库、受控库和产品库，通过这3个数据库的建立来保证软件配置项在不同的测试阶段存储于不同的库中。

（3）配置标识。配置标识既是软件配置管理中的基础，又是软件配置管理的重要组成部分。在对软件项目进行配置项管理时，其操作都会受到严格的管理，其管理过程中不同类型的基线都设置有一定的权限，所以测试人员要根据个人权限管理相应的基线。在软件管理中配置标识主要用于标识系统中被测试样品、工具、文档以及记录报告的类型和名称。

（4）版本控制。软件配置管理活动的核心内容便是版本控制。在对软件进行管理时，软件配置管理系统中的管理对象在测评过程中所产生的内容和数据都会以文档的形式进行保存，保存时系统会对其进行版本标识。而且在此软件当中新旧两个版本同时存在，这样便于文档的查找。而对于配置管理系统中的基线控制项，需要根据基线的保密程度以及其存在的位置设置相应的访问权限，以保证软件使用的安全性。

【例 8-10】 随着软件工程的推进，软件系统的版本不断更新。可将不断变更的版本进行编号，在哪种版本的基础上改动不大时，就在这种版本号的后面加点号和序号；改动较大时，版本序号变大。例如，版本 1.0、版本 1.1、版本 1.1.1、版本 1.1.2；版本 1.2、版本 1.3、版本 1.4；版本 2.0、版本 2.1；等等。每种版本是在哪个版本的基础上，做了何种变动等都要加以详细记录。

（5）变更控制。在对软件进行管理测评时会发生变更现象，产生此现象的原因包含两方面：①被测试件出现问题，此时需要对原有的软件系统进行改进，因此便需要对其进行变更；②变更后的软件系统其形成的文档也要随之做出相应的变更管理。

（6）配置状态报告。软件配置管理中设置有配置状态报告，此配置状态报告的设置主要是用于发现和报告软件配置管理中基线的变化情况，通过对此状态报告的观察为测试人员提供可靠的参考依据，并通过对此报告的分析来加强对软件项目的配置管理。

（7）配置管理审计。配置管理审计的主要作用是作为变更控制的补充手段，来确保某个变更需求已被切实执行和实现，包括验证配置标识是否唯一、版本是否得到有效控制、变更控制是否符合规定，以及配置状态报告是否及时有效地报告基线状态等。

习题 8

一、选择题

小结

1. 组织结构中按职能划分的模式是指将参加开发项目的软件人员按（　　　）划分为若干小组。

    A. 课题　　　　　　　　　　　　　B. 能力

    C. 任务的工作阶段　　　　　　　　D. 资历

2. 下列关于软件项目团队人员配备的说法错误的是（　　　）。

    A. 合理配备人员需要按不同阶段适时任用人员

    B. 恒定的配备人员，会对人力资源造成很大浪费

    C. 在开发的过程中，需要的人力随开发的进展逐渐增加，在维护阶段达到高峰

    D. 合理地配备人员，是成功完成软件项目的保证

3. 在软件项目管理过程中，一个关键的活动是（　　　），它是软件开发项目工作的第一步。

    A. 编写设计说明书　　　　　　　　B. 编写测试计划

    C. 编写需求说明书　　　　　　　　D. 编写项目计划

4. 一个软件项目是否开发，从经济上说是否可行，归根结底取决于（　　　）。

    A. 成本的估算　　　B. 项目的计划　　　C. 工程管理　　　D. 工程网络图

5. 在软件项目管理活动中，根据（　　　）开展软件项目的质量管理活动。

    A. 质量管理目标　　　　　　　　　B. 质量管理计划

    C. 质量保证计划　　　　　　　　　D. 质量管理过程

6. 质量成本不包括（　　　）。

    A. 预防成本　　　B. 固定成本　　　C. 评估成本　　　D. 失效成本

7. 下列关于风险的叙述不正确的是（　　　）。

    A. 风险是指可能发生的事件

    B. 风险是指一定会发生的事件

    C. 风险是会带来损失的事件

D. 可能对风险进行干预,以减少损失的事件

8. 以下关于风险管理的叙述中,不正确的是(　　)。

A. 仅根据风险产生的后果来对风险排优先级

B. 可以通过改变系统性能或功能需求来避免某些风险

C. 不可能去除所有风险,但可以通过采取行动来降低或者减轻风险

D. 在项目开发过程中,需要定期评估和管理风险

9. 以下关于软件系统文档的叙述中,错误的是(　　)。

A. 软件系统文档既包括有一定格式要求的规范文档,又包括系统建设过程中的各
种来往文件、会议纪要、会计单据等资料形成的不规范文档

B. 软件系统文档可以提高软件开发的可见度

C. 软件系统文档不能提高软件开发效率

D. 软件系统文档便于用户理解软件的功能、性能等各项指标

10. 下列选项关于开发文档的重要性说法不正确的是(　　)。

A. 文档是管理信息系统建设中反映系统结构、功能、开发过程的记录

B. 整个系统的开发只要有一个完整的文档即可,不需要各个阶段都建立文档

C. 文档是软件系统开发组内各类人员之间及组内外的通信依据

D. 文档可以用在各方面,如表达用户需求、制定总体方案等

11. 版本管理是对系统不同的版本进行(　　)的过程。

A. 标识与跟踪　　B. 标识变更　　　　C. 发布变更　　　　D. 控制变更

12. 在软件配置管理活动的验证中,(　　)是必要的。

A. 上级管理部门定期评审软件配置管理活动

B. 项目负责人定期或根据实际需要随时评审软件配置管理活动

C. 软件配置管理组定期审核软件基线,以验证它们与文档定义的一致性

D. 软件质量保证组评审和审核软件配置管理活动及工作产品

二、填空题

1. 组织结构通常有 3 种模式可供选择,分别是按课题划分的模式、按职能划分的模
式和_____。

2. _____是项目的领导人,在项目管理中起着战略性的作用。

3. 在一个软件开发的过程中,要自始至终得到_____的密切合作与支持。

4. 软件质量与软件的内部特性及其组合有关,要度量软件质量,就应根据这些内部
特性(即软件属性)建立起_____,进而构建软件质量度量体系。

5. 在质量保证过程中要制定_____两种类型的标准。

6. _____是指为了使软件产品和服务质量能满足不断更新的市场与客户的质量
要求而开展的各项活动。

7. 质量改进是指为提高软件项目开发的_____而采取的措施。

8. 风险评估一般包含两方面的内容:一是风险发生的_____;二是风险发生后预
计产生的影响。

9. 软件开发规范的体现和指南是_____。

10. 按照文档产生和_____,软件文档大致可分为3类,即开发文档、管理文档和用户文档。

11. 能够协调软件开发,使得混乱减少到最小的方法是使用_____。

12. 软件开发过程中,严格控制变更,保留变更的有关信息,这种管理是由_____来完成的。

三、思考题

1. 软件项目管理解决的核心问题是什么?

2. 项目组织结构的模式有哪些?各有何特点?

3. 项目经理的主要职责有哪些?

4. 沟通在项目管理中有何作用?沟通管理有哪些主要活动?

5. 什么是项目质量?项目质量管理包括哪些活动?

6. 软件质量保证的关键工作有哪些方面?

7. 什么是项目风险?可以从哪些方面识别风险?

8. 什么是文档?软件文档有什么作用?

9. 什么是配置管理?它的任务是什么?

10. 什么是版本控制管理?其作用是什么?

四、实践题

1. 假设自己被指定为项目负责人,任务是开发一个应用系统,该系统类似于自己的小组以前做过的那些系统,但是规模更大且更复杂一些。用户已经写出了完整的需求文档,应选用哪种项目组结构?为什么?提出拟采用的软件过程模型,并说明理由。

2. 分析影响软件质量的主要因素。

3. 风险列表是项目风险的分析工具,按下列格式,写出你认为在软件开发过程中需要关注的风险(至少5项)。

任　　务	可能的风险	产生的阶段	产生的原因	避免的措施	发生后的处理

4. 在一个正在实施的系统集成项目中出现下述情况,一个系统的用户向他认识的一个系统开发人员抱怨系统软件中的一项功能问题,并且表示希望能够修改。于是,该开发人员就直接对系统软件进行了修改,解决了该问题,针对这种情况,分析如下问题。

(1) 说明上述情况中存在哪些问题?

(2) 说明上述情况会导致什么样的结果?

(3) 说明配置管理中完整的变更处理流程。

5. 什么样的文档是高质量的软件文档?分析一套高质量的软件文档体系一般具有

的共同特性。

6. 有一个软件开发人员说,自从公司严格执行项目管理后,产品质量没有明显提高,进度倒是延误了,成本也增加了,人们除了学会一堆概念外,并没有得到实质性的好处。试分析其中的原因。

7. 编制公选课管理系统(GXKS)的配置管理方案。

8. 对公选课管理系统(GXKS)项目开发过程的文档列表,并整理所有文档。

附录 A　软件开发文档参考规范

A.1　可行性研究报告

1　引言

1.1　编写目的
说明编写报告的目的,指出预期的读者。

1.2　背景
说明软件系统开发背景。

(1) 建议开发的软件系统的名称。

(2) 本项目的任务提出者、开发者、用户及实现该软件的环境。

(3) 该软件系统同其他系统或其他机构的相关关系。

1.3　定义
列出本文件中用到的专业术语的定义和外文首字母组词的原词组。

1.4　参考资料
列出相关参考资料。

(1) 经核准的本项目的计划任务书或合同、上级机关的批文。

(2) 属于本项目的其他已发表的文件。

(3) 本文件中各处引用的文件资料,包括需用到的软件开发标准。列出这些文件资料的标题、文件编号、发表日期和出版单位,说明这些文件资料的来源。

2　可行性研究的前提

说明对所建议的开发项目进行可行性研究的前提,如要求、目标、假定、限制等。

2.1　要求
说明对所建议开发的软件系统的基本要求。

(1) 功能。

(2) 性能。

(3) 输出,如报告、文件或数据,对每项输出要说明其特征,如用途、产生频度、接口以及分发对象。

(4) 系统的输入,包括数据的来源、类型、数量、数据的组织以及提供的频度。

(5) 处理流程和数据流程,用图表的方式表示出最基本的数据流程和处理流程,并辅以相关说明。

(6) 在安全与保密方面的要求。

（7）与本系统相连接的其他系统。

（8）完成期限。

2.2 目标

说明所建议系统的主要开发目标。

（1）人力与设备费用的减少。

（2）处理速度的提高。

（3）控制精度或生产能力的提高。

（4）管理信息服务的改进。

（5）自动决策系统的改进。

（6）人员利用率的改进。

2.3 条件、假定和限制

说明这项开发中的条件、假定和所受到的限制。

（1）建议系统的运行寿命的最小值。

（2）进行系统方案选择的时间。

（3）经费、投资方面的来源和限制。

（4）法律和政策方面的限制。

（5）硬件、软件、运行环境和开发环境方面的条件和限制。

（6）可利用的信息和资源。

（7）系统投入使用的最晚时间。

2.4 进行可行性研究的方法

说明可行性研究将是如何进行的，所建议的系统将是如何评价的。简要说明所使用的基本方法和策略，如调查、确定模型、建立基准点或仿真等。

2.5 评价尺度

说明对系统进行评价时所使用的主要尺度，如费用的多少、各项功能的优先次序、开发时间的长短及使用中的难易程度。

3 对现有系统的分析

分析现有系统的目的是进一步阐明建议开发新系统或修改现有系统的必要性。

3.1 处理流程和数据流程

说明现有系统的基本处理流程和数据流程，可用图表的形式表示，并加以叙述。

3.2 工作负荷

列出现有系统所承担的工作及工作量。

3.3 费用开支

列出由于运行现有系统所引起的费用开支，如人力、设备、空间、支持性服务、材料等的开支以及开支总额。

3.4 人员

列出现有系统的运行和维护所需要的人员的专业技术类型和数量。

3.5 设备

列出现有系统所使用的各种设备。

3.6 局限性

列出现有系统的主要局限性,如处理时间赶不上需要、响应不及时、数据存储能力不足、处理功能不够等,并要说明为什么对现有系统的改进性维护已经不能解决上述问题。

4 所建议的系统

用于说明将如何达到所建议的系统的目标和要求。

4.1 对所建议系统的说明

概括地说明所建议的系统,并说明在"2.1 要求"中列出的那些要求将如何实现,及其使用的基本方法和理论根据。

4.2 处理流程和数据流程

给出所建议的系统的处理流程和数据流程。

4.3 改进之处

按"2.2 目标"中列出的目标,逐项说明所建议的系统相对于现有系统进行了哪些改进。

4.4 影响

说明在建立所建议的系统时,预期将带来的影响。

4.4.1 对设备的影响

说明新提出的设备要求及对现有系统中尚可使用的设备需做出的修改。

4.4.2 对软件的影响

说明为了使现有的应用软件和支持软件能够同所建议的系统相适应,而需要对这些软件进行的修改和补充。

4.4.3 对用户单位机构的要求

说明为了建立和运行所建议的系统,对用户单位机构、人员的数量和技术水平等方面的要求。

4.4.4 对系统运行过程的影响

说明所建议的系统对运行过程的影响。

(1)用户的操作规程。

(2)运行中心的操作规程。

(3)运行中心与用户之间的关系。

(4)源数据的处理。

(5)数据进入系统的过程。

(6)对数据保存的要求,对数据存储、恢复的处理。

(7)输出报告的处理过程,存储媒体和调试方法。

(8)系统失效的后果及恢复处理办法。

4.4.5 对开发的影响

说明所建议的系统对开发的影响。

（1）为了支持所建议系统的开发，用户需要进行的工作。

（2）为了建立一个数据库所需要的数据资源。

（3）为了开发和测试所建议系统而需要的计算机资源。

（4）涉及的保密与安全问题。

4.4.6　对地点和设施的影响

说明对建筑物改造的要求及对环境设施的要求。

4.4.7　对经费开支的要求

简要说明所建议的系统的开发、设计和维持运行需要的各项经费开支。

4.5　局限性

说明所建议的系统尚存在的局限性以及这些问题未能消除的原因。

4.6　技术条件方面的可行性

说明技术条件方面的可行性。

（1）在当前的限制条件下，该系统的功能目标能否达到。

（2）利用现有的技术，该系统的功能能否实现。

（3）对开发人员的数量和质量的要求，并说明这些要求能否满足。

（4）在规定的期限内，本系统的开发能否完成。

5　可选择的其他系统方案

简要说明曾考虑过的每种可选择的系统方案，包括需开发的和可直接购买的，如果没有可供选择的系统方案，则说明这一点。

5.1　可选择的系统方案 1

参照"4 所建议的系统"的提纲，说明可选择的系统方案 1，并说明它未选中的理由。

5.2　可选择的系统方案 2

按"5.1 可选择的系统方案 1"的方式说明第二个乃至第 n 个可选择的系统方案。

6　投资及效益分析

6.1　支出

说明选择的方案所需的费用。如果已有一个现有系统，则包括该系统继续运行期间所需的费用。

6.1.1　基本建设投资

列出基本建设投资，包括采购、开发和安装下列各项所需的费用。

（1）房屋和设施。

（2）数据通信设备。

（3）环境保护设备。

（4）安全与保密设备。

（5）操作系统软件和应用软件。

（6）数据库管理软件。

6.1.2　其他一次性支出

列出其他一次性支出,包括下列各项所需的费用。

(1) 需求和设计的研究。

(2) 开发计划与测量基准的研究。

(3) 数据库的建立。

(4) 软件的转换。

(5) 检查费用和技术管理费用。

(6) 培训费、差旅费以及软件安装所需要的一次性支出。

(7) 人员的变动费用等。

6.1.3　非一次性支出

列出在该系统生命周期内按月、季或年支出的用于运行和维护的费用。

(1) 设备的租金和维护费用。

(2) 软件的租金和维护费用。

(3) 数据通信方面的租金和维护费用。

(4) 人员的工资、奖金。

(5) 房屋、空间的使用开支。

(6) 公用设施方面的开支。

(7) 安全保密方面的开支。

(8) 其他经常性的支出等。

6.2　收益

说明选择的方案能够带来的收益,这里所说的收益表现为开支费用的减少或避免,差错的减少,灵活性的增加,运行速度的提高和管理计划方面的改进等。

6.2.1　一次性收益

说明能够直接计算的一次性收益,可按数据处理、用户、管理和支持等项分类叙述。

(1) 开支的缩减(包括改进了的系统的运行所引起的开支缩减),如资源要求的减少,运行效率的改进,数据进入、存储和恢复技术的改进,系统性能的可监控,软件的转换和优化,数据压缩技术的采用,处理的集中化/分布化等。

(2) 价值的提升(包括由于一个应用系统的使用价值的提升所引起的收益),如资源利用的改进,管理和运行效率的改进,以及出错率的降低等。

(3) 其他,如对多余设备出售/回收的收入等。

6.2.2　非一次性收益

说明在整个系统生命周期内由于运行所建议的系统而获得的按月、年直接计算的收益,包括开支的减少和避免。

6.2.3　不可定量的收益

逐项列出无法直接计算的收益,如服务的改进,由操作失误引起的风险的减少,信息掌握情况的改进,组织机构形象的改善等。有些不可精确计算的收益只能大概估计或进行极值估计(按最好和最差情况估计)。

6.3 收益/投资比

计算出整个系统生命周期的收益/投资比值。

6.4 投资回收周期

计算出收益的累计数开始超过支出累计数的时间。

6.5 敏感性分析

所谓敏感性分析,是指一些关键性因素,如系统生命周期长度、系统的工作负荷量、工作负荷的类型、处理速度要求、设备和软件的配置等变化时,对开支和收益影响最敏感的范围进行的估计。

7 社会因素方面的可行性

说明对社会因素方面进行可行性分析的结果。

7.1 法律方面的可行性

法律方面的可行性问题很多,如合同责任、侵犯专利权、侵犯版权等方面的陷阱,软件人员通常不熟悉,有可能陷入,务必要注意研究。

7.2 使用方面的可行性

使用方面的可行性主要从用户单位的行政管理、工作制度等方面来考虑,是否能够使用该软件系统;从用户单位工作人员的素质考虑,是否能满足该软件系统的使用要求等。

8 结论

在进行可行性研究报告的编制时,必须有一个研究的结论。结论可以是如下内容。

(1) 可以立即开始进行。

(2) 需要推迟到某些条件(如资金、人力、设备等)落实之后才能开始进行。

(3) 需要对开发目标进行某些修改之后才能开始进行。

(4) 不能进行或不必进行(如因技术不成熟、经济上不合算等)。

A.2 项目开发计划

1 引言

1.1 编写目的

说明编写这份软件项目开发计划的目的,并列出预期的读者。

1.2 背景

说明软件系统开发背景。

(1) 待开发的软件系统的名称。

(2) 本项目的任务提出者、开发者、用户及实现该软件的计算中心或计算机网络。

(3) 该软件系统同其他系统或其他机构的基本往来关系。

1.3 定义

列出本文件中用到的专门术语的定义和外文首字母组词的原词组。

1.4　参考资料

列出相关参考资料。

（1）经核准的本项目的计划任务书和合同、上级机关的批文。

（2）属于本项目的其他已发表的文件。

（3）本文件中引用的文件资料,包括所要用到的软件开发标准。列出这些文题、文件编号、发表日期和出版单位,说明这些文件资料的来源。

2　项目概述

2.1　工作内容

简要说明在本项目的开发中需进行的各项主要工作。

2.2　主要参加人员

简要说明参加本项目开发的主要人员的情况,包括他们的技术水平。

2.3　产品

2.3.1　程序

列出需移交给用户的程序的名称、所用的编程语言及存储程序的媒体形式,相关文件,逐项说明其功能和能力。

2.3.2　文件

列出需移交用户的各种文件的名称及主要内容。

2.3.3　服务

列出需向用户提供的各项服务,如培训、维护和运行支持等,应逐项规定开始日期、所提供支持的级别和服务的期限。

2.3.4　非移交的产品

说明开发部门应向本单位交出但不必向用户移交的产品(文件甚至某些程序)。

2.4　验收标准

对于上述这些应提供的产品和服务,逐项说明或引用资料说明其验收标准。

2.5　完成项目的最迟期限

2.6　本计划的批准者和批准日期

3　实施计划

3.1　工作任务的分解与人员分工

对于项目开发中需要完成的各项工作,从需求分析、设计、实现、测试直到维护,包括文件的编制、审批、打印、分发工作,用户培训工作,软件安装工作等,按层次进行分解,指明每项任务的负责人和参加人员。

3.2　接口人员

说明负责接口工作的人员及其职责。

（1）负责本项目同用户接口的人员。

（2）负责本项目同本单位各管理机构,如合同计划管理部门、财务部门、质量管理部门等接口的人员。

（3）负责本项目同各合同负责单位接口的人员等。

3.3　进度

对于需求分析、设计、编码实现、测试、移交、培训和安装等工作,给出每项工作任务的预定开始日期、完成日期及所需资源,规定各项工作任务完成的先后顺序以及表征每项工作任务完成的标志性事件(即里程碑)。

3.4　预算

逐项列出本开发项目所需要的劳务(包括人员的数量和工时)以及经费的预算(包括办公费、差旅费、资料费、通信设备和专用设备的租金等)和来源。

3.5　关键问题

逐项列出能够影响整个项目成败的关键问题、技术难点和风险,指出这些问题对项目的影响。

4　支持条件

说明为支持本项目的开发所需要的各种条件和设施。

4.1　计算机系统支持

逐项列出软件开发和运行时所需的计算机系统支持,包括计算机、外部设备、通信设备、模拟器、编译(或汇编)程序、操作系统、数据管理程序包、数据存储能力和测试支持能力等,逐项提出有关到货日期、使用时间的要求。

4.2　需由用户承担的工作

逐项列出需要用户承担的工作和完成期限,包括需由用户提供的条件及提供时间。

4.3　由外单位提供的条件

逐项列出需要由外单位提供的条件和提供时间。

5　专题计划要点

说明本项目开发中需制订的各个专题计划(如分合同计划、开发人员培训计划、测试计划、安全保密计划、质量保证计划、风险管理计划、配置管理计划、用户培训计划、系统安装计划等)的要点。

A.3　软件需求说明书

1　引言

1.1　编写目的

说明编写这份软件需求说明书的目的,指出预期的读者。

1.2　背景

说明软件系统开发背景。

（1）待开发的软件系统的名称。

（2）本项目的任务提出者、开发者、用户及实现该软件的计算中心或计算机网络。

（3）该软件系统同其他系统或其他机构的基本往来关系。

1.3 定义

列出本文件中用到的专门术语的定义和外文首字母组词的原词组。

1.4 参考资料

列出相关参考资料。

（1）经核准的本项目的计划任务书或合同、上级机关的批文。

（2）属于本项目的其他已发表的文件。

（3）本文件中各处引用的文件资料，包括所要用到的软件开发标准。列出这些文件资料的标题、文件编号、发表日期和出版单位，说明这些文件资料的来源。

2 任务概述

2.1 目标

说明此软件开发项目的意图、应用目标、作用范围，以及其他应向读者说明的有关该软件开发项目的背景材料。如果本软件产品是独立的且全部内容自含，解释被开发软件与其他相关软件之间的关系；如果所定义的产品是一个更大系统的一个组成部分，则说明本产品与该系统中其他各组成部分之间的关系，说明该系统的组成和本产品同其他各部分的联系和接口。

2.2 用户的特点

列出本软件的最终用户的特点，充分说明操作人员、维护人员的教育水平和技术专长，以及本软件的预期使用频度，这些是软件设计工作的重要约束。

2.3 假定和约束

列出进行本软件开发工作的假定和约束，如经费限制、开发期限等。

3 需求规定

3.1 对功能的规定

用列表的方式逐项定量和定性地叙述对软件提出的功能要求，说明输入什么数据，经怎样的处理，得到什么输出，说明软件应支持的终端数和并行操作的用户数。

3.2 对性能的规定

3.2.1 精度

说明对该软件的输入、输出数据精度的要求，可能包括数据传输过程中的精度。

3.2.2 时间特性要求

说明对该软件的时间特性要求。

（1）响应时间。

（2）更新处理时间。

（3）数据的转换和传送时间。

（4）解题时间。

3.2.3 灵活性

说明对该软件的灵活性的要求，即当需求发生某些变化时，该软件对这些变化的适应能力。

（1）操作方式的变化。

（2）运行环境的变化。

（3）同其他软件的接口的变化。

（4）精度和有效时限的变化。

（5）计划的变化或改进。

对于为了提供这些灵活性而专门设计的部分应加以注明。

3.3 输入输出要求

解释各输入输出数据的类型，并逐项说明其媒体、格式、数值范围、精度等。对软件的数据输出及必须标明的控制输出量进行解释并举例，包括对应复制报告（正常结果输出、状态输出及异常输出）以及图形或显示报告的描述。

3.4 数据管理能力要求

说明需要管理的文件和记录的个数、表和文件的规模大小，要按可预见的增长对数据及其分量的存储要求做出估算。

3.5 故障处理要求

列出可能的软件、硬件故障以及对各项性能产生的后果和对故障处理的要求。

3.6 其他专门要求

用户单位对安全保密的要求，对易用性、可维护性、可补充性、易读性、可靠性、运行环境可转换性的要求等。

4 运行环境规定

4.1 设备

列出运行该软件所需的硬件设备，说明其中的新型设备及其特有功能。

（1）处理器型号及内存容量。

（2）外存容量、联机或脱机、媒体及其存储格式、设备的型号及数量。

（3）输入及输出设备的型号和数量、联机或脱机。

（4）数据通信设备的型号和数量。

（5）功能键及其他专用硬件。

4.2 支持软件

列出支持软件，包括要用到的操作系统、编译（或汇编）程序、测试支持软件等。

4.3 接口

说明该软件与其他软件的接口、数据通信协议等。

4.4 控制

说明控制该软件运行的方法和控制信号，并说明这些控制信号的来源。

A.4　概要设计说明书

1　引言

1.1　编写目的
说明编写这份概要设计说明书的目的,指出预期的读者。

1.2　背景
说明软件系统开发背景。
(1) 待开发软件系统的名称。
(2) 列出此项目的任务提出者、开发者、用户以及将运行该软件的计算中心。

1.3　定义
列出本文件中用到的专业术语的定义和外文首字母组词的原词组。

1.4　参考资料
列出有关的参考资料。
(1) 经核准的本项目的计划任务书或合同、上级机关的批文。
(2) 属于本项目的其他已发表文件。
(3) 本文件中各处引用的文件资料,包括所要用到的软件开发标准。列出这些文件资料的标题、文件编号、发表日期和出版单位,说明这些文件资料的来源。

2　总体设计

2.1　需求规定
说明对本系统的主要输入输出项目、处理的功能及性能的要求。

2.2　运行环境
简要说明对本系统运行环境(包括硬件环境和支持环境)的要求。

2.3　基本设计概念和处理流程
说明本系统的基本设计概念和处理流程,尽量使用图表的形式。

2.4　结构
用一览表及框图的形式说明本系统的系统元素(各层模块、子程序、公用程序等)的划分,简要说明每个系统元素的标识符和功能,分层次地给出各元素之间的控制与被控制关系。

2.5　功能需求与程序的关系
用表 A.1 说明各项功能需求的实现同各模块程序的分配关系。

表 A.1　各项功能需求的实现同各模块程序的分配关系

	程序 1	程序 2	...	程序 n
功能需求 1				
功能需求 2				
⋮				
功能需求 n				

2.6 人工处理过程

说明在本软件系统工作过程中必须包含的人工处理过程(如果有的话)。

2.7 尚未解决的问题

说明在概要设计过程中尚未解决而设计者认为在系统完成之前必须解决的各个问题。

3 接口设计

3.1 用户接口

说明将向用户提供的命令和它们的语法结构,以及软件的回答信息。

3.2 外部接口

说明本系统与外界的所有接口,包括软件与硬件之间的接口、本系统与各支持软件之间的接口。

3.3 内部接口

说明本系统内的各个系统元素之间的接口。

4 运行设计

4.1 运行模块组合

说明对系统施加不同的外界运行控制时所引起的各种不同的运行模块组合,说明每种运行所经过的内部模块和支持软件。

4.2 运行控制

说明每种外界的运行控制方式和操作步骤。

4.3 运行时间

说明每种运行模块组合将占用各种资源的时间。

5 系统数据结构设计

5.1 逻辑结构设计要点

列出本系统所使用的每个数据结构的名称、标识符,其每个数据项、记录、文件和系统的标识、定义、长度,以及它们之间的层次或表格的相互关系。

5.2 物理结构设计要点

说明本系统内所使用的每个数据结构中的每个数据项的存储要求、访问方法、存取单位、存取的物理关系(索引、设备、存储区域)设计考虑和保密条件。

5.3 数据结构与程序的关系

说明各个数据结构与程序访问这些数据结构的方式。

6 系统出错处理设计

6.1 出错信息

用一览表的方式说明出错或出现故障时,系统输出信息的形式、含义及处理方法。

6.2 补救措施

说明故障出现后可能采取的变通措施。

（1）后备技术。当原始系统数据丢失时启用的副本的建立和启动的技术。

（2）降效技术。使用另一个效率稍低的系统或方法来求得所需结果的某些部分，例如，一个自动系统的降效技术可以是手工操作和数据的人工记录。

（3）恢复及再启动技术。恢复及再启动技术使软件从故障点恢复执行或使软件从头开始重新运行。

6.3　系统维护设计

说明为了系统维护方便而在程序内部设计中做出的安排，包括在程序中专门安排用于系统检查、维护的检测点和专用模块。

A.5　详细设计说明书

1　引言

1.1　编写目的

说明编写这份详细设计说明书的目的，指出预期的读者。

1.2　背景

说明软件系统开发背景。

（1）待开发软件系统的名称。

（2）本项目的任务提出者、开发者、用户和运行该程序系统的计算中心。

1.3　定义

列出本文件中用到的专业术语的定义和外文首字母组词的原词组。

1.4　参考资料

列出有关的参考资料。

（1）经核准的本项目的计划任务书或合同、上级机关的批文。

（2）属于本项目的其他已发表的文件。

（3）本文件中各处引用的文件资料，包括所要用到的软件开发标准。列出这些文件资料的标题、文件编号、发表日期和出版单位，说明这些文件的来源。

2　程序系统的结构

用一系列图表列出本程序系统内每个程序（包括每个模块和子程序）的名称、标识符和它们之间的层次结构关系。

3　程序1（标识符）设计说明

逐个列出各个层次中的每个程序的设计思路，以下给出的提纲是针对一般情况的。对于一个具体的模块，尤其是层次比较低的模块或子程序，很多条目的内容往往与它所隶属的上一层模块对应条目的内容相同，在这种情况下，只要简单说明这一点即可。

3.1　程序描述

给出对该程序的简要描述，主要说明设计本程序的目的和意义，还要说明本程序的特点,如是常驻内存还是非常驻内存,是不是子程序,有无覆盖要求,是顺序处理还是并发处理等。

3.2　功能

说明该程序应具有的功能。

3.3　性能

说明对该程序的全部性能要求,包括对精度、灵活性和时间特性的要求。

3.4　输入项

给出每个输入项的特性,包括名称、标识、数据的类型和格式,数据值的有效范围,输入的方式、数量和频度,输入媒体、输入数据的来源和安全保密条件等。

3.5　输出项

给出每个输出项的特性,包括名称、标识、数据的类型和格式,数据值的有效范围,输出的形式、数量和频度,输出媒体、对输出图形及符号的说明、安全保密条件等。

3.6　算法

详细说明本程序所选用的算法、具体的计算公式和计算步骤。

3.7　逻辑流程

用图表(如流程图、判定表等)辅以必要的说明来表示本程序的逻辑流程。

3.8　接口

用图的形式说明本程序所隶属的上一层模块及隶属于本程序的下一层模块、子程序,说明参数赋值和调用方式,与本程序直接关联的数据结构(数据库、数据文件)。

3.9　存储分配

根据需要说明本程序的存储分配。

3.10　注释设计

说明准备在本程序中添加的注释。

(1)加在模块首部的注释。

(2)加在各分支点处的注释。

(3)对各变量的功能、范围、默认条件等所加的注释。

(4)对使用的逻辑所加的注释等。

3.11　限制条件

说明本程序在运行中的限制条件。

3.12　测试计划

说明对本程序进行单元测试的计划,包括对测试的技术要求、输入数据、预期结果、进度安排、人员职责、设备条件驱动程序及桩模块等的规定。

3.13　尚未解决的问题

说明在本程序的设计中尚未解决而设计者认为在软件完成之前应解决的问题。

4　程序 2(标识符)设计说明

说明第 2 个程序乃至第 n 个程序的设计思路。

A.6　数据库设计说明书

1　引言

1.1　编写目的
说明编写这份数据库设计说明书的目的,指出预期的读者。

1.2　背景
说明软件系统开发背景。

(1)待开发的数据库的名称和使用此数据库的软件系统的名称。

(2)列出该软件系统项目的任务提出者、开发者、用户以及将安装该软件和数据库的计算中心。

2　外部设计

2.1　标识符和状态
详细说明用于唯一地标识该数据库的代码、名称或标识符,以及附加的描述性信息。如果该数据库尚在实验、测试中或是暂时使用的,则要说明这一特点及其有效时间范围。

2.2　使用它的程序
列出将要使用或访问此数据库的所有应用程序,并给出每个应用程序的名称和版本号。

2.3　约定
说明一个程序员或一个系统分析员为了能使用此数据库而需要了解的标号、标识的约定,例如,用于标识数据库不同版本的约定和用于标识库内各个文件、记录、数据项的命名约定等。

2.4　专门指导
向准备对此数据库进行生成、测试、维护等操作的人员提供专门的指导,例如,将被送入数据库的数据的格式和标准、操作规程和步骤,以及用于产生、修改、更新或使用这些数据文件的操作的指导。如果这些指导的内容篇幅很长,列出可参阅的文件资料。

2.5　支持软件
简单介绍同此数据库直接有关的支持软件,如数据库管理系统,存储定位程序,用于装入、生成、修改、更新数据库的程序等,说明这些软件的名称、版本号和主要功能特性,如所用数据模型的类型、允许的数据容量等。列出这些支持软件的技术文件的标题、编号以及来源。

3　结构设计

3.1　概念结构设计
说明本数据库将反映的现实世界中的实体、属性和它们之间的关系等原始数据形式,包括各数据项、记录,文件的标识符、定义、类型、度量单位和值域,并建立本数据库的各种用户视图。

3.2 逻辑结构设计

说明把上述原始数据进行分解、合并后重新组织起来的数据库全局逻辑结构,包括所确定的关键字和属性,重新确定的记录结构和文件结构,所建立的各个文件之间的相互关系,并形成本数据库的数据库管理员视图。

3.3 物理结构设计

建立系统程序员视图。

(1) 数据在内存中的安排,包括对索引区、缓冲区的设计。

(2) 所使用的外存设备及外存空间的组织,包括索引区、数据块的组织与划分。

(3) 访问数据的方式、方法。

4 运用设计

4.1 数据字典设计

对数据库设计中涉及的各种项目,如数据项记录、文件、模式、子模式等建立数据字典,以说明它们的标识符、同义名及有关信息。

4.2 安全保密设计

说明在数据库的设计中,如何通过区分不同的访问者、访问类型和数据对象并进行分别对待而获得数据库的安全保密的设计考虑。

A.7 测试计划

1 引言

1.1 编写目的

本测试计划的编写目的,指出预期的读者。

1.2 背景

说明软件系统开发背景。

(1) 测试计划所从属的软件系统的名称。

(2) 该开发项目的历史,列出用户和执行此项目测试的计算中心,说明在开始执行本测试计划之前必须完成的各项工作。

1.3 定义

列出本文件中用到的专门术语的定义和外文首字母组词的原词组。

1.4 参考资料

列出相关参考资料。

(1) 经核准的本项目的计划任务书或合同、上级机关的批文。

(2) 属于本项目的其他已发表的文件。

(3) 本文件中各处引用的文件资料,包括所要用到的软件开发标准。列出这些文件资料的标题、文件编号、发表日期和出版单位,并说明这些文件资料的来源。

2 计划

2.1 软件说明

通过图表逐项说明被测软件的功能、输入和输出等质量指标,以此作为编写测试计划的提纲。

2.2 测试内容

列出集成测试和确认测试中每项测试内容的名称标识符,这些测试的进度安排以及测试的内容和目的,如模块功能测试、接口正确性测试、数据文件存取的测试、运行时间的测试、设计约束和极限的测试等。

2.3 测试1(标识符)

给出这项测试内容的参与单位及被测试的部分。

2.3.1 进度安排

给出对这项测试的进度安排,包括进行测试的日期和工作内容(如熟悉环境、培训、准备输入数据)。

2.3.2 条件

说明本项测试工作对资源的要求。

(1)所用到的设备的类型、数量和预定使用时间。

(2)列出将被用来支持本项测试过程而本身不是被测软件的组成部分的软件,如测试驱动程序、测试监控程序、仿真程序、桩模块等。

(3)列出在测试工作期间预期可由用户和开发任务组提供的工作人员的人数、技术水平及有关的预备知识,包括一些特殊要求,如数据录入人员。

2.3.3 测试资料

列出本项测试所需的资料。

(1)有关本项任务的文件。

(2)被测试程序及其所在的媒体。

(3)测试的输入和输出举例。

(4)有关控制此项测试的方法、过程的图表。

2.3.4 测试培训

说明或引用资料说明为被测软件的使用提供培训的计划,规定培训的内容、需要培训的人员及从事培训的工作人员。

2.4 测试2(标识符)

用与本测试计划2.3条类似的方式说明用于其他各项测试内容的测试工作计划。

3 测试设计说明

3.1 测试1(标识符)

说明对第一项测试内容的测试设计思路。

3.1.1 控制

说明本测试的控制方式,如输入是人工、半自动或自动引入,控制操作的顺序以及结果的记录方法。

3.1.2 输入

说明本项测试中所使用的输入数据及选择这些输入数据的策略。

3.1.3 输出

说明预期的输出数据,如测试结果及可能产生的中间结果或运行信息。

3.1.4 过程

说明完成此项测试的步骤和控制命令,包括测试的准备、初始化、中间步骤和运行结束方式。

3.2 测试 2(标识符)

用与本测试计划 3.1 条类似的方式说明第二项及其后各项测试工作的设计思路。

4 评价准则

4.1 范围

说明所选择的测试用例能够检查的范围及其局限性。

4.2 数据整理

说明为了把测试数据加工成便于评价的适当形式,以使测试结果可以同已知结果进行比较而要用到的转换处理技术,如手工方式或自动方式。如果是用自动方式整理数据,还要说明为进行处理而要用到的硬件、软件资源。

4.3 尺度

说明用来判断测试工作是否能通过的评价尺度,如合理的输出结果的类型、测试输出结果与预期输出之间允许的偏离范围、允许中断或停机的最大次数。

A.8 测试分析报告

1 引言

1.1 编写目的

说明这份测试分析报告的编写目的,指出预期的读者。

1.2 背景

说明软件系统开发背景。

(1)被测试软件系统的名称。

(2)该软件的任务提出者、开发者、用户及安装此软件的计算中心,指出测试环境与实际环境之间可能存在的差异以及这些差异对测试结果的影响。

1.3 定义

列出本文件中用到的专门术语的定义和外文首字母组词的原词组。

1.4 参考资料

列出相关参考资料。

(1)经核准的本项目的计划任务书或合同、上级机关的批文。

（2）属于本项目的其他已发表的文件。

（3）本文件中各处引用的文件资料,包括所要用到的软件开发标准。列出这些文件资料的标题、文件编号、发表日期和出版单位,并说明这些文件资料的来源。

2 测试概要

用表格的形式列出每项测试的标识符及测试内容,并指明实际进行的测试工作内容与测试计划中预先设计的内容之间的差别,说明做出这种改变的原因。

3 测试结果及发现

3.1 测试 1(标识符)

把本项测试中实际得到的动态输出(包括内部生成数据输出)结果同对动态输出的要求进行比较,说明其中的各项发现。

3.2 测试 2(标识符)

用类似本报告 3.1 条的方式给出第二项及其后各项测试内容的测试结果和发现。

4 对软件功能测试的结论

4.1 功能 1(标识符)

4.1.1 能力

简述此项功能,说明为满足此项功能而设计的软件能力以及经过一项或多项测试已证实的能力。

4.1.2 限制

说明测试数据的范围(包括动态数据和静态数据),列出就这项功能而言,在测试中查出的缺陷、局限性。

4.2 功能 2(标识符)

用类似本报告 4.1 的方式给出第二项及其后各项功能的测试。

5 分析摘要

5.1 能力

说明经测试证实了的本软件的能力。如果所进行的测试是为了验证一项或几项特定性能要求的实现,应提供这方面的测试结果与要求之间的比较,并确定测试环境与实际运行环境之间可能存在的差异对能力的测试所带来的影响。

5.2 缺陷和限制

说明经测试证实的软件缺陷和限制,每项缺陷和限制对软件性能的影响,并说明全部测得的性能缺陷的累积影响和总影响。

5.3 建议

对每项缺陷提出改进建议。

（1）各项修改可采用的修改方法。

（2）各项修改的紧迫程度。

（3）各项修改预计的工作量。

（4）各项修改的负责人。

5.4　评价

说明该软件的开发是否已达到预定目标，能否交付使用。

6　测试资源消耗

总结测试工作的资源消耗数据，如工作人员的水平、级别、数量、机时消耗等。

A.9　项目开发总结报告

1　引言

1.1　编写目的

说明编写这份项目开发总结报告的目的，指出预期的读者。

1.2　背景

说明软件系统开发背景。

（1）本项目的名称和所开发出来的软件系统的名称。

（2）此软件的任务提出者、开发者、用户及安装此软件的计算中心。

1.3　定义

列出本文件中用到的专门术语的定义和外文首字母组词的原词组。

1.4　参考资料

列出相关参考资料。

（1）已核准的本项目的计划任务书或合同、上级机关的批文。

（2）属于本项目的其他已发表的文件。

（3）本文件中各处所引用的文件资料，包括所要用到的软件开发标准。列出这些文件资料的标题、文件编号、发表日期和出版单位，并说明这些文件资料的来源。

2　实际开发结果

2.1　产品

说明最终制成的产品。

（1）系统中各个程序的名称，它们之间的层次关系，以千字节为单位的各个程序的程序量、存储媒体的形式和数量。

（2）系统共有哪几个版本，各自的版本号及它们之间的区别。

（3）每个文件的名称。

（4）所建立的每个数据库。如果开发中制订过配置管理计划，要同这个计划相比较。

2.2　主要功能和性能

逐项列出本软件产品实际具有的主要功能和性能，对照可行性研究报告、项目开发计划、软件需求说明书的有关内容，说明原定的开发目标是达到了、未完全达到还是超过。

2.3 基本流程
用图表示本系统的实际基本处理流程。

2.4 进度
列出计划进度与实际进度的对比，明确说明实际进度是提前了，还是延迟了，并分析主要原因。

2.5 费用
列出计划费用与实际支出费用的对比。

（1）工时，以人月为单位，并按不同级别统计。

（2）计算机的使用时间，区别 CPU 时间及其他设备时间。

（3）物料消耗、出差费等其他支出。

明确说明，经费是超出了，还是结余了，并分析其主要原因。

3 开发工作评价

3.1 对生产效率的评价
给出实际生产效率。

（1）程序的平均生产效率，即每人月生产的代码行数。

（2）文件的平均生产效率，即每人月生产的千字数。

并列出原定计划数作为对比。

3.2 对产品质量的评价
说明在测试中检查出来的程序编制中的错误发生率，即每千条指令（或语句）中的错误指令数（或语句数）。如果开发中制订过质量保证计划或配置管理计划，要同这些计划相比较。

3.3 对技术方法的评价
给出对在开发中所使用的技术、方法、工具、手段的评价。

3.4 出错原因的分析
给出对开发中出现的错误的原因分析。

4 经验与教训

列出从这项开发工作中所得到的最主要的经验与教训，以及对今后的项目开发工作的建议。

A.10 用户手册

1 引言

1.1 编写目的
说明编写这份用户手册的目的，指出预期的读者。

1.2 背景
说明软件系统开发背景。

（1）此用户手册所描述的软件系统的名称。

（2）此软件项目的任务提出者、开发者、用户及安装此软件的计算中心。

1.3　定义

列出本文件中用到的专门术语的定义和外文首字母组词的原词组。

1.4　参考资料

列出相关参考资料。

（1）经核准的项目的计划任务书或合同、上级机关的批文。

（2）属于本项目的其他已发表的文件。

（3）本文件中各处所引用的文件资料，包括所要用到的软件开发标准。列出这些文件资料的标题、文件编号、发表日期和出版单位，并说明这些文件资料的来源。

2　用途

2.1　功能

结合本软件的开发目的，逐项说明本软件所具有的各项功能以及它们的极限范围。

2.2　性能

2.2.1　精度

逐项说明对各项输入数据的精度要求和本软件输出数据达到的精度，包括数据传输中的精度要求。

2.2.2　时间特性

定量地说明本软件的时间特性，如响应时间、更新处理时间、数据传输/转换时间、计算时间等。

2.2.3　灵活性

说明本软件所具有的灵活性，即当用户需求（如对操作方式、运行环境、结果精度、时间特性等要求）有某些变化时，本软件的适应能力。

2.3　安全保密

说明本软件在安全、保密方面的设计考虑和实际达到的能力。

3　运行环境

3.1　硬件设备

列出为运行本软件所要求的硬件设备的最小配置。

（1）处理机的型号、内存容量。

（2）所要求的外存储器、媒体、记录格式、设备的型号和台数、联机/脱机。

（3）I／O 设备（联机/脱机）。

（4）数据传输设备和转换设备的型号、台数。

3.2　支持软件

说明为运行本软件所需要的支持软件。

（1）操作系统的名称、版本号。

（2）程序语言的编译/汇编系统的名称和版本号。

（3）数据库管理系统的名称和版本号。

（4）其他支持软件。

3.3　数据结构

列出为支持本软件的运行所需要的数据库或数据文件。

4　使用过程

用图表的形式说明软件的功能同系统的输入源机构、输出接收机构之间的关系。

4.1　安装与初始化

按步骤说明为使用本软件而需要进行的安装与初始化过程，包括程序的存储形式、安装与初始化过程中的全部操作命令、系统对这些命令的反应与答复、表征安装工作完成的测试实例等。如果有的话，还应说明安装过程中需用到的专用软件。

4.2　输入

规定输入数据和参量的准备要求。

4.2.1　输入数据的现实背景

说明输入数据的现实背景。

（1）出现的情况，如人员变动、库存缺货。

（2）情况出现的频度，如是周期性的、随机的、一项操作状态的函数。

（3）情况来源，如人事部门、仓库管理部门。

（4）输入媒体，如键盘、卡片或其他。

（5）限制，出于安全、保密考虑而对访问这些输入数据所加的限制。

（6）质量管理，如对输入数据合理性的检验以及当输入数据有错误时应采取的措施，如建立出错情况的记录等。

（7）支配，例如，如何确定输入数据是保留还是废弃，是否要分配给其他的接收者等。

4.2.2　输入格式

说明对初始输入数据和参量的格式要求，包括语法规则和有关约定。

（1）长度，如字符数/行、字符数/项。

（2）格式基准，如以左面的边沿为基准。

（3）标号，如标记或标识符。

（4）顺序，如各个数据项的次序及位置。

（5）标点，如用来表示行、数据组等的开始或结束的空格、斜线、星号、字符串等。

（6）词汇表，给出允许使用的字符组合的列表，禁止使用"＊"的字符组合的列表等。

（7）省略和重复，给出用来表示输入元素可省略或重复的表示方式。

（8）控制，给出用来表示输入开始或结束的控制信息。

4.2.3　输入举例

为每个完整的输入形式提供样本。

（1）首部，如用来表示输入的种类、标识符、输入日期、正文起点和对所用编码的规定。

（2）主体，即输入数据的主体，包括数据文件的输入表述部分。

（3）尾部,用来表示输入结束的控制信息、累计字符总数等。

（4）省略,指出哪些输入数据是可省略的。

（5）重复,指出哪些输入数据是重复的。

4.3　输出

对每项输出做出说明。

4.3.1　输出数据的现实背景

说明输出数据的现实背景。

（1）使用,这些输出数据是给谁用的,用来干什么。

（2）使用频度,如每周的、定期的或备查阅的。

（3）媒体,打印、显示、存储。

（4）质量管理,如关于合理性检验、出错纠正的规定。

（5）支配,例如,如何确定输出数据是保留还是废弃,是否要分配给其他接收者等。

4.3.2　输出格式

给出对每类输出信息的解释。

（1）首部,如输出数据的标识符、输出日期和输出编号。

（2）主体,即输出信息的主体,包括分栏标题。

（3）尾部,包括累计总数、结束标记。

4.3.3　输出举例

为每种输出类型提供例子,对例子中的每项进行说明。

（1）定义,每项输出信息的意义和用途。

（2）来源,是从特定的输入中抽出、从数据库文件中取出或从软件的计算过程中得到。

（3）特性,输出的值域、计量单位、在什么情况下可缺省等。

4.4　文件查询

这一条的编写针对具有查询能力的软件,内容包括同数据库查询有关的初始化、准备及处理所需要的详细规定,说明查询的能力、方式,所使用的命令和所要求的控制规定。

4.5　出错处理和恢复

列出由软件产生的出错编码或条件及应由用户承担的修改、纠正工作,指出为了确保系统的再启动和恢复的能力,用户必须遵循的处理过程。

4.6　终端操作

当软件是在多终端系统上工作时,应编写本条,以说明终端的配置安排、连接步骤、数据和参数输入步骤以及控制规定,说明通过终端操作进行查询、检索、修改数据文件的能力、语言、过程以及辅助性程序等。

参 考 文 献

[1] 常晋义,宋伟,高婷玉. 软件工程与项目管理[M]. 北京:清华大学出版社,2020.

[2] 张海藩,牟永敏. 软件工程导论[M]. 6 版. 北京:清华大学出版社,2013.

[3] PRESSMAN R S,MAXIM B R. 软件工程:实践者的研究方法(原书第 8 版 本科教学版)[M]. 郑人杰,马素霞,译. 北京:机械工业出版社,2017.

[4] 郑人杰,马素霞,殷人昆. 软件工程概论[M]. 2 版. 北京:机械工业出版社,2014.

[5] 钱乐秋,赵文耘,牛军钰. 软件工程[M]. 3 版. 北京:清华大学出版社,2016.

[6] 齐治昌,谭庆平,宁洪. 软件工程[M]. 4 版. 北京:高等教育出版社,2019.

[7] 陆惠恩. 软件工程[M]. 3 版. 北京:人民邮电出版社,2017.

[8] 魏金岭,周苏. 软件项目管理与实践[M]. 北京:清华大学出版社,2018.

[9] 秦航. 软件项目管理原理与实践(第 2 版·微课视频版)[M]. 北京:清华大学出版社,2022.

[10] 胡思康. 软件工程基础[M]. 3 版. 北京:清华大学出版社,2019.

[11] 许家珆,白忠建,吴磊. 软件工程:理论与实践[M]. 3 版. 北京:高等教育出版社,2017.

[12] 朱少民. 软件测试方法和技术[M]. 4 版. 北京:清华大学出版社,2022.

[13] 常晋义. 管理信息系统:原理、方法与应用[M]. 3 版. 北京:高等教育出版社,2016.

[14] 徐平江,赵东艳,邵瑾. 中国软件行业标准现状分析[J]. 中国标准化,2021(15):122-131.

[15] 赵小敏,费梦钰,曹光斌,等. 软件成本评估方法综述[J]. 计算机科学,2018,45(Z2):76-83,91.